工业控制与智能制造产教融合丛书

PLC 与人机界面在智能制造中的应用

主编　吴　清　王华忠
参编　姜庆超　孙京诰

机 械 工 业 出 版 社

自动化技术是智能制造的关键使能技术之一，是智能制造方案现场实施的主要工具与载体。本书在介绍智能制造基本概念的基础上，概要介绍了包含流程工业与离散工业智能制造中的自动化、安全与通信技术，重点阐述了PLC程序设计与人机界面开发技术，给出了具体的应用案例。对罗克韦尔自动化公司的Micro800系列PLC的硬件与网络、CCW编程软件与编程语言、指令系统、PLC程序设计与人机界面进行了详细介绍。通过对应用案例的深入分析，系统地阐述了运用面向对象编程思想，合理选择不同编程语言，利用PLC进行逻辑顺序控制、过程控制与运动控制的程序设计方法，剖析了与PLC控制紧密结合的人机界面设计内容、步骤和调试技术。

　　本书重在培养读者利用PLC和人机界面技术开发各类智能制造应用中的电气自动化和人机界面系统的能力。在内容上注重系统性、准确性、实用性与新颖性。本书的程序都通过仿真或实物调试，可以指导读者进行类似工程的开发。

　　本书可作为高等院校自动化、智能制造工程、机械设计制造及其自动化、机械电子工程、电气工程及其自动化等专业的教材和参考书，也可作为工控企业、自动化工程公司和相关行业工程技术人员的实用参考书。

图书在版编目（CIP）数据

PLC与人机界面在智能制造中的应用/吴清，王华忠主编. -- 北京：机械工业出版社，2025. 6. --（工业控制与智能制造产教融合丛书）. -- ISBN 978 - 7 - 111 - 78368 - 8

Ⅰ. TH166

中国国家版本馆CIP数据核字第202585QB02号

机械工业出版社（北京市百万庄大街22号　邮政编码100037）

策划编辑：刘星宁　　　　　　责任编辑：刘星宁
责任校对：贾海霞　李小宝　　封面设计：马精明
责任印制：单爱军
保定市中画美凯印刷有限公司印刷
2025年7月第1版第1次印刷
184mm×260mm·19印张·471千字
标准书号：ISBN 978-7-111-78368-8
定价：69.00元

电话服务　　　　　　　　　　网络服务
客服电话：010-88361066　　　机　工　官　网：www. cmpbook. com
　　　　　010-88379833　　　机　工　官　博：weibo. com/cmp1952
　　　　　010-68326294　　　金　书　网：www. golden-book. com
封底无防伪标均为盗版　　　机工教育服务网：www. cmpedu. com

前　言

　　无论是流程工业智能制造还是离散工业智能制造，都是利用人工智能和先进的自动化技术赋能传统制造系统。人工智能不仅赋能智能制造上层的 IT（信息技术），而且也赋能底层的 OT（操作技术）。本书内容重点是智能制造中属于 OT 部分的自动化系统，特别是控制器编程与人机界面开发技术。先进的自动化系统是实施智能制造的重要载体和保障。

　　本书共 6 章，第 1 章简要介绍了智能制造技术；第 2 章概要性分析了智能制造中的主要自动化系统、安全系统和通信技术；第 3 章对罗克韦尔自动化公司的 Micro800 系列控制器硬件、网络和 CCW 一体化编程软件进行了全面介绍；第 4 章介绍了 PLC 编程语言及 Micro800 系列控制器的指令系统；第 5 章结合大量工程案例对控制器程序设计技术进行了介绍，这是本书的重点章节；第 6 章结合实例介绍了工业人机界面与工控组态软件。

　　为了更好地适应智能制造对自动化技术的需求，本书在内容上强化了功能安全内容，并把面向对象程序设计思想、软件的可重用性和可读性等设计目标引入到控制器程序设计中；介绍了采用 Micro800 系列控制器来控制 Factory IO 虚拟制造过程；重点介绍了梯形图语言和 ST 语言这两种目前全球最流行的控制器编程语言；在控制程序分析与设计上结合实例重点阐述了顺序功能图这种系统化的分析方法。

　　本书由华东理工大学吴清和王华忠主编。吴清编写了第 1 章，孙京浩编写了第 2 章 2.3 节和 2.4 节，其余部分由王华忠和姜庆超合作编写。

　　本书的出版得到了华东理工大学规划教材项目的支持，在此表示感谢。

　　由于时间和作者的水平所限，疏漏在所难免，恳请读者提出批评建议，以便进一步修订完善，作者的 E-mail 是：qwu@ecust.edu.cn。

作者

2025 年 5 月

目　　录

第1章　智能制造概述

　　制造业是立国之本，是打造国家竞争能力和竞争优势的主战场，一直受到各国政府的高度重视。当前，全球制造业面临着生产成本不断攀升、劳动力资源短缺、客户需求个性化、产能过剩、竞争加剧等诸多挑战。伴随着数字化技术、工业自动化技术和人工智能技术的迅速发展，制造业正在进入智能制造时代。为抢占国际竞争的制高点，在全球产业链和价值链中占据有利位置，世界大国纷纷将智能制造的发展上升为国家战略，全球新一轮工业转型升级竞赛就此展开。党的十九大报告提出："加快建设制造强国，加快发展先进制造业""促进我国产业迈向全球价值链中高端，培育若干世界级先进制造业集群"。可以预见，随着智能制造在全球范围内的孕育兴起，全球产业分工格局将被重塑，中国制造业也将迎来千载难逢的历史性机遇。

　　从广义上来说，智能制造（Intelligent Manufacturing，IM）是一系列计算机技术、通信技术、自动控制技术、人工智能技术、可视化技术、数据搜索与分析技术等技术思想、原理、协议、产品与解决方案共同支撑并与专家智慧、管理流程和经营模式结合形成的制造与服务状态。从狭义上而言，智能制造是一种由智能机器和人类专家共同组成的人机一体化智能系统。它在制造过程中能进行智能活动，诸如分析、推理、判断、构思和决策等，并通过人与智能机器的合作共事，去扩大、延伸和部分地取代人类专家在制造过程中的脑力劳动，它把制造自动化的概念更新扩展到柔性化、智能化和高度集成化。

1.1　智能制造的发展背景

　　制造业从来没有停止过创新的脚步。历史上三次工业革命的发起，其根本原因都是为了应对新兴的消费需求与挑战，提升相对滞后的生产力。第一次工业革命以珍妮纺纱机为起点，瓦特蒸汽机为主要标志，完成了从人力到机械化的进程；第二次工业革命以辛辛那提屠宰场的第一条自动化生产线为标志，制造业从此进入大批量流水线模式的电气时代；第三次工业革命将信息化和自动化相结合，推出第一个可编程逻辑控制器（Programmable Logic Controller，PLC），赋予了生产线"可编程"的能力，使产品的加工精度和质量都得到了革命性的提升。

　　当前，全球经济形势复杂，充满了不确定和不稳定因素，制造业面临众多巨大挑战：生产成本不断攀升，尤其是劳动力资源短缺造成生产要素的成本不断上涨；客户需求日益个性化，对产品质量要求越来越高；产品的生命周期越来越短，对产品研发、原材料采购、制造、交付等各环节的运营效率提出越来越高的要求；随着人们对全球资源环境危机意识的觉醒，对制造业绿色环保的要求也不断提升。

　　面对诸多挑战，制造业将创新作为驱动其发展的核心力量，伴随着新一代信息技术的发展，制造业出现了以下转型趋势：

　　1）随着客户需求的个性化和制造技术的发展进化，制造模式已经从大批量生产走向大

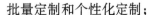

批量定制和个性化定制；

2）产品的复杂程度不断提高，发展成为机电软一体化的智能互联产品，嵌入式软件在其中发挥越来越重要的作用；

3）制造企业的业务模式正在从单纯销售产品转向销售产品加维护服务，甚至完全按产品使用的绩效付费；

4）制造企业全面依托数字化技术来支撑企业的业务运作、信息交互和内外协同，工业软件应用覆盖企业全价值链和产品全生命周期；

5）制造企业之间的分工协作越来越多，供应链管理和协同创新能力已成为企业的核心竞争力之一；

6）多种类型的工业机器人在制造业被广泛应用，结合机器视觉等传感器技术，发展进化为协作机器人、可移动的协作机器人，实现人机协作；

7）制造企业开始广泛应用柔性制造系统和柔性自动化生产线，实现少人化；

8）增材制造技术，尤其是金属增材制造技术的应用和增材制造服务的兴起，制造模式演化为应用多种增材、减材和等材制造技术混合制造；

9）精益生产、六西格玛（6Sigma）、5S 等先进管理理念在实践中不断发展进化；

10）制造业广泛应用各种具有优异性能的新材料和复合材料，其制造模式发生本质变化；

11）制造业高度重视绿色制造、节能环保、循环经济和可再生能源的应用；

12）制造企业越来越关注实现生产、检测、试验等各种设备的数据采集和互联互通，以实现工厂运行的透明化；

13）全球进入物联网时代，制造企业开始应用工业物联网技术对工厂的设备和已销售的高价值产品进行远程监控和预测性维护；

14）虚拟仿真、虚拟现实和增强现实等技术在制造业的产品研发、制造、试验、维修维护和培训等方面得到广泛应用；

15）5G 无线通信技术为制造企业实现设备联网、数据采集和产品远程操控等应用带来新的机遇；

16）制造企业在运营过程中，各种设备、仪表、产品，以及应用的信息系统和自动化系统都在不断产生各种异构的海量数据，业务决策更加依靠数据驱动；

17）人工智能技术已经在制造业的质量检测与分析和设备故障预测等方面被广泛应用；

18）制造企业广泛应用信息系统和自动化控制系统，正在逐渐基于工业标准实现互联互通。

因此，传统的设计和管理方法不能有效地解决现代制造系统中所出现的问题。这就促使我们通过集成传统制造技术、计算机技术与人工智能等技术，发展一种新型的制造模式——智能制造。智能制造正是在上述背景下孕育而产生的。智能制造是面向 21 世纪的制造技术的重大研究课题，是现代制造技术、计算机科学技术与人工智能技术等综合发展的必然结果，也是世界制造业今后的发展方向。以智能化、柔性化、网络化、协同化和绿色制造为特征的第四次工业革命才刚刚拉开序幕。

1.2 智能制造的发展历程

随着制造业面临的竞争与挑战日益加剧，将传统的制造技术与信息技术、现代管理技术相结合的先进制造技术得到了重视和发展，先后出现计算机集成制造、敏捷制造、并行工程、大批量（大规模）定制、合理化工程等相关理念和技术。

1973 年，美国的约瑟夫·哈林顿（Joseph Harrington）博士首次提出计算机集成制造（Computer Integrated Manufacturing，CIM）理念。CIM 的内涵是借助计算机，将企业中各种与制造有关的技术系统集成起来，进而提高企业适应市场竞争的能力。20 世纪 90 年代，我国曾推出 863/计算机集成制造系统（CIMS）主题计划，在一些大型骨干企业尝试了计算机集成制造系统的应用。

1970 年，美国未来学家阿尔文·托夫勒（Alvin Toffler）提出了一种全新的生产方式的设想：以类似于标准化和大规模生产的成本和时间，提供满足客户特定需求的产品和服务。1987 年，斯坦·戴维斯（Start Davis）将这种生产方式称为大规模定制（Mass Customization，MC）。MC 的基本思路是基于产品族零部件和产品结构的相似性、通用性，利用标准化、模块化等方法降低产品的内部多样性；增加顾客可感知的外部多样性，通过产品和过程重组将产品定制生产转化或部分转化为零部件的批量生产，从而迅速向顾客提供低成本、高质量的定制产品。

20 世纪 90 年代，信息技术突飞猛进，为重新夺取制造业在世界的领先地位，美国政府把制造业发展战略的目标瞄向 21 世纪。美国通用汽车公司（General Motors Company，GM）和里海大学（Leigh University）的艾柯卡研究所（Lacocca Institute）在美国国防部的资助下，组织了百余家公司，历时 3 年，于 1994 年底提出了《21 世纪制造企业战略》。该战略提出了既能体现美国国防部与工业界各自的特殊利益，又能获取共同利益的一种新的生产方式，即敏捷制造。敏捷制造的目的可概括为："将柔性生产技术，有技术、有知识的劳动力与能够促进企业内部和企业之间合作的灵活管理（三要素）集成在一起。通过所建立的共同基础结构，对迅速改变的市场需求和市场实际做出快速响应"。

1988 年，美国国家防御分析研究所提出了并行工程（Concurrent Engineering，CE）理念。并行工程是集成、并行地设计产品及其相关过程（包括制造过程和支持过程）的系统方法。这种方法要求产品开发人员在一开始就考虑产品整个生命周期，从概念形成到产品报废的所有因素，包括质量、成本、进度计划和用户要求。并行工程的目标是提高质量、降低成本、缩短产品开发周期和产品上市时间。

合理化工程主要针对按订单设计（Engineering-To-Order，ETO）的制造企业。这类企业的产品通常需要按顾客的特殊要求进行设计制造。如果设计周期过长，导致产品交货期过长，则有可能失去顾客；如果要求在规定的时间内交货，产品设计周期过长，则产品的制造周期必须进行压缩，会影响产品的制造质量。因此，对于 ETO 企业，压缩产品的设计周期非常重要。推进合理化工程的目的是采用先进的信息处理技术，进行产品结构的重组、产品设计开发过程的重组和设计，尽可能减少产品零部件类别，从而缩短产品研发周期，提高产品质量，缩短产品制造周期，降低产品成本，改善售后服务。

1948 年，诺伯特·维纳（Norbert Wiener）发表了《控制论》，奠定了工业自动化技术发展的理论基础。自第三次工业革命以来，工业自动化技术取得了长足发展，从 PLC 的诞生到分布式控制系统（Distributed Control System，DCS）、人机界面、PC - Based。从工业现场总线到工业以太网，从历史数据库到实时数据库，从面向流程行业的过程自动化到面向离散制造业的工厂自动化，从单机自动化到产线的柔性自动化，从工业机器人的广泛应用到自动导引小车（AGV）和全自动立体仓库的物流自动化，工业自动化技术的蓬勃发展为智能制造奠定了坚实的基础。

从 1957 年帕特里克·汉拉蒂（Patrick Hanratty）研发出全球第一个数控编程软件 PRONTO 至今，全球工业软件已经经历了 60 多年波澜壮阔的创新历程。众多知名的工业软件源于世界级制造企业，尤其是航空航天与汽车行业的创新实践。例如，大名鼎鼎的仿真软件 Nastran 源于美国航空航天局（National Aeronautics and Space Administration，NASA），其名称的内涵就是 NASA 结构分析（NASA Structural Analysis）；达索系统的 CATIA 软件源于达索航空，而波音、麦道航空、通用电气和通用汽车也孕育了当今众多主流的工业软件。这些世界级企业在工业实践中提出的需求，成为工业软件创新的源泉。另外，今天广泛应用的企业资源计划（ERP）软件发源于 20 世纪 30 年代在制造业管理实践中提出的订货点法，后来又进一步发展出物料需求计划（MRP）、制造资源计划（MRP II），20 世纪 90 年代，伴随着计算机系统走向客户机/服务器（C/S）架构，图形界面被广泛应用，著名信息技术研究机构 Gartner 提出了 ERP 理念，并将应用领域扩展到流程制造业。

从深刻影响全球制造业的 CIM、并行工程、敏捷制造、大批量定制、合理化工程等先进理念，到工业自动化、工业软件的长足发展，以及在工业实践中蓬勃发展的工业工程和精益生产方法，都成为智能制造蓬勃发展的基石。21 世纪以来涌现的新兴信息技术也极大影响了智能制造体系子系统的演进以及子系统之间的集成；影响了企业智能制造系统之间的连接与互动方式、企业间生态系统的模式；影响了企业与产品用户之间的交互、制造环节与产品运营环节之间的关系；影响了制造全环节间的信息交换、制造全环节参与者之间的工作协作模式。物联网、云计算及服务、大数据、移动互联网对智能制造体系融合的影响尤为突出，为智能制造理念的落地实践提供了有力支撑。

物联网技术的起源可追溯到 1990 年施乐公司的网络可乐销售机。1991 年美国麻省理工学院 Kevin Ashton 教授首次提出物联网的概念。早期的物联网基于射频识别（Radio Frequency Identification，RFID），而今随着移动互联网的带宽扩大及微机电系统（Micro-Electro-Mechanical System，MEMS）、便携设备的普及，物联网具有更大的实用价值。2009 年美国将新能源和物联网列为振兴经济的两大重点。2009 年，物联网被正式列为中国五大新兴战略性产业之一。物联网感知层的传感器为智能制造的生产线、生产环境监控和产品体验交互提供了最核心的基础数据收集手段。

云计算（Cloud Computing）概念在 2006 年 8 月首次由 Google 首席执行官埃里克·施密特（Eric Schmidt）在搜索引擎大会（SES San Jose 2006）上提出，随着虚拟化并行计算、效用计算、海量存储、冗余备份技术的成熟以及云计算底层技术开源代码项目，如分布式系统基础架构 Hadoop、分布式文档存储数据库 MongoDB 的推广而被广泛应用。云计算衍生的 SaaS（Software-as-a-Service）、PaaS（Platform-as-a-Service）、IaaS（Infrastructure-as-a-Service）服务为企业间共享硬件、软件、应用和数据资源提供了共享平台和通路，很好地支持了企业因快速适应业务变化而带来的对系统按需动态变化的要求。

大数据随着 2012 年维克托·迈尔·舍恩伯格及肯尼斯·库克耶编写的《大数据时代》而迅速风靡全球产业界。大数据的 4V 特点——volume（大量）、velocity（高速）、variety（多样）、value（价值）在工业制造中体现得尤为明显。无论是从单一产品制造、销售或者使用上的时间轴来看，还是从大量制造伙伴的价值链关联数据来看，工业大数据本身都蕴含着无穷的值得挖掘的智能。

4G 和 5G 通信技术为实时网络连接提供了足够智能制造数据传输的骨干链路。IEEE 802.11a、IEEE 802.11b、IEEE 802.11g 构成的 Wi-Fi 无线标准，2.45GHz 频段的蓝牙，IEEE 802.15.4 低功耗局域网协议 ZigBee，超宽带（Ultra Wide Band，UWB），近场通信（Near Field Communication，NFC）等协议提供了适配于从大约百米厂区厂房范围内、工业现场的传感器之间、用于体感的低功耗设备到甚至厘米级别距离的通信传输方式。为适应多种设备、多种场合的无线通信与 Internet IP 的兼容，IETF 发布了 IPv6/ 6LoWPAN，已经成为许多其他应用标准的核心支撑，例如智能电网 ZigBee SEP 2.0、工业控制标准 ISA 100.11a、有源 RFID ISO 1800-7.4（DASH）等。

智能制造的概念经历了提出、发展和深化等不同阶段。最早在 20 世纪 80 年代，美国的保罗·肯尼思·赖特（Paul Kenneth Wright）和戴维·艾伦·伯恩（David Alan Bourne）在专著《制造智能》中首次提出"通过集成知识工程、制造软件系统、机器人视觉和机器人控制来对制造技工们的技能与专家知识进行建模，以使智能机器能够在没有人工干预的情况下进行小批量生产"。在此基础上，英国的威廉姆斯（Williams）对上述定义做了更为广泛的补充，他认为"集成范围还应包括贯穿制造组织内部的智能决策支持系统"。之后不久，美国、日本、欧盟等工业化发达的国家和组织围绕智能制造技术与智能制造系统开展了国际合作研究。1991 年，美国、日本、欧盟等国家和组织在共同发起实施的"智能制造系统国际合作研究计划"中提出"智能制造系统是一种在整个制造过程中贯穿智能活动，并将这种智能活动与智能机器有机融合，将整个制造过程从订货、产品设计、生产到市场销售等各环节以柔性方式集成起来的能发挥最大生产力的先进生产系统"。

我国最早的智能制造研究始于 1986 年，杨叔子院士开展了人工智能与制造领域中的应用研究工作。杨叔子院士认为，智能制造系统是"通过智能化和集成化的手段来增强制造系统的柔性和自组织能力，提高快速响应市场需求变化的能力"。吴澄院士认为，从实用、广义角度理解，智能制造是以智能技术为代表的新一代信息技术，它包括大数据、互联网、云计算、移动技术等，以及在制造全生命周期的应用中所涉及的理论、方法、技术和应用。周济院士认为智能制造的发展经历了数字制造、智能制造 1.0 和智能制造 2.0 三个基本范式的制造系统的逐层递进。智能制造 1.0 系统的目标是实现制造业数字化、网络化，最重要的特征是在全面数字化的基础上实现网络互联和系统集成。智能制造 2.0 系统的目标是实现制造业数字化、网络化、智能化，实现真正意义上的智能制造。

随着自动控制、人工智能、通信、数据处理、管理模式等的进步与升级，在更有效的制造协同需求及更好的用户体验需求的激励下，产生了美国的再工业化战略、工业互联网和德国工业 4.0，造就了智能制造当前最前沿的思想和技术体系。2015 年 5 月 19 日，中国政府发布由中国工业和信息化部主导编制的《中国制造 2025》，这是应对全球智能制造新一轮变革而推出的最新中国制造的战略性纲领文件。

无论是美国国家制造业创新网络（National Network for Manufacturing Innovation，NNMI）

计划、工业互联网，还是德国的"工业4.0"以及"中国制造2025"，都是对制造业面临问题所作出的反应。全球化趋势下，制造业在产品、企业、联盟和国家竞争层面都面临各级别相应的竞争。在这个大背景下，智能制造越来越受到高度的重视，各国政府均将此列入国家发展计划，大力推动实施。

由此可见智能制造是面向21世纪的制造技术的重大研究课题，是现代制造技术、计算机科学技术与人工智能技术等综合发展的必然结果，也是世界制造业今后的发展方向。

目前国际上与智能制造对应的术语是smart manufacturing和intelligent manufacturing。其中smart被理解为具有数据采集、处理和分析的能力，能够准确执行指令、实现闭环反馈，但尚未实现自主学习、自主决策和优化提升；intelligent则被理解为可以实现自主学习、自主决策和优化提升，是更高层级的智慧制造。从目前的发展来看，国际上达成的普遍共识是智能制造还处于smart阶段，随着人工智能的发展与应用，未来将实现intelligent。智能制造技术是计算机技术、工业自动化控制、工业软件、人工智能、工业机器人、智能装备、数字孪生（Digital Twin）、增材制造（AM）、传感器、互联网、物联网通信技术、虚拟现实/增强现实（VR/AR）、云计算，以及新材料、新工艺等相关技术蓬勃发展与交叉融合的产物。智能制造并不是一种单元技术，而是企业持续应用先进制造技术、现代企业管理，以及数字化、自动化和智能化技术，提升企业核心竞争力的综合集成技术。可以说，智能制造是一个"海纳百川"的集大成者。

1.3 智能制造的本质和内涵

1.3.1 智能制造的本质

从本质上看，智能制造是智能技术与制造技术的深度融合。从发展脉络上看，传统制造基于互联网信息技术、物联网技术等实现数字化，而这些技术的进一步发展便是智能技术。传统的制造技术在智能技术的引导下，向更加成熟和更加高效的方向进步。再基于智能制造关键技术赋能，实现制造工厂的智能化。

智能制造包含智能制造技术（Intelligent Manufacturing Technology，IMT）和智能制造系统（IMS）。智能制造包括三个应用层面：设备、车间、企业。这些都离不开大数据交融与共享，而未来的重点更是集中在基于大数据的智能制造应用方面。

智能制造技术是指利用计算机、综合应用人工智能技术（如人工神经网络、遗传算法等）、智能制造机器、代理（Agent）技术、材料技术、现代管理技术、制造技术、信息技术、自动化技术、并行工程、生命科学和系统工程理论与方法，在国际标准化和互换性的基础上，使整个企业制造系统中的各个子系统分别智能化，并升级成网络组成、高度自动化的制造系统。该系统利用计算机模拟制造专家的分析、判断、推理、构思和决策等智能活动，并将这些智能活动与智能机器有机地融合起来，将其贯穿应用于整个制造企业的各个子系统（如经营决策、采购、产品设计、生产计划、制造、装配、质量保证和市场销售等），以实现整个制造企业经营运作的高度柔性化和集成化，从而取代或延伸制造环境中专家的部分脑力劳动，并对制造业专家的智能信息进行收集、存储、完善、共享、继承和发展的一种能极大提高生产效率的先进制造技术。

智能制造系统（IMS）是智能技术集成应用的环境，也是智能制造模式展现的载体。IMS 理念建立在自组织、分布自治和社会生态学机制上。目的是通过设备柔性和计算机人工智能控制，自动地完成设计、加工、控制管理过程，旨在提高适应高度变化的环境制造的有效性。智能制造是一个新型制造系统。由于智能制造模式突出了知识在制造活动中的价值地位，而知识经济又是继工业经济后的主体经济形式，所以智能制造就成为影响未来经济发展过程的制造业的重要生产模式。总体而言，网络化是基础，数字化是手段，而智慧化则是目标。首先，数字化重点在于从单点数字化模型表达向全局、全生命周期模型化表达及传递体系进行转变，实现数字量体系的表达和传递；其次，网络化打通设计工艺，并向系统工程、并行工程、模块化支撑下的产品全生命周期及生产全生命周期一体化和价值链广域协同模式进行转变；再次，智能化从信息世界模式向信息和物理世界融合下的管理与工程高度融合的模式进行转变；最后，智慧化就是从过去的经验决策向大数据支撑下的智慧化研发和管理模式进行转变。

1.3.2　智能制造的显著特征

和传统的制造相比，智能制造集自动化、柔性化、集成化和智能化于一身，具有实时感知、优化决策、动态执行三个方面的优点。具体来说，智能制造具有以下鲜明特征。

（1）自组织和超柔性

智能制造中的各组成单元能够根据工作任务需要，快速、可靠地组建新系统，集结成一种超柔性最佳结构，并按照最优方式运行。同时，对于快速变化的市场、变化的制造要求有很强的适应性。其柔性不仅表现在运行方式上，也表现在结构组成上，所以称这种柔性为超柔性。如同一群人类专家组成的群体，具有生物特征。例如，在当前任务完成后，该结构将自行解散，以便在下一任务中能够组成新的结构。

（2）自律能力

智能制造具有搜集与理解环境信息和自身信息，并进行分析判断和规划自身行为的能力。智能制造系统能监测周围环境和自身作业状况并进行信息处理。根据处理结果自行调整控制策略，以采用最佳运行方案，从而使整个制造系统具备抗干扰、自适应和容错纠错等能力。强有力的知识库和基于知识的模型是自律能力的基础。具有自律能力的设备称为"智能机器"，其在一定程度上表现出独立性、自主性和个性，甚至相互间还能协调运作与竞争。

（3）自我学习与自我维护

智能制造系统以原有的专家知识库为基础，能够在实践中不断地充实、完善知识库，并剔除其中不适用的知识，对知识库进行升级和优化，具有自学习功能。同时，在运行过程中能自行诊断故障，并具备对故障自行排除、自行维护的能力。这种特征使智能制造系统能够自我优化并适应各种复杂的环境。

（4）人机一体化

智能制造不单纯是"人工智能"系统，而是一种人机一体化的智能系统，是一种"混合"智能。从人工智能发展现状来看，基于人工智能的智能机器只能进行机械式的推理、预测、判断，它只能具有逻辑思维（专家系统），最多做到形象思维（神经网络），完全做不到灵感（顿悟）思维，只有人类专家才真正同时具备以上三种思维能力。因此，现阶段想以人工智能全面取代制造过程中人类专家的智能，独立承担起分析、判断、决策等任务是不

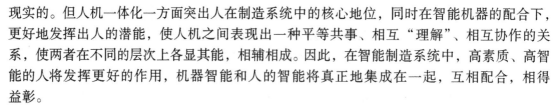

现实的。但人机一体化一方面突出人在制造系统中的核心地位，同时在智能机器的配合下，更好地发挥出人的潜能，使人机之间表现出一种平等共事、相互"理解"、相互协作的关系，使两者在不同的层次上各显其能，相辅相成。因此，在智能制造系统中，高素质、高智能的人将发挥更好的作用，机器智能和人的智能将真正地集成在一起，互相配合，相得益彰。

（5）网络集成

智能制造系统在强调各个子系统智能化的同时更注重整个制造系统的网络化集成，这是智能制造系统与传统的面向制造过程中特定应用的"智能化孤岛"的根本区别。这种网络集成包括两个层面。一是企业智能生产系统的纵向整合以及网络化。网络化的生产系统利用信息物理系统（CPS）实现工厂对订单需求、库存水平变化以及突发故障的迅速反应，生产资源和产品由网络连接，原料和部件可以在任何时候被送往任何需要它的地点，生产流程中的每个环节都被记录，每个差错也会被系统自动记录，这有利于帮助工厂更快速有效地处理订单变化、质量波动及设备停机等事故，工厂的浪费将大大减少。二是价值链横向整合。与生产系统网络化相似，全球或本地的价值链网络通过 CPS 相连接，囊括物流、仓储、生产、市场营销及销售，甚至下游服务。任何产品的历史数据和轨迹都有据可查，仿佛产品拥有了"记忆"功能。这便形成一个透明的价值链——从采购到生产再到销售，或从供应商到企业再到客户。客户定制不仅可以在生产阶段实现，还可以在开发、订单、计划、组装和配送环节实现。

（6）虚拟现实

虚拟现实（Virtual Reality，VR）技术是以计算机为基础，融合信号处理、动画技术、智能推理、预测、仿真和多媒体技术为一体，借助各种音像和传感装置虚拟展示现实生活中的各种过程、物件等，是实现高水平人机一体化的关键技术之一。基于虚拟现实技术的人机结合新一代智能界面，可以用虚拟手段智能地表现现实，模拟实际制造过程和未来的产品，它是智能制造的一个显著特征。

1.3.3 智能制造的关键环节

先进制造技术的加速融合使得制造业的设计、生产、管理、服务各个环节日趋智能化，智能制造正在引领制造企业全流程的价值最大化，归纳国内外学者的研究成果，智能制造的关键环节主要包含智能设计、智能产品、智能装备、智能生产、智能管理和智能服务等。

（1）智能设计

智能设计指应用智能化的设计手段及先进的设计信息化系统（CAD、CAM、CAE、CAPP 等技术，网络化协同设计，设计知识库等），支持企业产品研发设计过程各个环节的智能化提升和优化运行。例如，实践中，建模与仿真已广泛应用于产品设计，新产品进入市场的时间实现大幅压缩。

（2）智能产品

在智能产品领域，互联网技术、人工智能、数字化技术嵌入传统产品设计，使产品逐步成为互联网化的智能终端，比如将传感器、存储器、传输器、处理器等设备装入产品当中，使生产出的产品具有动态存储、通信与分析能力，从而使产品具有可追溯、可追踪、可定位的特性，同时还能广泛采集消费者个体对创新产品设计的个性化需求，令智能产品更加具有市场活力。

（3）智能装备

智能制造模式下的工业生产装备需要与信息技术和人工智能等技术进行集成与融合，从而使传统生产装备具有感知学习、分析与执行能力。生产企业在装备智能化转型过程中可以从单机智能化或者单机装备互联形成智能生产线或智能车间两方面着手。但是值得注意的是，单纯地将生产装备智能化还不能算真正意义上的装备智能化，只有将市场和消费者需求融入装备升级改造中，才算得上真正实现全产业链装备智能化。

（4）智能生产

在传统工业时代，产品的价值与价格完全由生产厂商主导，厂家生产什么，消费者就只能购买什么，生产的主动权完全由厂家掌控。而在智能制造时代，产品的生产方式不再是生产驱动，而是用户驱动，即生产智能化可以完全满足消费者的个性定制需求，产品价值与定价不再是企业一家独大，而是由消费者需求决定。在实践中，生产企业可以将智能化的软硬件技术、控制系统及信息化系统（分布式控制系统、分布式数控系统、柔性制造系统、制造执行系统等）应用到生产过程中，按照市场和客户的需求优化生产过程，这是智能制造的核心。

（5）智能管理

随着大数据、云计算等互联网技术、移动通信技术以及智能设备的成熟，管理智能化也成为可能。在整个智能制造系统中，企业管理者使用物联网、互联网等实现智能生产的横向集成，再利用移动通信技术与智能设备实现整个智能生产价值链的数字化集成，从而形成完整的智能管理系统。此外，生产企业使用大数据或者云计算等技术可以提高企业搜集数据的准确性与及时性，使智能管理更加高效与科学。企业智能管理领域不仅包括产品研发和设计管理、生产管理、库存/采购/销售管理等制造核心环节，还包含服务管理、财务管理、人力资源管理、知识管理和产品全生命周期管理等。

（6）智能服务

智能服务作为智能制造系统的末端组成部分，起着连接消费者与生产企业的作用，服务智能化最终体现在线上与线下的融合服务，即一方面生产企业通过智能化生产不断拓展其业务范围与市场影响力，另一方面生产企业通过互联网技术、移动通信技术将消费者连接到企业生产当中，通过消费者的不断反馈与所提意见提升产品服务质量、提高客户体验度。具体来说，制造服务包含产品服务和生产性服务，前者指对产品售前、售中及售后的安装调试、维护、维修、回收、再制造、客户关系的服务，强调产品与服务相融合；后者指与企业生产相关的技术服务、信息服务、物流服务、管理咨询服务、商务服务、金融保险服务、人力资源与人才培训服务等，为企业非核心业务提供外包服务。智能服务强调知识性、系统性和集成性，强调以人为本的精神，为客户提供主动、在线、全球化服务。它采用智能技术提高服务状态/环境感知、服务规划/决策/控制水平，提升服务质量，扩展服务内容，促进现代制造服务业这一新业态不断发展和壮大。

1.3.4 智能制造的应用领域

如图 1-1 所示的智能制造的十大核心应用领域之间是息息相关的，制造企业应当渐进式、理性地推进这些领域的创新实践。

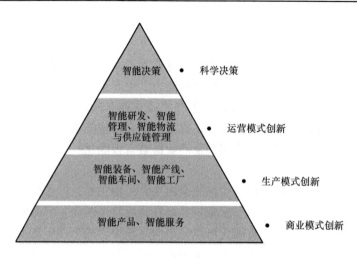

图 1-1 智能制造的十大核心应用领域

（1）智能产品（Smart Product）

智能产品通常包括机械结构、电子或电气控制和嵌入式软件，具有记忆、感知、计算和传输功能。典型的智能产品包括智能手机、智能可穿戴设备、无人机、智能汽车、智能家电、智能数控机床和智能售货机等。在工程机械上添加物联网盒子，可以通过采集的传感器数据对产品进行定位和关键零部件的状态监测，为实现智能服务打下基础。制造企业应该思考如何在产品上加入智能化的单元，提升产品的附加值。智能产品属于信息物理系统（CPS），具有通信（Communication）、计算（Computing）和控制（Control）三个基本特征。

（2）智能服务（Smart Service）

智能服务是指基于传感器和物联网，可以感知产品的状态，从而进行预测性维修维护，及时帮助客户更换备品备件，甚至可以通过了解产品运行的状态，给客户带来商业机会；可以采集产品运营的大数据，辅助企业进行市场营销的决策。此外，企业通过开发面向客户服务的 APP，根据所购买的产品向客户提供有针对性的智能服务，从而锁定客户，开展服务营销。

（3）智能装备（Smart Equipment）

制造装备经历了机械装备、数控装备到智能装备的发展过程。智能装备具有自检测功能，可以实现在机检测，从而补偿加工误差和热变形，提高加工精度。以往一些精密装备对运行环境的要求很高，现在由于有了闭环的检测与补偿，可以降低对环境的要求。典型的智能装备提供开放的数据接口，能够支持设备联网，实现机器与机器互联（M2M）。此外，智能制造装备还可以配备自动上下料的机械手，添加机器视觉应用，能够准确识别工件，或者具有自主进行装配、自动避让工人等功能，实现人机协作。

（4）智能产线（Smart Production Line）

智能产线的特点是在生产和装配的过程中，能够通过传感器自动进行数据采集，并通过电子看板显示实时的生产状态；能够通过机器视觉和多种传感器进行质量检测，自动剔除不合格品，并对采集的质量数据进行统计过程控制（SPC）分析，找出质量问题的成因；能够通过自动识别条码或 RFID 标签，区分是哪种产品，从而支持多种相似产品的混线生产和装配，灵活调整工艺，适应小批量、多品种的生产模式；具有柔性，如果生产线上有设备出现故障，能够将产品调整到其他设备生产，针对人工操作的工位，能够给予智能提示。

（5）智能车间（Smart Workshop）

要实现车间生产过程的有效管控，需要在设备联网的基础上，利用制造执行系统（MES）、高级计划与排程（APS）、劳动力管理等软件进行高效的生产排产和合理的人员排班，提高设备综合效率（Overall Equipment Effectiveness，OEE），实现生产过程的透明与可追溯，减少在制品库存，应用人机界面（Human Machine Interface，HMI）以及工业平板电脑等移动终端，实现生产过程的无纸化。另外，还可以利用数字孪生技术将数据采集与监视控制（Supervisory Control And Data Acquisition，SCADA）系统采集的车间数据在虚拟的三维车间模型中实时地展现出来，显示设备的实际状态和设备停机的原因，查看各条产线的实时状态。

（6）智能工厂（Smart Factory）

一个工厂通常由多个车间组成，大型企业有多个工厂。作为智能工厂，不仅生产过程应实现自动化、透明化、可视化、精益化，同时，产品检测、质量检验和分析、生产物流也应当与制造执行系统实现集成。一个工厂的多个车间之间要实现信息共享、准时配送、协同作业。不少离散制造企业建立了生产指挥中心，对整个工厂进行指挥和调度，及时发现和解决突发问题，这也是智能工厂的重要标志之一。智能工厂必须依赖无缝集成的信息系统支撑，主要包括产品生命周期管理（PLM）系统、企业资源计划（ERP）系统、客户关系管理（CRM）系统、供应链管理（SCM）系统和制造执行系统（MES）五大核心系统。例如，MES 是一个企业级的实时信息系统，大型企业的智能工厂需要应用 ERP 系统制订多个车间的生产计划，并由 MES 根据各个车间的生产计划进行精确到天、小时甚至分钟级的排产。

（7）智能研发（Smart R & D）

离散制造企业在产品研发方面，除了计算机辅助设计（CAD）/计算机辅助制造（CAM）/计算机辅助工程（CAE）/计算机辅助工艺规划（CAPP）/电子设计自动化（EDA）等工具软件和产品数据管理（PDM）/PLM 系统，还有一些智能研发的专业软件，例如 Geometric 的 DFMPro 软件可以自动判断三维模型的工艺特征是否可制造、可装配、可拆卸；CAD Doctor 软件可以自动分析三维模型转换过程中存在的问题，比如曲面片没有连接。基于互联网与客户、供应商和合作伙伴开展协同设计，成为智能研发的创新形式。Altair 公司的拓扑优化软件可以在满足产品功能的前提下，减轻结构的重量；系统仿真技术可以在概念设计阶段，分析与优化产品性能。达索系统、西门子和 ANSYS 等公司已有成熟的系统仿真技术；天喻软件也开发出系统仿真的平台，并在中国商飞等企业应用。PLM 向前延伸到需求管理，向后拓展到工艺管理，例如，西门子的 Teamcenter Manufacturing 系统将工艺结构化，可以更好地实现典型工艺的重用；开目软件推出的基于三维的装配 CAPP、机加工 CAPP，以及参数化 CAPP 具备一定的智能，可根据加工表面特征自动生成加工工艺，华天软件、湃睿软件也有类似产品；索为高科和金航数码合作，开发了面向飞机机翼、起落架等大部件的快速设计系统，可以大大提高产品的设计效率。

（8）智能管理（Smart Management）

从产品研发、工艺规划到采购、生产、销售与服务形成了企业的核心价值链。价值链上通畅的信息流，有助于企业优化流程、精准决策、提高整体运营效率。制造企业核心的运营管理系统包括 ERP 系统、MES、业务流程管理（BPM）系统、SCM 系统、CRM 系统、供应商关系管理（SRM）系统、企业资产管理（EAM）系统、人力资本管理（HCM）系统、企业门户（EP），以及办公自动化（OA）系统等核心信息系统。其中，ERP 系统是制造企业实现现代化运营管理的基石，基本贯穿企业全部的核心业务流程，起到从运营到决策的关键作用。而实现智能管理最重要的前提就是基础数据准确、编码体系统一和主要信息系统无缝集成。

（9）智能物流与供应链管理（Smart Logistics and SCM）

制造企业内部的采购、生产、销售流程都伴随着物料的流动，因此，越来越多的制造企业在重视生产自动化的同时，也越来越重视物流自动化。自动化立体仓库、无人导引小车、智能吊挂系统得到了广泛的应用。而在制造企业和物流企业的物流中心，智能分拣系统、堆垛机器人、自动辊道系统的应用日趋普及。仓储管理系统和运输管理系统（Transport Management System，TMS）也受到制造企业和物流企业普遍关注。其中，TMS 涉及全球定位系统（GPS）和地理信息系统（GIS）的集成，可以实现供应商、客户和物流企业三方的信息共享。实现智能物流与供应链的关键技术（包括自动识别技术）：无线射频识别（RFID）技术或条码、GIS/GPS 定位、电子商务、电子数据交换（Electronic Data Interchange，EDI），以及供应链协同计划与优化技术。

（10）智能决策（Smart Decision Making）

对于制造企业而言，要实现智能决策，首先必须将业务层的信息系统用好，实现信息集成，确保基础数据的准确，这样才能使信息系统产生的数据真实可信。这些数据是在企业运营过程中产生的，包括来自各个业务部门和业务系统的核心业务数据，比如合同、回款、费用、库存、现金、产品、客户、投资、设备、产量、交货期、员工、供应商、组织结构等数据。在此基础上，通过建立数据仓库，应用商业智能（Business Intelligence，BI）软件对数据进行多维度分析，实现数据驱动决策；还可以基于企业各级领导的岗位，基于角色将决策数据推送到移动终端。企业还可以应用企业绩效管理（Enterprise Performance Management，EPM）软件，实现对企业运营绩效和员工的绩效考核。

上述十大领域覆盖了企业核心业务。智能制造的推进需要企业根据自身的产品特点及生产模式和已形成的智能制造基础，制定智能制造规划与蓝图，分步实施、务实推进，有针对性地补强业务短板，提升核心能力，将企业打造成具备差异化竞争优势的企业。

1.4 智能制造领域相关概念之间的区别与联系

1. 智能制造与两化融合

两化融合是指工业化与信息化的深度融合，这一概念的提出是为了通过信息化带动工业化、以工业化促进信息化，进而促进制造企业走新型工业化道路。两化融合是中国制造业转型的必由之路，而智能制造是实现两化融合的核心途径，是推进两化融合的重要抓手。

2. 智能制造与工业互联网

智能制造致力于实现整个制造业价值链的智能化。推进智能制造过程中需要诸多使能技术，其中，工业互联网是实现智能制造的关键基础设施和使能技术之一，是智能制造实现应有价值、让企业真正从中获益的必要条件（见图 1-2）。工业互联网是工业互联的网，其核心就是工业互联，需要连接的内容包括企业的各种设备、产品、客户、业务流程、员工、订单和信息系统等，而且必须实现安全、可靠的连接。工业互联网与智能制造密切相关，可谓欲善其事，先利其器。

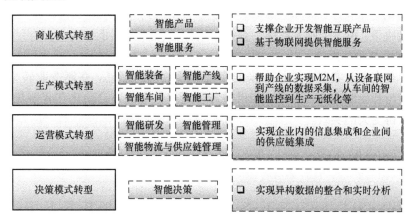

图1-2 工业互联网是实现智能制造的关键基础设施之一

3. 智能制造与人工智能、工业大数据

人工智能研究的主要方向包括语音识别、图像识别、自然语言处理和专家系统；人工智能可以分为感知智能、运动智能和认知智能，近年来机器学习和深度学习算法得到广泛的应用。工业大数据主要是由工业互联网采集，通过统计分析方法或人工智能算法寻找数据中呈现的规律，再进行数据建模和数据展现，解读数据的内涵，进而实现优化与控制，实现数据驱动，最终帮助企业实现提高产品质量、优化设备运营绩效、降低能耗、优化产品性能、提升客户满意度、提高企业盈利能力、缩短产品上市周期等业务目标。

人工智能与工业大数据是支撑智能制造的重要使能技术。大数据驱动知识学习，与人工智能技术的融合实现从数据到知识、从知识到决策。智能制造有赖于人工智能技术、工业大数据与制造技术的融合，实现自主控制和优化。

4. 智能制造与数字化转型

数字化转型（Digital Transformation）是企业真正实现将模拟信息转化为数字信息（如将手工填写的单据自动识别转为数字信息）的过程。制造企业推进数字化转型是实现智能制造的基础和必要条件。事实上，对于智能制造应用的各个范畴，数字化技术都提供了重要的支持，具体如下。

1）智能产品：CPS、高级驾驶辅助系统（Advanced Driver Assistance System，ADAS）、产品性能仿真。

2）智能服务：数字孪生、状态监控、物联网、虚拟现实与增强现实。

3）智能装备：CAM系统、增材制造及其支撑软件。

4）智能产线：FMS的控制软件系统、协作机器人的管控系统。

5）智能车间：SCADA、车间联网、MES、APS。

6）智能工厂：视觉检测、设备健康管理、工艺仿真、物流仿真。

7）智能研发：CAD、CAE、EDA、PLM、嵌入式软件、设计成本管理、可制造性分析、拓扑优化。

8）智能管理：ERP、CRM、EAM、SRM、主数据管理（Master Data Management，

MDM）、质量管理、企业门户。

9）智能物流与供应链：AGV、同步定位与建图（Simultaneous Localization And Mapping, SLAM）、自动化立体仓库、WMS、TMS、电子标签摘取式拣货系统（DPS）。

10）智能决策：BI、工业大数据、企业绩效管理、移动应用。

5. 智能制造与精益生产

精益生产是在工业实践中总结出来的实现持续改善的思想。在制造业转型升级的浪潮中，精益生产与智能制造缺一不可、相得益彰。通过数字化、自动化和智能化技术的应用，精益生产将取得更大的实效。

1.5 中国制造强国战略

1.5.1 中国制造背景

制造业是国民经济的主体，是立国之本、兴国之器、强国之基，将中国建设成为制造强国已成国民共识。

18 世纪中叶开启工业文明以来，世界强国的兴衰史和中华民族的奋斗史一再证明，没有强大的制造业，就没有国家和民族的强盛。打造具有国际竞争力的制造业，是我国提升综合国力、保障国家安全、建设世界强国的必由之路。

新中国成立，尤其是改革开放以来，我国制造业持续快速发展，建成了门类齐全、独立完整的产业体系，有力地推动了工业化和现代化进程，显著增强综合国力，支撑我国世界大国的地位。然而，与世界先进水平相比，我国制造业仍然大而不强，在自主创新能力、资源利用效率、产业结构水平、信息化程度、质量效益等方面差距明显，转型升级和跨越发展的任务紧迫而艰巨。

当前，新一轮科技革命和产业变革与我国加快转变经济发展方式形成历史性交汇，国际产业分工格局正在重塑。从德国的"工业 4.0"、美国的"先进制造战略"到英国的"高价值战略"，全球主要制造业大国均在积极推动制造业转型升级。以智能制造为代表的先进制造已成为主要工业国家抢占国际制造业竞争最高点、寻求经济新增长点的共同选择。这对我国而言是极大的挑战，同时也是极大的机遇。我们必须紧紧抓住这一重大历史机遇，按照"四个全面"战略布局要求，实现制造强国战略，加强统筹规划和前瞻部署，力争通过三个十年的努力，到新中国成立一百年时，把我国建设成为引领世界制造业发展的制造强国，为实现中华民族伟大复兴的中国梦打下坚实基础。

《中国制造 2025》，是我国实施制造强国战略第一个十年的行动纲领。中国制造 2025 规划可以总结为"418 模型"，即"4"大转变，"1"条主线，"8"项战略对策。"4"大转变分别是实现中国制造竞争力由要素驱动向创新驱动的转变、由低成本竞争优势向质量效益竞争优势的转变、由粗放制造向绿色制造的转变、由生产型制造向服务型制造的转变；"1"条主线，即以数字化、网络化、智能化为主线；"8"项战略对策，分别是推行数字化、网络化、智能化制造，提升产品设计能力，完善制造业技术创新体系，强化制造基础，提升产品质量，推行绿色制造，培养具有全球竞争力的企业群体和优势产业，发展现代制造服务业。具体如图 1-3 所示。

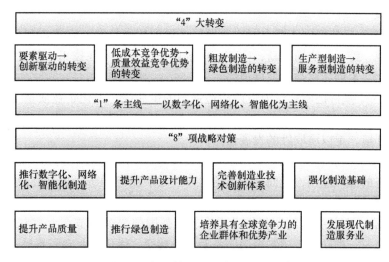

图 1-3　中国制造 2025 规划顶层设计

1.5.2　中国制造战略目标

《中国制造 2025》提出：立足国情，立足现实，力争通过"三步走"实现制造强国的战略目标。

第一步：力争用十年时间，迈入制造强国行列。到 2020 年，基本实现工业化，制造业大国地位进一步巩固，制造业信息化水平大幅提升。掌握一批重点领域关键核心技术，优势领域竞争力进一步增强，产品质量有较大提高。制造业数字化、网络化、智能化取得明显进展。重点行业单位工业增加值能耗、物耗及污染物排放明显下降。到 2025 年，制造业整体素质大幅提升，创新能力显著增强，全员劳动生产率明显提高，两化（工业化和信息化）融合迈上新台阶。重点行业单位工业增加值能耗、物耗及污染物排放达到世界先进水平。形成一批具有较强国际竞争力的跨国公司和产业集群，在全球产业分工和价值链中的地位明显提升。

第二步：到 2035 年，我国制造业整体达到世界制造强国阵营中等水平。创新能力大幅提升，重点领域发展取得重大突破，整体竞争力明显增强，优势行业形成全球创新引领能力，全面实现工业化。

第三步：新中国成立一百年时，制造业大国地位更加巩固，综合实力进入世界制造强国前列。制造业主要领域具有创新引领能力和明显竞争优势，建成全球领先的技术体系和产业体系。

1.5.3　中国制造核心要义和本质内涵

全面贯彻党的十八大、十九大、二十大和历次全会精神，坚持走中国特色新型工业化道路，以促进制造业创新发展为主题，以提质增效为中心，以加快新一代信息技术与制造业深度融合为主线，以推进智能制造为主攻方向，以满足经济社会发展和国防建设对重大技术装备的需求为目标，强化工业基础能力，提高综合集成水平，完善多层次、多类型人才培养体系，促进产业转型升级。培育有中国特色的制造文化，实现制造业由大变强的历史跨越。

1. 核心要义

1）创新驱动。坚持把创新摆在制造业发展全局的核心位置，完善有利于创新的制度环境，推动跨领域、跨行业协同创新，突破一批重点领域关键共性技术，促进制造业数字化、网络化、智能化，走创新驱动的发展道路。

2）质量为先。坚持把质量作为建设制造强国的生命线，强化企业质量主体责任，加强质量技术攻关、自主品牌培育。建设法规标准体系、质量监管体系、先进质量文化，营造诚信经营的市场环境，走以质取胜的发展道路。

3）绿色发展。坚持把可持续发展作为建设制造强国的重要着力点，加强节能环保技术、工艺、装备的推广应用，全面推行清洁生产。发展循环经济、提高资源回收利用效率，构建绿色制造体系，走生态文明的发展道路。

4）结构优化。坚持把结构调整作为建设制造强国的关键环节，大力发展先进制造业，改造提升传统产业，推动生产型制造向服务型制造转变。优化产业空间布局，培育一批具有核心竞争力的产业集群和企业群体，走提质增效的发展道路。

5）人才为本。坚持把人才作为建设制造强国的根本，建立健全科学合理的选人、用人、育人机制。加快培养制造业发展急需的专业技术人才、经营管理人才、技能人才。营造大众创业、万众创新的氛围。建设一支素质优良、结构合理的制造业人才队伍，走人才引领的发展道路。

2. 本质内涵

1）市场主导，政府引导。全面深化改革，充分发挥市场在资源配置中的决定性作用，强化企业主体地位，激发企业活力和创造力。积极转变政府职能，加强战略研究和规划引导，完善相关支持政策，为企业发展创造良好环境。

2）立足当前，着眼长远。针对制约制造业发展的瓶颈和薄弱环节，加快转型升级和提质增效，切实提高制造业的核心竞争力和可持续发展能力。准确把握新一轮科技革命和产业变革趋势，加强战略谋划和前瞻部署，扎扎实实打基础，在未来竞争中占据制高点。

3）整体推进，重点突破。坚持制造业发展全国一盘棋和分类指导相结合，统筹规划，合理布局，明确创新发展方向，促进军民融合深度发展，加快推动制造业整体水平提升。围绕经济社会发展和国家安全重大需求，整合资源，突出重点，实施若干重大工程，实现率先突破。

4）自主发展，开放合作。在关系国计民生和产业安全的基础性、战略性、全局性领域，着力掌握关键核心技术，完善产业链条，形成自主发展能力。继续扩大开放，积极利用全球资源和市场，加强产业全球布局和国际交流合作，形成新的比较优势，提升制造业开放发展水平。

1.6 智能制造关键使能技术

智能制造的推进离不开使能技术的支撑，智能制造关键使能技术可以分为信息与通信技术、工业自动化技术、先进制造技术、人工智能技术和现代企业管理，见表 1-1。这五大类使能技术的迅速兴起或突破性发展，交叉融合、集成应用，为推进制造业创新与转型提供了良好的技术支撑。本书侧重其中的前两项使能技术。

1. 信息与通信技术

信息与通信技术（Information and Communication Technology，ICT）是信息技术和通信技术创新发展和融合应用的产物。当前，我国正在大力推进 5G + 工业互联网应用。工程机械行业普遍在挖掘机上部署了物联网盒子，将传感器采集的数据通过 4G 或 5G 的用户身份识别模块（Subscriber Identity Module，SIM）卡传到工业互联网平台，再通过工业大数据和人工智能技术进行分析处理。工业无源光纤网络（Passive Optical Network，PON）和工业 WiFi 技术在制造企业的车间也得到了广泛应用。例如小松公司基于 ICT 为工程建设行业提供了智能施工解决方案。

2. 工业自动化技术

工业自动化技术是基于控制理论，综合运用仪器仪表、工业计算机、工业机器人、传感器和工业通信等技术，对生产过程实现检测、控制、优化、调度、管理和决策的综合性技术，包括工业自动化软件、硬件和系统三大部分。工业自动化技术的发展是工业 3.0 的重要标志。无论大批量生产，还是小批量多品种的制造企业，都需要依靠工业自动化技术的应用。工业自动化技术可以分为面向流程行业的过程自动化（Process Automation）和面向离散行业的工厂自动化（Factory Automation）。车间的物流自动化近年来发展迅速。工业自动化技术的发展趋势是人机协作，实现柔性自动化，并与 IT 系统集成应用。

3. 先进制造技术

先进制造技术（Advanced Manufacturing Technology，AMT）是各类新兴制造技术的统称，包括新材料、新工艺、产品设计技术和精密测量技术等。随着制造业的科技进步，智能、灵活、可靠、高效的制造技术不断取得新突破，研发出各种新型材料，例如复合材料、工程塑料、纳米材料等；在制造工艺方面，增材制造尤其是金属增材制造的应用越来越广，冷弯、压铸、精密铸造、激光加工、表面工程等新工艺层出不穷；在产品设计技术方面，模块化设计、创成式设计（Generative Design）、设计成本管理、DFM 等新兴技术可以显著提升产品的性能，降低成本；精密测量技术集光学、电子传感器、图像、制造及计算机技术为一体，在三坐标测量机等接触式测量技术逐渐成熟的基础上，相关厂商已提供了在机检测技术；近年来基于机器视觉、激光干涉，与工业机器人集成的测量技术在制造业也得到了广泛应用。

表 1-1　五大类智能制造关键使能技术列表

序号	分类	具体技术
1	信息与通信技术	物联网（IoT）、NB-IoT、互联网、传感器、4G/5G 通信技术、WiFi、ZigBee、蓝牙、云计算技术、信息安全、大数据分析、边缘计算，CAX、ERP、MES、PLM、SCM、CRM、EAM、EMS、QMS、BPM、OA 等工业软件
2	工业自动化技术	工业机器人、运动控制、伺服驱动、数据采集、人机界面、数控系统、PLC/DCS、HMI、SCADA、传感器、先进过程控制（APC）、仪器仪表等
3	先进制造技术	增材制造、新材料、新工艺、精密加工、激光加工、精密检测技术、绿色制造、服务型制造、仿生制造，以及设计方法学等
4	人工智能技术	机器学习、自然语言处理、语言文本转换、图像识别、计算机视觉、自动推理、知识表达等
5	现代企业管理	精益管理、敏捷制造、绿色制造、柔性制造、网络制造、云制造、并行工程、计算机集成制造、全面质量管理、供应链管理、全员生产维护（TPM）等

4. 人工智能技术

人工智能技术经过半个多世纪的发展，已形成了人工神经网络、机器学习、深度学习和知识图谱等相关算法，国际上出现了多种开源人工智能引擎。人工智能技术在智能驾驶、预测性质量分析、预测性设备维护、表面质量检测、生产排产和客户需求预测等领域得到广泛应用。部署在设备应用现场的边缘人工智能技术、机器智能与人类智能相结合的混合智能技术，已成为研究和应用的热点。

5. 现代企业管理

在全球制造业的发展与变革过程中，工业工程、精益生产、柔性制造、敏捷制造、全面质量管理、供应链管理和六西格玛等先进的企业管理理念不断涌现，在各个制造行业进行了实践。这些先进的现代企业管理理念强调企业管理的规范化、精细化、人性化，消除一切浪费，从串行工程走向并行工程，从多个维度帮助制造企业提升产品质量，提高生产效率，敏捷应对市场变化。通过这些管理理念的实践，为制造业指明了持续改善的方向。

复习思考题

1. 什么是智能制造？目前制造业出现了哪些转型趋势？
2. 什么是 CPS？CPS 在智能制造中的作用是什么？
3. 智能制造发展的基石有哪些？
4. 请举例说明智能制造的应用领域有哪些？

第2章　智能制造中的自动化与安全保护系统

2.1　智能制造中的自动化系统与装置

2.1.1　工业自动化技术及其应用与发展

智能制造系统依托底层的自动化系统来执行上层的调度、管理与监控指令。因此，传统的自动化系统在智能制造中起重要作用，自动化系统的运行结果直接影响智能制造系统的各种智能功能的实现程度和应用效果。广义的工业自动化是机器设备或生产过程在不需要人工直接干预的情况下，按预期的目标实现测量、控制、监控与管理的信息处理过程。实现工业自动化的软硬件设备构成了完整的工业控制系统。由于工业生产行业众多，因而存在化工过程自动化、电厂自动化、电力自动化、农业自动化、矿山自动化、铁路自动化、纺织自动化、冶金自动化、机械自动化、港口码头自动化、楼宇自动化、物流仓储自动化等面向不同行业的自动化系统。

早期的工业自动化系统都采用模拟式设备，且控制技术落后，因此自动化水平低。计算机技术出现后，迅速在商业、办公、通信等领域得到应用，产生了商业自动化、办公自动化和通信自动化。把计算机与自动化技术结合，用于机器设备、生产加工过程的自动控制，产生了工业计算机控制系统，标志着工业自动化由模拟时代进入了数字时代。现有的工业自动化系统都是基于计算机的，因此把工业计算机控制系统简称为工业控制系统（Industrial Control System，ICS）。

工业自动化系统与用于科学计算、一般数据与事务处理等领域的计算机系统最大的不同之处在于其控制对象是物理实体（机器、反应器、半导体生产洁净车间等），因此，会对物理实体产生影响和作用。工业自动化系统的运行状态直接关系到被控物理实体的稳定性和安全性，不仅影响产量和质量，甚至会影响到设备、人员和环境的安全。

工业自动化的发展包括工业控制理论与技术的发展及工业控制系统/装备的发展两个方面。工业控制理论与技术的发展经历了经典控制、现代控制，目前处于智能控制阶段。工业控制系统/装备的发展经历了模拟控制、数字式分布式控制，目前处于工业互联网阶段。工业控制系统是各种工业控制理论与技术实施的物理载体与依托平台，而先进的控制理论与技术利用控制系统平台资源，把理论转换为生产力，提升了生产自动化水平。工业自动化的发展历程实际上是工业控制理论与工业控制系统相互结合实现工业生产自动化、信息化和智能化的过程。

工业控制领域制造商众多，像西门子、ABB、施耐德等大型自动化公司，其业务一般覆盖工厂自动化和过程自动化；而三菱电机、发那科、罗克韦尔自动化、汇川等公司，其业务主要是工厂自动化；艾默生、霍尼韦尔、横河电机、中控技术等公司的主要业务是过程自动

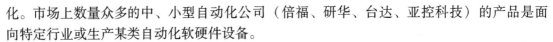

化。市场上数量众多的中、小型自动化公司（倍福、研华、台达、亚控科技）的产品是面向特定行业或生产某类自动化软硬件设备。

近年来，我国的自动化公司（如汇川、中控技术、和利时等）在技术实力、产品功能和性能等硬实力以及产品品牌和服务水平等软实力上发展很快；特别是党的二十大以后，在我国自动化领域，聚焦"卡脖子"问题，持续不断进行技术攻关，在不少关键行业实现了自动化系统的国产替代，为确保我国关键基础设施的安全运行发挥了重要作用。

除了大量工业生产行业，还存在水和污水、电力、燃气等公共设施；隧道、公路、桥梁、码头等交通基础设施；邮电机房、电信基站等通信基础设施；地铁、道路信号、铁路等交通运输设施；仓储、物流等服务性行业。这些行业也大量使用各类控制系统。这类被控对象通常具有测控点分散的特性，很多使用专有的控制设备。但从控制系统结构和功能看，属于监控与数据采集（SCADA）系统。

2.1.2 制造业分类及其对应的工业控制系统

工业生产制造是创造社会财富，满足人们生产生活物质需求的最主要方式。由于产品种类千差万别，因此，制造业涉及众多企业。为了提高产品产量与质量，减少人工劳动，不同行业都在使用自动化系统解决生产制造中的各种自动化问题。由于不同制造行业生产加工方式有不同的特点，导致工业控制系统也有鲜明的行业特性。以图 2-1 所示的石化生产过程与汽车生产线为例，读者可以看到其中的明显不同。而这种生产特点的不同，对于控制系统执行器的影响表现在：在化工厂这样的流程制造业，大量使用的执行器是图 2-2a 所示的气动调节阀；而在汽车生产线等离散制造业，大量使用的执行器是图 2-2b 所示的变频器与变频电机以及图 2-2c 所示的伺服控制器与伺服电机。

生产制造过程特点不同，其对自动化系统的要求自然也有所不同，有时甚至差别很大。显然，面对不同行业的不同生产特点和控制要求，不能只有一种工业控制系统解决方案。从工业控制系统的发展来看，各类工业控制系统产生之初都依附一定的行业，从而产生了面向行业的各类工业控制系统解决方案。以制造业为例，根据制造业加工生产的特点，主要可以分为离散制造、流程制造和兼具连续与离散特点的间歇制造（如制药、食品、饮料、精细化工等）。通常，工业界把离散制造业控制称作工厂自动化（Factory Automation，FA），把流程制造业控制称作过程自动化（Process Automation，PA），也称为工业自动化或流程自动化。工厂自动化系统的典型结构是将各种加工自动化设备和柔性生产线连接起来，配合计算机辅助设计（CAD）和计算机辅助制造（CAM）等功能单元，在中央计算机统一管理下协调工作，使整个工厂生产实现综合自动化，达到提高效率、降低成本、提高产品质量和减少人工操作的目的。而过程自动化系统则是对连续生产过程进行分散控制、集中管理和调度，克服各类扰动，保证被控变量在设定值附近波动，实现生产过程的稳定、优化、安全和绿色运行，为企业创造最大的效益。

由于行业的不同，工业控制装备也有显著的差异，例如，在离散制造业，最早产生的数字化自动化装置是可编程逻辑控制器；而流程制造业最早产生的数字化装置是可编程调节器，以及后来的集散控制系统。工业控制系统/装备的发展深受计算机技术、网络通信技术的影响，因此，除了掌握制造业的行业知识外，具有较好的软件工程、通信技术知识对于学好智能制造及其控制也是非常重要的。

a) 石化生产工厂

b) 汽车生产线

图 2-1　石化生产过程与汽车生产线

a) 气动调节阀

b) 变频器与变频电机

c) 伺服控制器与伺服电机

图 2-2　两类不同制造业典型的执行机构

2.1.3　离散制造业及工厂自动化

1. 离散制造业特点及工厂自动化特征

工厂自动化主要用于离散制造业，因此，有必要了解离散制造及其对应的工厂自动化系统的特点。

典型的离散制造业主要从事单件、批量生产，适合于面向订单的生产组织方式。其主要特点是原料或产品是离散的，即以个、件、批、包、捆等作为单位，多以固态形式存在。代表行业是机械加工、电子元器件制造、汽车、服装、家电和电器、家具、烟草、五金、医疗设备、玩具及物流等。离散制造业的主要特点是：

1）离散制造企业生产周期较长，产品结构复杂，工艺路线和设备配置非常灵活，临时插单现象多，零部件种类繁多。

2）面向订单的离散制造业的生产设备布置不是按产品而通常是按照工艺进行布置的。

3）所用的原材料和外购件具有确定的规格，最终产品是由固定个数的零件或部件组成，形成非常明确和固定的数量关系。

4）通过加工或装配过程实现产品增值，整个过程不同阶段产生若干独立完整的部件、组件和产品。

5）因产品的种类变化多，非标产品较多，要求设备和操作人员必须有足够灵活的适应能力。

6）通常情况下，由于生产过程可分离，订单的响应周期较长，辅助时间较多。

7）物料从一个工作地到另一个工作地的转移主要使用机器传动。

由于离散制造的上述生产特点，其控制系统也具有下述特征：

1）检测的参数多数为数字量信号（如启动、停止、位置、运行、故障），模拟量主要是电类信号（电压、电流）和位移、速度、加速度等。执行机构多是变频器及伺服机构等。控制方式多表现为逻辑与顺序控制、运动控制。

2）工厂自动化被控对象通常时间常数比较小，属于快速系统，其控制回路数据采集和控制周期通常小于1ms，因此，用于运动控制的现场总线的数据实时传输的响应时间在几百微秒，使用的现场总线多是高速总线，如EtherCAT和Powerlink等。

3）在单元级设备大量使用数控机床，各类运动控制器也广泛使用，PLC是使用最广泛的通用控制器。人机界面在生产线上也大量使用，帮助工人进行现场操作与监控。

4）生产多在室内进行，现场电磁、粉尘、振动等干扰多。

2. 工厂自动化

（1）工厂自动化的主要控制技术——运动控制

运动控制（Motion Control）通常是指在复杂条件下将预定的控制方案、规划指令等转变成期望的机械运动，实现机械运动精确的位置控制、速度控制、加速度控制、转矩或力的控制。

运动控制器可看作控制电机运行方式的专用控制器。例如，电机由行程开关控制交流接触器而实现电机拖动物体在上限位、下限位之间来回运行，或者用时间继电器控制电机按照一定时间规律正反转。运动控制在机器人和数控机床领域内的应用要比在专用机器中的应用更复杂。

按照使用动力源的不同，运动控制主要可分为以电机作为动力源的电气运动控制、以气体和流体作为动力源的气液控制以及以燃料（煤、油等）作为动力源的热机运动控制等。其中电机在现代化生产和生活中起着十分重要的作用，所以在这几种运动控制中，电气运动控制应用最为广泛。

电气运动控制是由电机拖动发展而来的，电力拖动或电气传动是以电机为对象的控制系统的通称。运动控制系统多种多样，但从基本结构上看，一个典型的现代运动控制系统的硬件主要由上位机、运动控制器、功率驱动装置、电机、执行机构和传感器反馈检测装置等部分组成。

在离散制造行业，主要的控制器分为专用与通用控制产品。其中机床、纺织机械、橡塑机械、印刷机械和包装机械行业主要使用专用的运动控制器。而在生产流水线、组装线及其他一些工厂自动化领域，主要使用通用型的控制器，最典型的产品就是PLC。传统的PLC厂商也开发了相应的运动控制模块，从而在一个PLC上可以集成逻辑顺序控制、运动控制及少量过程控制回路。

（2）工厂自动化的主要控制装备

1）继电器-接触器控制系统：生产机械的运动需要电机的拖动，即电机是拖动生产机械的主体。但电机的起动、调速、正反转、制动等的控制需要控制系统来实现。用继电器、接触器、按钮、行程开关等电器元件，按一定的接线方式组成的机电传动（电力拖动）控制系统就称作继电器-接触器控制系统。该系统结构简单，价格便宜，能满足一般生产工艺要求。

继电器-接触器控制系统属于典型的分立元件模拟式控制方式，在大量单体设备的控制，特别是手动控制中广泛使用。即使使用了PLC等计算机控制方式代替了继电器-接触器构成的逻辑控制方式，但仍然要使用大量电器元件作为其外围辅助电路或构成手动控制。

2）专用数控系统：在离散制造业，数控机床是最核心的加工装备，被称为工业母机。而数控系统（Numerical Control System，NCS）及相关的自动化产品主要是为数控机床配套。数控系统装备的机床大大提高了零件加工的精度、速度和效率。这种数控的工业母机是国家工业现代化的重要表征和物质基础之一。

目前，在数控技术研究应用领域主要有两大阵营：一个是以日本发那科（FANUC）和德国西门子为代表的专业数控系统厂商；另一个是以山崎马扎克（MAZAK）和德玛吉（DMG）为代表的自主开发数控系统的大型机床制造商。

数控系统是配有接口电路和伺服驱动装置的专用计算机系统，根据计算机存储器中存储的控制程序执行部分或全部数值控制功能，通过利用数字、文字和符号组成的数字指令来实现一台或多台机械设备动作控制。

一个典型的闭环数控系统通常由控制系统、伺服系统和测量系统三大部分组成。控制系统主要部件包括总线、CPU、电源、存储器、操作面板和显示屏、位控单元、数据输入/输出接口和通信接口等。控制系统能按加工工件程序进行插补运算，发出控制指令到伺服驱动系统；测量系统检测机械的直线和回转运动位置、速度，并反馈到控制系统和伺服系统，来修正控制指令；伺服系统将来自控制系统的控制指令和测量系统的反馈信息进行比较和控制调节，控制伺服电机，由伺服电机驱动机械按要求运动。

3）通用型控制系统：离散制造业除了设备加工外，还存在大量的设备组装任务，如汽车组装线、家用电器组装线等。对于这类生产线自动化，以 PLC 为代表的通用型控制器占据了垄断地位。生产线工业控制系统普遍采用 PLC 与组态软件构成上、下位机结构的分布式系统。根据生产流程，生产线上可以配置多个现场 PLC 站，还可配置触摸屏人机界面。在中控室配置上位机监控系统，实现对全厂的监控与管理。上位机还能与工厂的 MES 及 ERP 系统组成大型综合自动化系统。

4）工业机器人：在现代企业的组装线上，大量使用机械臂或机器人。其典型应用包括焊接、刷漆、组装、采集和放置（例如包装、码垛和 SMT）、产品检测和测试等。这些工作的完成都要求高效性、持久性、快速性和准确性。ABB、库卡（被中国美的公司收购）、发那科和安川四大厂家是目前全球最主要的工业机器人制造商。

工业机器人由主体、驱动系统和控制系统三个基本部分组成。主体即机座和执行机构，包括臂部、腕部和手部，有的机器人还有行走机构。驱动系统包括动力装置和传动机构，用以使执行机构产生相应的动作；控制系统是按照输入的程序对驱动系统和执行机构发出指令信号，并进行控制。

工业机器人控制系统的主要任务就是控制工业机器人在工作空间中的运动位置、姿态和轨迹、操作顺序及动作的时间等；要求具有编程简单、软件菜单操作、友好的人机交互界面、在线操作提示和使用方便等特点。

2.1.4　流程制造业及工业自动化

1. 流程制造业生产特点及工业自动化特征

工业自动化主要用于石油、化工等流程制造业，因此，有必要了解流程制造及其对应的工业自动化系统的特点。

流程制造业一般是指通过物理上的混合、分离、成型或化学反应使原材料增值的行业，其重要特点是物料在生产过程中多是连续流动的，常常通过管道进行各工序之间的传递，介质多为气体、液体或气液混合。流程制造业具有工艺过程相对固定、产品规格较少、批量较大等特点。典型流程制造业有石化、冶金、发电、造纸、建材等。流程制造业的主要特点是：

1) 设备产能固定，计划的制定相对简单，常以日产量的方式下达，计划也相对稳定。

2) 对配方管理要求很高，但不像离散制造业有准确的材料表（BOM）。

3) 工艺固定，按工艺路线安排工作中心。工作中心是专门生产有限的相似的产品，工具和设备为专门的产品而设计，专业化特色较显著。

4) 生产过程中常常出现联产品、副产品、等级品。

5) 通常流程长、生产单元和生产关联度高。

6) 石油、化工等生产过程多具有高温、高压、易燃、易爆等特点。

由于流程制造业的上述生产特点，其控制系统也具有下述特征：

1) 检测的参数如温度、压力、液位、流量及分析参数等以模拟量为主，数字量为辅；执行机构以调节阀为主，开关阀为辅；控制方式主要是定值控制，以克服扰动为主要目的。

2) 流程制造业被控对象通常时间常数比较大，属于慢变系统，其控制回路数据采集和控制周期通常在 100~1000ms，因此，一般流程制造业所用的现场总线的数据传输速率较低。

3) 生产多在室外进行，对测控设备防水、防爆、防雷等级要求较高。

4) 工厂的自动化程度要求高，对于安全等级要求一般也较高。该行业广泛使用集散控制系统和各类安全仪表系统。

2. 工业自动化

（1）工业自动化及其发展

一般认为，工业自动化的发展经历了基地式气动仪表控制系统、电动单元组合式模拟仪表控制系统、集中式数字控制系统、分散型智能仪表控制系统、集散控制系统发展历程。从使用的控制设备看，可以分为仪表控制和计算机控制；从控制结构看，可以分为集中式控制和分散性控制；从信号类型看，可分为模拟式控制和数字式控制。

1) 常规仪表控制系统：20 世纪 60 年代开始，工业生产的规模不断扩大，对自动化技术与装置的要求也逐步提高，流程制造业开始大量采用单元组合仪表。为了满足定型、灵活、多功能等要求，还出现了组装仪表，以适应比较复杂的模拟和逻辑规律相结合的控制系统需要。随着计算机的出现，计算机数据采集、直接数字控制（DDC）及计算机监控等各种计算机控制方式应运而生，但由于多种原因没能成为主流。此外，传统的模拟式仪表逐步数字化、智能化和网络化。特别是各种计算机化的可编程调节器取代了传统的模拟式仪表，不仅实现了分散控制，而且以可编程的方式实现各种简单和复杂控制策略。可编程调节器还能与上位机联网，实现了集中监控和管理，大大简化了控制室的规模，提高了工厂自动化水平和管理水平，在大型流程制造业中得到了广泛应用。

2) 集散控制系统：随着生产规模的扩大，不仅对控制系统的 I/O 处理能力要求更高，而且随着信息量的增多，对于集中管理的要求也越来越高，控制和管理的关系也日趋密切。计算机技术、通信技术和控制技术的发展，使得开发大型分布式计算机控制系统成为可能。

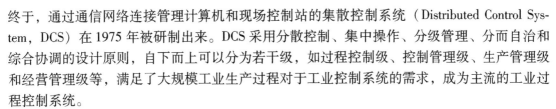

终于,通过通信网络连接管理计算机和现场控制站的集散控制系统(Distributed Control System, DCS)在1975年被研制出来。DCS采用分散控制、集中操作、分级管理、分而自治和综合协调的设计原则,自下而上可以分为若干级,如过程控制级、控制管理级、生产管理级和经营管理级等,满足了大规模工业生产过程对于工业控制系统的需求,成为主流的工业过程控制系统。

(2)工业自动化系统主要仪表与装置

工业自动化中存在大量简单和复杂控制回路,且以模拟量为主。基本控制回路包括控制器、执行器、检测仪表和被控对象等四个部分。其中控制器可以是控制仪表,也可以是PLC或DCS的现场控制站。执行器主要是气动调节阀和一些开关阀。检测仪表主要包括温度、压力、物位和流量等过程参数仪表和一些成分参数分析仪表。

(3)工业自动化系统主要控制策略

工业自动化系统的主要控制策略有单回路控制、前馈控制、前馈-反馈控制、比值控制、均匀控制、串级控制、分程控制、解耦控制等简单、复杂控制和预测控制等先进控制。通常要根据被控过程的特点,合理选择控制策略,整定控制参数。

2.1.5 工厂自动化与工业自动化中的控制器

现场控制器是智能制造中的核心设备,无论汽车生产线上的PLC,化工厂的DCS现场控制站,还是数控机床上的专用控制器,都对生产设备或制造过程进行直接控制,若控制器工作不正常,必然要影响生产过程,因此按照行业属性对现场控制器进行概述性介绍十分必要。当然,有些通用控制器会在多个行业使用,只是使用频率不同。

1. 工厂自动化系统常用的现场控制器

(1)可编程控制器与可编程自动化控制器

1)可编程控制器:可编程逻辑控制器(Programmable Logical Controller, PLC),简称可编程控制器,是计算机技术和继电逻辑控制概念相结合的产物。PLC的逻辑控制与运动控制功能强大,目前模拟量处理能力也有较大提高,是工厂自动化最常用的通用控制器。

由于PLC应用范围非常广泛,全世界众多的厂商生产出了大量的产品。主要的PLC制造商有美国罗克韦尔自动化(Rockwell Automation)及艾默生(Emerson),日本欧姆龙(Omron)、三菱电机(Mitsubishi Electric)、富士(Fuji)及松下(National),德国西门子(Siemens)和倍福(Beckhoff),法国施耐德电气(Schneider Electric)等。这些产品虽然各自都具有一定的特性,其外形或结构尺寸也不一样,但功能上大同小异。按照结构形式和系统规模的大小,可以对PLC进行分类。按照结构形式,可以分为一体式和模块式;按照系统规模(或I/O点)及内存容量,可以分为微型、小型、中型和大型。

在实际的应用中,微型和小型机用量极大,而中型和大型机用量相对较少,超大型机的用量最少。PLC的这种应用现状,一方面与各种需要一定控制功能的单体设备数量庞大有关,另一方面是因为当控制系统I/O点数小于256时,采用集散控制系统的性价比较低,而PLC具有较大的优势。

一体式PLC把实现PLC所有功能所需的硬件模块,包括电源、CPU、存储器、I/O及通信口等组合在一起,物理上形成一个整体。这类产品的一个显著特点就是结构非常紧凑,功能相对较弱,特别是模拟量处理能力。这类产品主要针对一些小型生产线或单台设备,如注塑机的控制。一体式 PLC 用量极大，占到了控制器市场的 75% 以上。一体式 PLC 还采用外扩模块等方式来扩展其 I/O 数量与通信接口。市场上主要的一体式 PLC 产品有罗克韦尔自动化的 Micro800 系列、西门子的 S7-1200 和 S7-200 SMART，三菱电机的 FX3U 和 FX5U 等。模块式 PLC 的各个功能组件单独封装成具有总线接口的模块，如 CPU 模块、电源模块、输入模块、输出模块、输入和输出模块、通信模块、特殊功能模块等，然后通过底板把模块组合在一起构成一个完整的 PLC 系统。这类系统的典型特点就是系统构建灵活，扩展性好，功能较强。典型产品有罗克韦尔自动化 CompactLogix 和 ControlLogix、西门子 S7-1500、施耐德电气 M580 及三菱电机 Q 和 IQ-R 系列等。

PLC 的一个典型不足就是封闭性，解决这个问题的一个办法就是软硬件解耦。西门子在 2023 年推出了与硬件完全解耦的 S7-1500V 虚拟 PLC 产品。S7-1500V 可以安装在大多数工业级服务器或 PC 上，且集成在 TIA Portal 和 Industrial Edge 软件平台中。与软 PLC 或传统的 PLC 相比，虚拟 PLC 都具有一定的优势，目前德国奥迪工厂已部署这种新型控制器。

2）可编程自动化控制器：可编程自动化控制器（Programmable Automation Controller，PAC）是将 PLC 强大的实时控制、可靠、坚固、易于使用等特性与 PC 强大的计算能力、通信处理、广泛的第三方软件支持等结合在一起而形成的一种新型的控制系统。PAC 产品主要有两类，一类是传统的工业控制厂家和 RTU 厂家把其高端控制器称为 PAC，典型的如罗克韦尔自动化的 ControlLogix5000、艾默生的 PACSystems RX3i/7i（从 GE 收购）和施耐德电气的 M580 等。此外，就是一些中小公司的产品，主要是采用基于 PC 技术开发，包括倍福的 CX 系列嵌入式控制器、研华的 ADAM-5510EKW 等。

PLC、PAC 和基于 PC 的控制（软 PLC 就是其中的一种）设备是目前几种典型的工业控制设备，PLC 和 PAC 从坚固性和可靠性上要高于 PC，但 PC 的软件功能更强。一般认为，PAC 是高端的工业控制设备，其综合功能更强，当然价格也比较贵。例如倍福公司采用基于 PC 的控制技术的 PAC 产品，使用高性能的现代处理器（ARM、AMD、Intel），将 PLC、可视化、运动控制、机器人技术、安全技术、状态监测和测量技术集成在同一个控制平台上，可提供具有良好开放性、高度灵活性、模块化和可升级的自动化系统。当独立使用 PLC 或 PC 不能提供很好的解决方案时，使用该类产品是一个较好的选择。

（2）总线式工控机

随着计算机设计的日益科学化、标准化与模块化，一种总线系统和开放式体系结构的概念应运而生。总线即是一组信号线的集合，一种传送规定信息的公共通道。它定义了各引线的信号特性、电气特性和机械特性。按照这种统一的总线标准，计算机厂家可设计制造出若干具有某种通用功能的模板，而系统设计人员则根据不同的生产过程，选用相应的功能模板组合成自己所需的计算机控制系统。这种采用总线技术研制生产的计算机控制系统就称为总线式工控机。图 2-3 为其系统组成示意图，在一块无源的并行底板总线上，插接多个功能模板。除了构成计算机基本系统的 CPU、RAM/ROM 和人机接口板外，还有 A/D、D/A、DI、DO 等数百种工业 I/O。其中的接口和通信接口板可供选择，其选用的各个模板彼此通过总线相连，均由 CPU 通过总线直接控制数据的传送和处理。

这种系统结构具有的开放性方便了用户的选用，从而大大提高了系统的通用性、灵活性和扩展性。而模板结构的小型化，使之机械强度好，抗振动能力强；模板功能的单一，则便于对系统故障进行诊断与维修；模板的线路设计布局合理，即由总线缓冲模块到功能模块，

图 2-3　典型工控机主板与主机

再到 I/O 驱动输出模块，使信号流向基本为直线，这都大大提高了系统的可靠性和可维护性。另外，在结构配置上还采取了许多措施，如密封机箱正压送风、使用工业电源、带有 watchdog 系统支持板等。

总线式工控机具有小型化、模板化、组合化、标准化的设计特点，能满足不同层次、不同控制对象的需要，又能在恶劣的工业环境中可靠地运行，因而，其应用极为广泛。我国工控领域总线工控机主要有 3 种系列：Z80 系列、8088/86 系列和单片机系列。

（3）专用控制器

随着微电子技术与超大规模集成技术的发展，计算机技术的另一个分支——超小型化的单片微型计算机（简称单片机）诞生了。它抛开了以通用微处理器为核心构成计算机的模式，充分考虑到控制的需要，将 CPU、存储器、串并行 I/O 接口、定时/计数器，甚至 A/D 转换器、脉宽调制器、图形控制器等功能部件全都集成在一块大规模集成电路芯片上，构成了一个完整的具有相当控制功能的微控制器，也称片上系统（SoC）。

除了单片机，以 ARM（Advanced RISC Machine，高级精简指令集计算机）架构为代表的精简指令集计算机（RISC）处理器以及 DSP、FPGA 等微型控制与信号处理设备发展也十分迅速。基于单片机、ARM、DSP 和 FPGA 开发的专用控制器不仅在各类制造业广泛使用，在消费类电子产品，如家用电器、移动通信、多媒体设备、电子游戏上也得到大量应用。与通用控制器相比，专用控制器通常面向特定行业或设备，属于定制开发产品。

（4）运动控制器

运动控制系统大量使用运动控制器，除了采用 PLC 及配套的运动控制模块这类通用运动控制器外，还有基于 PC 的运动控制卡和嵌入式一体化运动控制器。数控机床控制使用的 CNC 控制器也属于专用运动控制器。

运动控制卡基于 PC 总线，插在 PC 的 PCI/PCIe 插槽，具有 DSP 及 FPGA 等硬件资源。运动控制卡有脉冲输出、脉冲计数、DI、DO、AO 等接口，可以实现高精度的运动控制（如多轴直线、圆弧插补、运动跟随、PWM 控制等）。基于 PC 的运动控制卡包括集中式和分布式结构。

把计算机、运动控制、逻辑控制、现场网络和人机组态结合在一起可构成一体化可编程自动化控制器（PAC）运动控制平台，有些厂家把该类产品也称为嵌入式运动控制器或网络式运动控制器等。该类产品包括工业 PC（ARM 或 X86）或嵌入式控制器、I/O 模块、通信接口、人机界面等硬件和定制化的应用软件开发环境。软件开发环境通常符合 IEC 61131-3 标准。在运动控制上，一般支持点位和连续轨迹，多轴同步，直线、圆弧、螺旋线、空间直线插补等运动模式，可以自由设定加减速、S 形曲线平滑等参数。还提供系统 API 函数，用

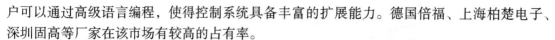

户可以通过高级语言编程，使得控制系统具备丰富的扩展能力。德国倍福、上海柏楚电子、深圳固高等厂家在该市场有较高的占有率。

（5）边缘控制器

近年来，随着 IT 与 OT 的融合需求不断增加，以及云计算、大数据的兴起，传统的如图 2-4a 所示的数据采集、传输与处理方案不能很好满足这些新的需求。在数据源附近具有更强的数据处理、控制、人机界面、通信和信息安全等功能，且易于部署、升级和维护的新的解决方案逐步出现，其典型架构如图 2-4b 所示。这类解决方案不仅克服了传统解决方案的不足，也避免了工业数据传输到云平台时出现的通信瓶颈、信息安全和实时处理能力不足等问题。

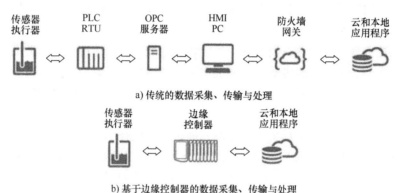

a) 传统的数据采集、传输与处理

b) 基于边缘控制器的数据采集、传输与处理

图 2-4　两类从边缘到云的解决方案

新型解决方案的核心是边缘控制器（Edge Controller），它满足工业现场使用环境，将 PLC（包含本地和远程 I/O）、PC（包含人机界面）、工业网关（包含部分信息安全功能）、机器视觉、设备联网等功能集成于一体，实现多重控制（过程控制、逻辑控制、运动控制）、数据采集与发布、实时运算、数据库连接及与云端连接，并成为 IT 与 OT 融合的重要桥梁。

目前，世界上主要的大型自动化公司都生产了边缘控制器产品，如西门子的 SIMATIC Edge 系列、施耐德电气的 EcoStruxure 系列、罗克韦尔自动化的 FactoryTalk Edge 系列和 ABB 的 Ability Edge Computing 系列等，它们将工业自动化的数据和应用推到边缘，实现实时数据采集、分析、优化和决策。一些中小型自动化公司也有类似产品。

2. 工业自动化系统常用的现场控制器

（1）可编程调节器

可编程调节器（Programmable Controller，PC），又称单回路调节器（Single Loop Controller，SLC）、智能调节器、数字调节器等。它主要由微处理器单元、过程 I/O 单元、面板单元、通信单元、硬手操单元和编程单元等组成，在流程制造业特别是单元级设备控制中曾广泛使用。常用的一些可编程调节器如图 2-5 所示。

可编程调节器实际上是一种仪表化了的微型控制计算机，它既保留了仪表面板的传统操作方式，易于为现场人员接受，又发挥了计算机软件编程的优点，可以方便灵活地构成各种过程控制系统。可编程调节器在软件编程上使用一种面向问题的语言（Problem Oriented Language，POL），不仅能完成简单的四则运算和函数运算，而且通过控制模块的组态可实现 PID、串级、比值、前馈、选择、非线性、程序控制等算法。可编程调节器还可以通过自带的通信接口与上位机通信，从而构成集散控制系统。不过，由于传统的可编程调节器价格较贵等原因，目前已基本被新型的带控制功能的无纸记录仪及智能仪表等所取代。

（2）智能仪表

智能仪表可以看作是简化版的可编程调节器。它主要由微处理器、过程 I/O、面板、通信元、硬手操等单元组成。常用的一些智能仪表如图 2-6 所示。目前大量无纸记录仪也集成了回路控制功能，可以看作功能升级的智能仪表。

图 2-5　可编程调节器　　　　　　　　　　图 2-6　智能仪表

与可编程调节器相比，智能仪表不具有编程功能，其只有内嵌的几种控制算法供用户选择，典型的有 PID、模糊 PID 和位式控制。用户可以通过按键设置与调节有关的各种参数，如输入通道类型及量程、输出通道类型、调节算法及具体的控制参数、报警设置、通信设置等。智能仪表也可选配通信接口，从而与上位计算机构成分布式监控系统。

我国有众多的智能仪表生产商，智能仪表（包括无纸记录仪）配合触摸屏甚至 PLC 的自动化解决方案，在小型装置和生产过程的控制中得到广泛应用。

智能仪表主要用于小型生产过程或设备的控制。在大型流程制造业中，主要使用 DCS进行控制，DCS 的现场控制站能控制几百个回路，功能十分强大。在一些流程制造业使用现场总线的场合，会把部分控制功能下放到现场的阀门定位器中，实现控制的本地化与分散化。

2.2　智能制造中的工业控制系统

尽管工业控制系统包括工厂自动化、工业自动化等各种类型，设备种类千差万别，形状、大小各不相同，但一个完整的工业控制系统总是由硬件和软件两大部分组成。当然还包括机柜、操作台等辅助设备。传感器和执行器等现场仪表与装置也是整个工业控制系统的重要组成部分。

根据目前国内外文献介绍，可以把工业控制系统分为两大类，即集散控制系统（DCS）和监控与数据采集（SCADA）系统。由于同属于工业计算机控制系统，因此，从本质上看，两种工业控制系统有许多共性的地方，当然也存在不同点。

2.2.1　工业控制系统的典型结构与组成

1. 硬件组成

（1）上位机系统

现代的工业控制系统的上位机多数采用服务器、工作站或 PC 兼容计算机。在工业控制系统产生的早期使用的专用计算机已经不再采用。这些计算机的配置随着 IT 的发展而不断发展，硬件配置不断增强，操作系统也不断升级。目前艾默生 DeltaV、横河电机 Centum、霍尼韦尔自动化 PKS 等集散控制系统的上位机系统（服务器、工程师站、操作员站）都建议配置经过厂家认证的 DELL 工作站或服务器，以确保软硬件的兼容性。

不同厂家的工业控制系统在上位机层次上配置差别很小，多数都是 Windows + Intel 这样的通用系统架构。随着云计算和虚拟化技术的发展，今后上位机的一些功能有部署到云平台的趋势，各种嵌入式的操作终端应用也会越来越多。

（2）现场控制站/下位机

现场控制站虽然实现的功能比较接近，但却是不同类型的工业控制系统差别最大之处，现场控制站的差别也决定了相关的 I/O 及通信等存在的差异。现场控制站硬件一般由中央处理单元（CPU）、I/O 接口单元、I/O 扩展接口、存储器、外设接口和电源等模块组成，如图 2-7 所示。内部总线是现场控制站的神经中枢，中控技术等厂家的 DCS 和一些国产 PLC 都采用 CAN 总线。

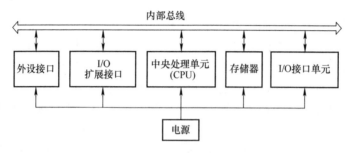

图 2-7　现场控制站的组成

对于像 DCS 这样用于大型工业生产过程的控制器，通常还会采取冗余措施。这些冗余包括 CPU 模块冗余、电源模块冗余、通信模块冗余及 I/O 模块冗余等。

1）中央处理单元：中央处理单元（CPU）是现场控制站的控制中枢与核心部件，其性能决定了现场控制器的性能，每套现场控制站至少有一个 CPU。和我们所见的通用计算机上的 CPU 不同，现场控制站的 CPU 不仅包括 CPU 芯片，还包括总线接口、存储器接口及有关控制电路。控制器上通常还带有通信接口，典型的通信接口包括 USB、串行接口（RS232、RS485 等）及工业以太网。这些接口主要是用于编程或与其他控制器、上位机通信。

CPU 是现场控制站的控制与信号处理中枢，主要用于实现逻辑运算、数字运算、响应外设请求，还协调控制系统内部各部分的工作，执行系统程序和用户程序。控制器的工作方式与控制器的类型和厂家有关。如对于 PLC，就采用扫描方式工作，每个扫描周期用扫描的方式采集由过程输入通道送来的状态或数据，并存入规定的寄存器中，再执行用户程序扫描，同时，诊断电源和 PLC 内部电路的工作状态，并给出故障显示和报警（设置相应的内部寄存器参数数值）。CPU 主频和内存容量是 PLC 最重要的参数，它们决定着 PLC 的工作速度、I/O 数量、软元件容量及用户程序容量等。

控制器中的 CPU 多采用通用的微处理器，也有采用 ARM 系列处理器或单片机。中型及大型 PLC，如施耐德电气的 Quantum 系列、罗克韦尔自动化的 ControlLogix 系列、通用电气的 Rx7i 和 3i 系列（已被艾默生收购），多采用 Intel Pentium 系列的 CPU。微型及小型 PLC 多采用单片机，如三菱电机 FX$_{2N}$ 系列 PLC 使用的微处理器是 16 位的 8096 单片机。通常情况下，最新一代的现场控制站 CPU，其采用的 CPU 芯片落后 PC 芯片至少 2 代，即使这样，这些 CPU 对于处理任务相对简单的控制程序来说已足够。

与一般的计算机系统不同，现场控制站的 CPU 通常都带有存储器，其作用是存放系统程序、用户程序、逻辑变量和其他一些运行信息。控制器产品样本或使用说明书中给出的存储器容量一般是指用户存储器容量。存储器容量是控制器的一个重要性能指标。存储器容量大，可以存储更多的用户指令，能够实现对复杂过程的控制。存储空间的使用情况一般可以通过厂家的编程软件查看。除了 CPU 自带的存储器，为了保存用户程序和数据，目前不少 PLC，如西门子、三菱电机的中大型 PLC 还可采用 SD 卡等外部存储介质。

2）I/O 接口单元：I/O 接口单元是控制器与工业过程现场设备之间的连接部件，是控制器的 CPU 单元接受外界输入信号和输出控制指令的必经通道。输入单元与各种传感器、电气元件触点等连接，把工业现场的各种测量信息送入到控制器中。输出单元与各种执行设备连接，应用程序的执行结果改变执行设备的状态，从而对被控过程施加调节作用。I/O 单元直接与工业现场设备连接，因此，要求它们有很好的信号适应能力和抗干扰能力。通常，I/O 单元会配置各种信号调理、隔离、锁存等电路，以确保信号采集的可靠性、准确性，保护工业控制系统不受外界干扰的影响。

由于工业现场信号种类的多样性和复杂性，控制器通常配置有各种类型的 I/O 单元（模块）。根据变量类型，I/O 单元可以分为模拟量输入模块、数字量输入模块、模拟量输出模块、数字量输出模块和脉冲量输入模块等。

数字量输入和输出模块的点数通常为 4、8、16、32、64。数字量输入、输出模块会把若干个点，如 8 点组成一组，即它们共用一个公共端。

模拟量输入和输出模块的点数通常为 2、4、8、16 等。有些模拟量输入支持单端输入与差动输入两种方式，对于一个差动输入为 8 路的模块，设置为单端输入时，可以接入 16 路模拟量信号。对于模拟量采样要求高的场合，有些模块具有通道隔离功能。

用户可以根据控制系统信号的类型和数量，并考虑一定 I/O 冗余量的情况下，来合理选择不同点数的模块组合，从而节约成本。

① 数字量输入模块：通常可以按电压水平对数字量模块进行分类，主要有直流输入单元和交流输入单元。直流输入单元的工作电源主要有 24V 及 TTL 电平。交流输入模块的工作电源为 220V 或 110V，一般当现场节点与 I/O 端子距离远时采用。一般来说，如果现场的信号采集点与数字量输入模块的端子之间距离较近，就可以用 24V 直流输入模块。根据作者的工程经验，如果电缆走线干扰少，120m 之内完全可以用直流模块。

在工业现场，特别是在流程制造业中，对于数字输入信号，会采用中间继电器或安全栅隔离，即数字量输入模块的信号都来自继电器的触点。对于继电器输出模块，该输出信号都是通过中间继电器隔离和放大，才与外部电气设备连接。因而，在各种工业控制系统中，直流 I/O 模块广泛使用，交流 I/O 模块使用较少。

② 数字量输出模块：按照现场执行机构使用的电源类型，可以把数字量输出模块分为直流输出（继电器和晶体管）和交流输出（继电器和晶闸管）两种。

　　继电器输出模块有许多优点，如导通压降小，有隔离作用，价格相对较便宜，承受瞬时过电压和过电流的能力较强等。但其不能用于频繁通断的场合。对于频繁通断的感性负载，应选择晶体管或晶闸管输出模块。

　　在使用开关量输出模块时，一定要考虑每个输出点的容量（额定电压和电流）、输出负载类型等。如在温度控制中，若采用固态继电器，则一定要配晶体管输出模块。

　　③ 模拟量输入模块：模拟量信号是一种连续变化的物理量，如电流、电压、温度、压力、位移、速度等。工业控制中，要对这些模拟量进行采集并送给控制器的 CPU 处理，必须先对这些模拟量进行模/数（A/D）转换。模拟量输入模块就是用来将模拟信号转换成控制器所能接收的数字信号的。生产过程的模拟信号是多种多样的，类型和参数大小也不相同，因此，一般在现场先用变送器把它们变换成统一的标准信号（如 4～20mA 的直流电流信号），然后再送入模拟量输入模块将模拟量信号转换成数字量信号，以便 PLC 的 CPU 进行处理。模拟量输入模块一般由滤波器、模/数转换器、光电耦合器等部分组成。对多通道的模拟量输入单元，通常设置多路转换开关进行通道的切换，且在输出端设置信号寄存器。

　　此外，由于工业现场大量使用热电偶、热电阻测温，因此，控制设备厂家都生产相应的模块。热电偶模块具有冷端补偿电路，以消除冷端温度变化带来的测量误差。热电阻的接线方式有 2 线、3 线和 4 线 3 种。通过合理的接线方式，可以减弱连接导线电阻变化的影响，提高测量精度。

　　选择模拟量输入模块时，除了要明确信号类型外，还要注意模块（通道）的精度、转换时间等是否满足数据采集的要求。

　　传感器/测量仪表有二线制和四线制之分，因而这些仪表与模拟量模块连接时，要注意仪表类型是否与模块匹配。通常，PLC 中的模拟量模块同时支持二线制或四线制仪表。信号类型可以是电流信号，也可以是电压信号（有些产品要进行软硬件设置，接线方式会有不同）。如西门子的 S7-1500 系列的部分模拟量模块支持电压、电流及热电阻等外部输入信号，对于不同的外部传感器信号源，需要采取不同的硬件接线方式，有的还要对模块的硬件和软件进行设置。DCS 的模拟量模块对于信号的限制要大。例如，某些型号模拟量模块与外部仪表连接时，即使这类仪表是二线制的，也不能外接工作电源，而必须由模拟量模块的每个通道为现场仪表供电。采用外部电源供电的仪表，不论二线制还是四线制，与模拟量模块连接时，必须选用支持外部供电规格的模块。

　　④ 模拟量输出模块：现场的执行器，如电动调节阀、气动调节阀等都需要模拟量来控制，所以模拟量输出通道的任务就是将计算机计算的数字量转换为可以推动执行器动作的模拟量。模拟量输出模块一般由光电耦合器、数/模（D/A）转换器和信号驱动等环节组成。

　　模拟量输出模块输出的模拟量可以是电压信号，也可以是电流传号。电压或电流信号的输出范围通常可调整，如电流输出，可以设置为 0～20mA 或 4～20mA。由于电流输出衰减小，所以一般建议选电流输出，特别是当输出模块与现场执行器距离较远时。不同厂家的模拟量输出模块设置方式不同，有些需要通过硬件进行设置，有些需要通过软件设置，而且电压输出或电流输出时，外部接线也可能不同，这需要特别注意。

　　3）通信接口模块：通信接口模块包括与上位机通信接口及与现场总线设备通信接口两类。这些接口模块有些可以集成到 CPU 上，有些是独立的模块。如横河的 Centum VP 等型号 DCS 的 CPU 上配置有 2 个以太网接口，一个用于连接上位机，一个用于连接另外一个

CPU 构成冗余方式。对于 PLC 系统，CPU 上通常还会配置有串行通信接口。这些接口通常能满足控制站编程及上位机通信的需求。但由于用户的需求不同，因此各个厂家，特别是 PLC 厂家，都会配置独立的以太网等不同类型通信模块。

对于现场控制站来说，由于目前广泛采用现场总线技术，因此，现场控制站还支持各种类型的总线接口通信模块，典型的包括 FF、Profibus-DP、ControlNet 等。由于不同厂家通常支持不同的现场总线，因此，总线模块的类型还与厂商或型号有关。如罗克韦尔自动化公司就有 DeviceNet 和 ControlNet 模块，三菱电机公司有 CC-Link 模块，ABB 公司有 ARCNET 网络接口和 CANopen 接口模块，施耐德电气公司有 Modbus 接口模块等。DCS 厂家主要配备 FF 总线接口和 Profibus-DP 总线接口通信模块，以连接现场的检测仪表和执行器。

4）智能模块与特殊功能模块：所谓智能模块就是由控制器制造商提供的一些满足复杂应用要求的功能模块。这里的智能表明该模块具有独立的 CPU 和存储单元，如专用温度控制模块或 PID 控制模块，它们可以检测现场信号，并根据用户的预先组态进行工作，把运行结果输出给现场执行设备。

特殊功能模块还有用于条形码识别的 ASCII/BASIC 模块，用于运行控制、机械加工的高速计数模块、单轴位置控制模块、双轴位置控制模块、凸轮定位器模块和称重模块等。

5）电源：所有的现场控制站都要独立可靠的供电。现场控制站的电源包括给控制站设备本身供电的电源及控制站 I/O 模块的供电电源两种。除了一体化的 PLC 等设备，一般的现场控制站都有独立的电源模块，这些电源模块为 CPU 等模块供电。有些产品需要为模块单独供电，有些只需要为电源模块供电，电源模块通过底板为 CPU 及其他模块供电。一般的 I/O 模块连接外部负载时都要再单独供电。

电源类型有交流电源（AC 220V 或 AC 110V）或直流电源（常用为 DC 24V）。虽然有些电源模块可以为外部电路提供一定功率的 24V 的工作电源，但一般不建议这样用。

6）底板、机架或框架：从结构上分，现场控制站可分为固定式和组合/模块式两类。固定式控制站包括 CPU、I/O、显示面板、内存块、电源等，这些元素组合成一个不可拆卸的整体。模块式控制站包括 CPU 模块、I/O 模块、电源模块、通信模块、底板或机架，这些模块可以按照一定规则组合配置。虽然不同产品的底板、机架或框架型式不同，甚至叫法不一样，但它们的功能是基本相同的。不同厂家对模块在底板的安装顺序和数量有不同的要求，如电源模块与 CPU 模块的位置通常是固定的，CPU 模块通常不能放在扩展机架上等。

在底板上通常还有用于本地扩展的接口，即扩展底板通过接口与主底板通信，从而确保现场控制站可以安装足够多的各种模块，具有较好的扩展性，适应系统规模从小到大的各种应用需求。

2. 软件组成

（1）上位机系统软件

上位机系统的软件包括服务器、工作站上的系统软件和各种应用软件。早期有部分 DCS 采用 UNIX 等作为操作系统，目前基本都采用 Windows 单机或服务器版操作系统。

上位机系统等应用软件包括系统组态软件、控制软件、操作管理软件、通信配置软件、诊断软件、批量控制软件、实时/历史数据库、资产管理软件等。通常 DCS 只要安装厂家提供的集成软件包就可以了，而 SCADA 等系统要根据系统功能要求配置相应的应用软件包。

（2）现场控制站软件

施耐德电气公司的 Quantum 系列 PLC、罗克韦尔自动化公司的 ControlLogix 系列 PLC 和艾默生过程管理公司的 DeltaV 数字控制系统的现场控制站的操作系统都采用 VxWorks，它具有可靠性高、实时性强、可裁减性等特点。该系统在通信、军事、航空、航天等高精尖技术领域及实时性要求极高的领域应用广泛。美国的 F-16 和 FA-18 战斗机、B-2 隐形轰炸机及爱国者导弹甚至火星探测器上也使用了 VxWorks。

以 PAC 为代表的现场控制站以开放性为其特色之一，因而多采用 Windows CE 作为操作系统。大量的消费类电子产品和智能终端设备也选用 Windows CE 作为操作系统。此外，不少厂家对 Linux 进行裁剪，作为其开发的控制器的操作系统，如德国 Wago 750 等。

控制站上的应用软件是控制系统设计开发人员针对具体的应用系统要求而设计开发的。通常，控制器厂商会提供软件包以便于技术人员开发针对具体控制器的应用程序。目前，这类软件包主要基于 IEC 61131-3 标准。有些厂商软件包支持该标准中的所有编程语言及规范，有些是部分支持。该软件包通常是一个集成环境，提供了系统配置、项目创建与管理、应用程序编辑、在线和离线调试、应用程序仿真、诊断及系统维护等功能。

目前，不少自动化厂商都在不断提高软件的集成度，把上位机软件、下位机软件及通信组态等功能逐步融合，以简化系统应用软件的开发。如罗克韦尔自动化公司的 CCW 编程软件就集成了 PLC 编程和人机界面的组态功能。用户可以分别把程序下载到 PLC 和人机界面中。西门子公司的博途（Portal）就是一款典型的全集成自动化软件，它采用统一的工程组态和软件项目环境，几乎适用于所有自动化任务。借助该全集成软件平台，用户能够快速、直观地开发和调试自动化系统。特别是博途在控制参数、程序块、变量、消息等数据管理方面，所有数据只需输入一次，大大减少了自动化工程软件组态时间，降低了开发和维护成本。

3. 辅助设备

工业控制系统除了上述硬件和软件外，还有机柜、操作台等辅助设备。机柜主要用于安装现场控制器、I/O 端子、安全栅、继电器和电源等设备。而操作台主要在中控室，用于上位机系统的操作和管理。操作台一般由显示器、键盘、开关、按钮和指示灯等构成。操作员通过操作台可以了解与控制整个系统的运行状态，而且在紧急情况下，可以实施紧急停车等操作，确保安全生产。目前一些厂家推出了融合多媒体、大屏幕显示等技术的操作更加友好的专用操作台。

现代工业控制系统还会配置视频监控系统，有些监控设备也会安装在操作台上或通过中控室的大屏幕显示，以加强对重要设备与生产过程的监控，进一步提高生产运行和管理水平。由于视频监控系统与工业生产控制的关联度较小，在实践中，视频监控系统的设计、部署和维护都是独立于工业控制系统的。

2.2.2 流程制造中的集散控制系统

1. 集散控制系统及其特点

集散控制系统（Distributed Control System，DCS）产生于 20 世纪 70 年代末。美国霍尼韦尔（Honeywell）公司于 1975 年设计制造出的 TDC-2000 是世界上的第一台 DCS。目前全球几十家公司拥有自主研发的 DCS，种类繁多且各自应用于不同的生产领域。主要的国外 DCS 产品有霍尼韦尔公司的 Experion PKS、艾默生公司的 DeltaV 和 Ovation、Foxboro 公司的

I/A（被施耐德电气收购）、横河公司的 Centum、ABB 公司的 IndustrialIT 和西门子公司的 PCS7 等。我国于 20 世纪 80 年代末开始涉及 DCS 的设计与制造。通过几十年的发展，国内的 DCS 品质在不断提升，其功能也已经与国外的同类型产品不相上下。国产 DCS 厂家主要有北京和利时、中控技术和新华控制等。

DCS 特别适用于测控点数多而集中、测控精度高、测控速度快的工业生产过程（包括间歇生产过程）。DCS 有其自身比较统一、独立的体系结构，具有分散控制和集中管理的功能。DCS 测控功能强、运行可靠、易于扩展、组态方便、操作维护简便，但系统的价格相对较贵。目前，DCS 已在石油、石化、电站、冶金、建材、制药等领域得到了广泛应用，是最具有代表性的工业控制系统之一。随着企业信息化的发展，特别是 IT 与 OT 的融合，DCS 已成为综合自动化系统的基础信息平台，是实现综合自动化的重要保障。依托 DCS 强大的硬件和软件平台，各种先进控制、优化、故障诊断、调度等高级功能得以运用在各种工业生产过程，提高了企业效益，促进了节能降耗和减排。这些功能的实施，同时也进一步提高了 DCS 的应用水平。

2. 集散控制系统典型结构及其应用

DCS 产品种类较多，但从功能和结构上看总体差别不太大。图 2-8 所示为艾默生公司 DeltaV DCS 结构图。通常，一个最基本的 DCS 应包括四个大的组成部分：一个现场控制站、至少一个操作员站、一台工程师站（也可利用一台操作员站兼做工程师站）和一个系统网络。有些系统中要求有一个可以作为操作员站的服务器。当然，由于不同行业有不同的特点以及使用要求，DCS 的应用体现出明显的行业特性，如电厂要有 DEH（数字电液调节系统）和 SOE（事件顺序记录）功能；石化厂要有选择性控制；水泥厂要有大纯滞后补偿控制等。

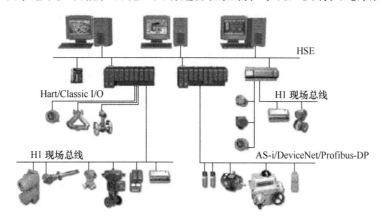

图 2-8　DeltaV DCS 结构图

DCS 的系统软件和应用软件组成主要依附于上述硬件。现场控制站软件主要完成各种控制功能，包括回路控制、逻辑控制、顺序控制以及这些控制所必需的现场 I/O 处理；操作员站上的软件主要完成运行操作人员所发出的各个命令的执行、图形与画面的显示、报警的处理、对现场各类检测数据的集中处理等；工程师站软件则主要完成系统的组态功能和系统运行期间的状态监视功能。按照软件运行的时间和环境，可将 DCS 软件划分为在线的运行软件和离线的应用开发工具软件两大类，其中控制站软件、操作员站软件、各种功能站上的软件及工程师站上在线的系统状态监视软件等都是运行软件，而工程师站软件（除在线的系统状态监视软件外）则属于离线软件。实时和历史数据库是 DCS 中的重要组成部分，对整个 DCS 的性能都起重要的作用。

DCS 的应用具有较为鲜明的行业特性，通常某类产品在某个行业有很大的市场占有率，而在另外的行业可能市场份额较低。如艾默生公司的 Ovation 主要运用在电站自动化领域，而 DeltaV 主要运用在石化等流程制造业，在该行业的主要产品还有中控科技公司的 Webfield 系列和横河公司的 Centum 系列产品。

目前，在数字化转型和智能制造时代，DCS 的技术与架构也面临较大挑战。西门子公司推出了 PCS neo 系统，与其主流的 PCS7 并行发展。PCS neo 依然使用现有 PCS 7 成熟的硬件，但工程组态和运行界面都是基于 Web。

DCS 长期以来都存在软硬件捆绑的问题，造成了用户在产品升级、维护等方面存在困难，这种封闭性也造成了系统的兼容性和互操作性差。开放过程自动化论坛（包括施耐德、ABB、横河等）提出的开放过程自动化系统（Open Process Automation System，OPAS）采用开放、互操作和内在安全的 IT/OT 一体化解决方案，支撑用户利用云计算、人工智能等新技术实现智能制造，这可看作是 DCS 发展的一个新趋势。

2.2.3 离散制造中的监控与数据采集系统

1. SCADA 系统概述

SCADA 系统最早产生于电力等需要远程监控的应用场合，SCADA 的英文全称是 Supervisory Control And Data Acquisition，翻译成中文就是"监控与数据采集"，有些文献也简称为监控系统。传统上 SCADA 系统特指远程分布式计算机测控系统，主要用于测控点十分分散、分布范围广泛的生产过程或设备的监控。通常情况下，测控现场是无人或少人值守。SCADA 系统综合利用了计算机技术、控制技术、通信与网络技术，完成了对测控点分散的各种过程或设备的实时数据采集，本地或远程的自动控制，以及生产过程的全面实时监控，并为安全生产、调度、管理、优化和故障诊断提供必要和完整的数据及技术支持。

由于制造业现场的加工、装配、物流等也具有分散的特点，因此目前 SCADA 系统也广泛用于智能制造的生产现场监控，在家电、汽车、电子产品、电气设备、半导体、新能源等制造业的生产控制与管理中广泛使用。

2. SCADA 系统组成

SCADA 系统作为生产过程和事务管理自动化最为有效的计算机软硬件系统之一，它包含 3 个部分：第一个是分布式的数据采集系统，也就是通常所说的下位机系统；第二个是过程监控与管理系统，即上位机系统；第三个是通信网络，包括上位机网络、下位机网络以及将上、下位机系统连接的通信网络。典型的 SCADA 系统的结构如图 2-9 所示。SCADA 系统广泛采用"管理集中、控制分散"的集散控制思想，因此，即使上、下位机通信中断，现场的测控装置仍然能正常工作，确保系统的安全和可靠运行。以下分别对这 3 个部分的组成、功能等作介绍。

（1）下位机系统

下位机一般来讲都是各种智能节点，这些下位机都有自己独立的系统软件和由用户开发的应用软件。该节点不仅完成数据采集功能，而且还能完成设备或过程的直接控制。这些智能采集设备与生产过程的各种检测与控制设备结合，实时感知设备各种参数的状态，将这些

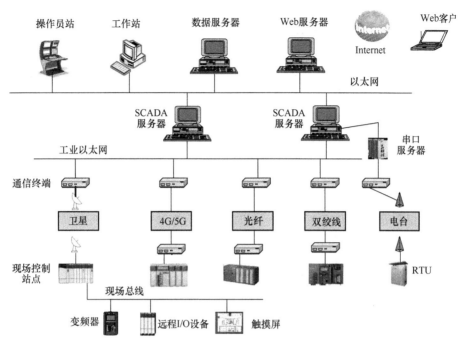

图 2-9　SCADA 系统的一般结构

状态信号转换成数字信号，并通过各种通信方式将下位机信息传递到上位机系统中，并且接受上位机的监控指令。不同的行业对象，下位机差别较大。典型的下位机有远程终端单元（RTU）、PLC 和 PAC 等。在制造业现场，下位机还会通过无线方式采集扫描枪、AGV 等设备的数据。

（2）上位机系统（监控中心）

1）上位机系统组成：上位机系统通常包括 SCADA 服务器、工程师站、操作员站、Web 服务器等，这些设备通常采用以太网联网。实际的 SCADA 系统上位机系统到底如何配置还要根据系统规模和要求而定，最小的上位机系统只要有一台 PC 即可。根据可用性要求，上位机系统还可以实现冗余，包括 SCADA 服务器冗余和网络冗余等。SCADA 服务器冗余是指配置两台 SCADA 服务器，当一台出现故障时，系统自动切换到另外一台工作。上位机通过网络，与在测控现场的下位机通信，并以各种形式，如声音、图形、报表等方式将现场信息显示给用户，以达到监视的目的。同时数据经过处理后，告知用户设备的状态（报警、正常或报警恢复），这些处理后的数据可能会保存到数据库中，也可能通过网络系统传输到不同的监控平台上，还可能与别的系统（如 MIS、GIS）结合形成功能更加强大的系统；上位机还可以接受操作人员的指令，将控制信号发送到下位机中，以达到远程控制的目的。

对结构复杂的 SCADA 系统，可能包含多个上位机系统，即系统除了有一个总的监控中心外，还包括多个分监控中心。如对于西气东输监控系统这样的大型系统而言，就包含多个地区监控中心，它们分别管理一定区域的下位机。对于制造业集团公司，每个下属企业的一条生产线可以配置一个 SCADA 系统实时统一监控，企业级 SCADA 系统与集团的 MES 和上层信息管理系统构成大型管控一体化系统，对企业的生产进行调度、管理和优化。

2）上位机系统功能：通过完成不同功能的计算机及相关通信设备、软件的组合，整个上位机系统可以实现如下功能。

① 数据采集和状态显示：SCADA 系统的首要功能就是数据采集，即首先通过下位机采集测控现场数据，然后上位机通过通信网络从众多的下位机中采集数据，进行汇总、记录和显示。通常情况下，下位机不具有数据记录功能，只有上位机才能完整地记录和保存各种类型的数据，为各种分析和应用打下基础。上位机系统通常具有非常友好的人机界面，人机界面可以以各种图形、图像、动画、声音等方式显示设备的状态和参数信息、报警信息等。

② 远程监控：SCADA 系统中，上位机汇集了现场的各种测控数据，这是远程监视、控制的基础。由于上位机采集数据具有全面性和完整性，监控中心的控制管理也具有全局性，能更好地实现整个系统的合理、优化运行。特别是对许多常年无人值守的现场，远程监控是安全生产的重要保证。

③ 报警和报警处理：SCADA 系统上位机的报警功能对于尽早发现和排除测控现场的各种故障，保证系统正常运行起着重要作用。上位机上可以以多种形式显示发生的故障的名称、等级、位置、时间和报警信息的处理或应答情况。上位机系统可以同时处理和显示多点同时报警，并且对报警的应答做记录。

④ 事故追忆和趋势分析：上位机系统的运行记录数据，如报警与报警处理记录、用户管理记录、设备操作记录、重要的参数记录与过程数据的记录对于分析和评价系统运行状况是必不可少的；对于预测和分析系统的故障，快速地找到事故原因并找到恢复生产的最佳方法是十分重要的。

⑤ 与其他应用系统结合实现综合自动化功能：智能制造要求 IT（信息技术）与 OT（操作技术）的融合。IT 主要是基于企业的信息系统，实现人员、财务、销售等信息管理的自动化。OT 主要包括企业调度、生产计划与排程、物流等 MES 功能以及底层的监控功能，因此，SCADA 系统属于 OT 的主要组成部分。为了实现 IT 与 OT 的融合，要求企业全部信息的纵向和横向交换，这也要求 SCADA 系统是开放的系统，可以为上层应用提供各种信息，也可以接收上层系统的调度、管理和优化控制指令。

（3）通信网络

通信网络实现 SCADA 系统的数据通信，是 SCADA 系统的重要组成部分。在一个大型的 SCADA 系统中，包含多种层次的网络，如设备层总线、现场总线；在控制中心有以太网；而连接上、下位机的通信形式更是多样，既有有线通信，也有无线通信，有些系统还有微波、卫星等通信方式。

3. SCADA 系统在智能制造中的支撑作用

智能制造系统的运行很大程度上依赖于生产管控一体化平台，该平台典型结构如图 2-10 所示。该平台从上层的集团/企业级信息系统，再到工厂端的 MES 和 SCADA 系统，从而将整个集团和下属工厂的数据进行融会贯通，涵盖工厂所有生产业务，实现从集团到工厂的闭环管控，支持企业的生产运营和管理目标的实现。该结构中，MES 和 SCADA 系统属于 OT，而企业信息系统属于 IT。

要实现智能制造，就要把 IT 与 OT 进行融合。传统上，IT 和 OT 在工业生产中是独立运行的两个系统，各自负责不同的功能和任务。IT 主要涉及企业级的信息技术，而 OT 则主要涉及工业自动化等。IT 与 OT 的融合旨在通过将两者结合，实现工业生产的数字化转型和智能化。这种融合主要包括以下几个方面：

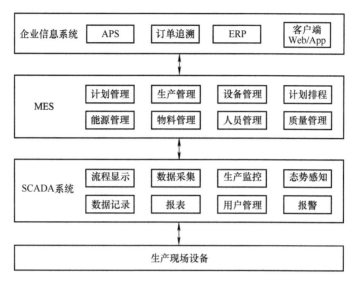

图 2-10　智能制造典型管控一体化平台结构

1）数据整合与分析：将 IT 和 OT 的数据进行整合，实现全面的数据采集和分析。通过对工厂和设备的实时数据进行监测和分析，可以优化生产过程、预测故障和开展预防性维护。

2）实时控制与反馈：将 IT 的实时数据和分析结果反馈到 OT 系统中，能实现更精确的控制和决策。通过实时监测和反馈，可以快速响应生产环境的变化，提高生产效率和质量。

3）整体协同与优化：将 IT 和 OT 的系统和流程进行整合，实现全面的协同和优化。通过集成不同系统的功能和数据，可以实现生产过程的协同和优化，提高资源利用率和生产效率。

4）安全性与可靠性：将 IT 的安全技术和标准应用于 OT 系统，提高工业控制系统的安全性和可靠性。通过对网络和设备的安全控制和监测，可以降低系统受到攻击或发生故障的风险。

虽然 IT 与 OT 的融合需要跨越不同的技术和文化领域，涉及数据集成、网络通信、安全性等方面的挑战，但是，这种融合可以带来更高的生产效率、更好的决策支持和更灵活的生产响应能力，对于工业生产的现代化和智能化具有重要意义。

可以看出，SCADA 系统在智能制造中的基础和桥梁作用，是整个生产管理平台的数据核心，是 OT 的最重要组成部分。企业 IT 系统的订单等要转换为生产计划和排程等，而生产计划和排程等功能的实现要通过 SCADA 系统来实施和执行，同时 MES 及上层的 IT 层所依赖的生产等信息来源于 SCADA 系统。SCADA 系统通过不同的数据采集方法与现场各类设备进行实时通信，并为上层系统提供数据基础，上层系统对数据进行深度分析、挖掘，为智能工厂提供决策依据。

显然，智能制造所依赖的信息平台涉及 OT 到 IT，所需软硬件设备众多。不同的软硬件在进行系统集成时，也会面临一些问题。目前，各大自动化企业通过收购和兼并等方式，来提供一体化的智能制造信息化解决方案。相对而言，由于 SCADA 系统是这些自动化制造商的传统业务，因此，SCADA 系统的解决方案更加成熟。

4. SCADA 系统在智能制造中的应用案例

某锂电池正极材料厂有两个生产车间,需要建立统一的生产管控平台,在此基础上实现数字化工厂管理、生产基础数据的收集与管理、生产过程的数字化与可视化、全程的生产过程监控与预警、全程的设备管理与预警等功能。显然,SCADA 系统是整个生产管理平台的数据核心。SCADA 系统完成与底层 PLC、DCS、HMI 等控制设备集成,采集现场实时数据,对生产设备进行监控,实时显示设备状态、报警及故障信息和工艺参数;与 MES 通过数据库、Web 服务器等接口进行数据交互。SCADA 系统还为 MES 提供包括实时数据、历史数据、报警数据等数据。

为了实现上述功能,采用北京亚控科技公司的自动化软件,设计了如图 2-11 所示的 SCADA 系统。该系统的现场网络和监控网络都采用了工业以太网。现场 PLC 和 DCS 完成对生产过程的直接控制。其中该系统中主要软件的作用如下。

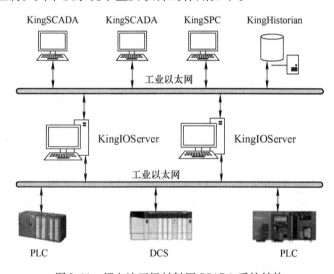

图 2-11 锂电池正极材料厂 SCADA 系统结构

KingSCADA 是一款功能强大的组态软件,采用分布式部署架构,具有较强的系统承载能力,提供实时、历史、报警、事件、登录、校时等独立服务,单机容量便可满足数十万点/s数据处理且稳定运行需求,因此可以作为该厂 2 个车间的监控平台。KingSCADA 与 KingIOServer 通信,来完成上位机监控与管理功能。图 2-12 所示为利用该软件开发的监控界面。

KingIOServer 是分布式数据采集软件,支持对 6000 余种设备的数据采集,使用户可以通过单一通信平台与工业设备和应用程序进行通信;可以通过 OPC、Web 服务、ODBC 及多种行业规约(Modbus、101/104、CDT 等)为第三方软件或者数据采集监管平台(如 KingSCADA)提供标准统一的数据源。该系统中,KingIOServer 和现场的 PLC 等进行通信,采集现场数据,并接受上层监控、调度和管理指令。

为了给该厂的 MES 与信息化系统提供数据,该系统还配置了工业实时历史数据库 KingHistorian。该数据库能将分散的海量过程数据采集并存储下来,解决关系数据库应用难题,帮助用户完成底层广泛的生产过程数据整合,消除信息孤岛。KingHistorian 与 KingIOServer 进行通信,采集现场数据,并把管理与调度指令下发到 KingIOServer,通过下层的控制设备实现调度任务。

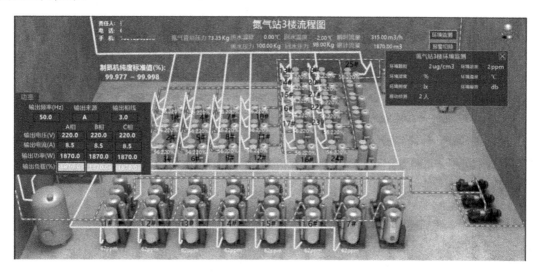

图 2-12　锂电池正极材料厂 SCADA 系统人机界面示意图

为了对锂电池的电极材料加强质量监控，系统还配置了 KingSPC 软件。该软件基于 SPC（统计过程控制）理论，可以对电极材料生产过程做出可靠的评估，判断过程生产能力是否处于最佳状态，是否需要提前进行产品线检查维护，为过程提供一个早期报警系统，以防止废品的产生，减少对常规检验的依赖性，定时的观察以及系统的测量方法替代了大量的检测和验证工作，降低常规检测的成本，同时为企业提高产品质量水平，实现持续改进策略、优化供应链的监控和管理提供可靠支撑。该系统中，KingSPC 作为客户端，其数据来源于 KingHistorian。

2.3　智能制造中的安全保护系统

2.3.1　功能安全基础

1. 安全功能与功能安全

全球由于安全保障系统的缺失或者不完善而引发事故造成大量伤亡的事件屡见不鲜，这也引起了各国政府及各相关行业对功能安全的高度重视。通过各种安全功能（Safety Function）保护层来降低风险，减少生命财产损失是非常必要的。符合安全功能要求的安全系统在众多领域广泛使用，因此，相应的国际组织开展了有关的标准化工作。国际电工委员会（IEC）于 2000 年出台了功能安全国际标准 IEC 61508《电气/电子/可编程电子安全系统的功能安全》。该标准是功能安全的通用标准，是其他行业制订功能安全标准的基础。2003年，IEC 发布了适用于石油、化工等过程工业的标准 IEC 61511。IEC 61508 标准发布之后，适用于其他行业的功能安全标准相继出台，例如，核工业的 IEC 61513 标准，机械工业的 IEC 62021 标准等。

作为最主要的功能安全国际标准——IEC 61508，把功能安全定义为：与被控设备（Equipment Under Control，EUC）和 EUC 控制系统有关的、整体安全的一部分，取决于电气、电子、可编程电子安全相关系统，其他技术安全相关系统和外部风险降低措施机制的正确执行。

由此可见，功能安全是包括安全仪表系统在内的安全子系统是否能有效地执行其安全功能的体现。通俗地理解，就是当出现安全风险，需要安全仪表系统、其他安全相关系统和外部风险降低措施执行安全功能时，它们是否由于故障或其他原因而不能正确执行期望的安全功能，不能实现预期的风险降低，并且这种不能正常工作的可能性有多大。

2. 危险、风险与风险评估

危险是通过某种途径或方式使过程脱离安全状态，对人身或环境造成损害的可能。IEC 61508 定义了危险的概念，即"损害的潜在源泉"，可以概括为各种威胁，包括对环境产生破坏的威胁、对人体健康造成不利影响的威胁、对财产造成损害的威胁等。当然危险的定义不仅局限于上述的领域，在经济、文化等领域中同样有着危险的存在。

通常用风险的概念来评估危险事件。风险定义为危险事件发生的后果和发生可能性（或概率）的乘积。标准中定义了风险等级的概念。危险发生的频率有大有小，IEC 61508 根据危险发生频率大小的不同将风险进行分类，一般分为 6 个等级，分别为频繁发生、偶尔发生、可能发生、小可能发生、不太可能发生和极不可能发生。与此同时，危险造成的后果也不尽相同，根据后果的差异，标准给出了 4 个等级的后果分类，它们是可忽略、不严重、严重以及大灾难。对于具体的项目或设备，相关部门或项目负责人可以根据实际情况，在分析生产及社会影响的基础上，选择相应的风险等级和后果，组成风险等级表。实际上，不同的行业甚至公司，还有自己的一些风险等级定义与解释方法。

功能安全是一种基于风险的安全技术和管理模式。风险评估是实施功能安全管理的前提，安全完整性等级（Safety Integrity Level，SIL）是功能安全技术的体现，安全生命周期是功能安全管理的方法。因此，风险评估、安全完整性等级和安全生命周期是 IEC 61508 的精髓。

风险评估是对生产过程中的风险进行识别、评估和处理的系统过程。风险评估包括对在危险分析中可能出现的危险事件的风险程度进行分级。风险评估的主要目的是：建立一个风险界定的标准，划分风险的来源及影响范围，决定风险是否可以容忍，若不能容忍，应采取怎样的措施来降低风险，并确定这些措施是否适用。风险的评估技术有：风险图法，失效模式、影响和危害度分析（FMECA），失效模式和影响分析（FMEA），故障树分析（FTA）和危险与可操作性（HAZard and OPerability，HAZOP）分析等。

3. 风险降低与安全保护系统模型

风险降低包括 3 个部分：E/E/PE 安全相关系统、外部风险降低设施和其他技术安全相关系统，如图 2-13 所示。可见，对于整个安全手段来讲，E/E/PE 安全相关系统只是其中一部分，必须结合其他风险降低措施把受控装置的风险降低到可容忍的风险以下，即通过实际的风险降低后，使得残余风险进一步降低。通常，风险评估得到的结果用于确定安全系统所需要达到的安全完整性等级，再将整体安全完整性等级分配到不同的安全措施中，使系统的风险降低到允许的水平。

由于无论从技术上还是投资或运行成本上完全避免风险事件的发生是不可行的，也是不必要的。因此，需要通过分析风险的大小，依据最低合理可行（As Low As Reasonably Practicable，ALARP）原则，即按照合理的、可操作的、最低限度的风险接受原则，确定可接受

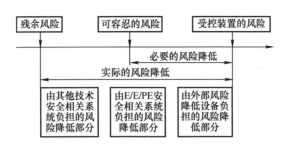

图 2-13　风险降低指标的关系

的风险水平和风险降低措施。

实际的工程设计中广泛采用上述风险降低的手段。例如，在工艺和设备设计时，根据生产流程中物料的物理和化学性质，采用合适的设备和管道材质；对高温操作，设计适宜的隔热措施；对高压要求，选择适当的设备结构、材质和壁厚；对储存或加工危险物料的容器或设备，降低处理量或者加大设备间距。这种从工艺设计本身消除风险的措施，被称为固有安全（Inherent Safety）。

对绝大多数工艺装置或单元来说，固有安全设计是不能把整体风险降低到可接受程度的，还必须采取其他的安全措施，比如在高压反应器上设置安全阀，在反应压力超高时，保护设备不受损坏。这种在危险发生之前，使其转危为安的防护方法，称为主动保护（Active Protection）。

在有些场合，比如油罐的罐区，为了防止油品溢出或泄漏导致火灾或污染周围环境，会设置围堰、防护堤等措施。这种防护并没有阻止危险事件的发生，它只是在泄漏或火灾发生时，使其限制在一定范围内。这种措施称为被动保护（Passive Protection）。

固有安全、被动保护、主动保护和管理级的安全保护措施，构成了安全保护措施的优先级金字塔模型，如图 2-14 所示。安全保护措施的优先级是从底向上逐步降低。

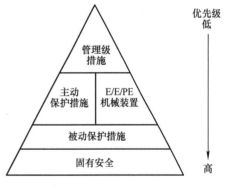

图 2-14　安全保护措施的优先级金字塔模型

4. 安全完整性等级

安全完整性等级也称安全完整性水平。IEC 61508 国际标准定义了 SIL 的概念：在一定时间、一定条件下，安全相关系统执行其所规定的安全功能的可能性。通过 SIL 将安全相关系统执行安全功能的能力进行量化，而执行安全功能的能力又决定了风险降低的程度，因此，通过对安全完整性进行管理可以达到控制风险水平的目的。

SIL 包括两个方面的内容：

1）硬件 SIL，这里的 SIL 由相应危险失效模式下硬件随机失效决定，应用相应的计算规则，对安全仪表系统各部分设备的 SIL 进行定量计算，概率运算规则也可以应用于此过程中，如确定子系统与整体的关系。

2）系统 SIL，此处的 SIL 由相应危险失效模式下系统失效决定。系统失效与硬件失效不同，往往在设计之初就已经出现，难以避免。通常失效统计数据不容易获得，即使系统引发的失效率可以估算，也难以推测失效分布。

IEC 61508 将 SIL 分为 4 个等级：SIL1 ~ SIL4，其中 SIL1 是最低的安全完整性水平，SIL4 是最高的安全完整性水平。SIL 的确定是通过计算系统的要求时平均失效概率 PFDavg 来实现的。不同的失效概率对应着不同的 SIL，SIL 越高，失效概率越小。所谓时失效概率，是发生危险事件时安全仪表系统没有执行安全功能的概率；而平均时失效概率是指在整个安全生命周期内的危险失效概率。

IEC 61511 将安全仪表功能的操作模式分为："要求操作模式"（Demand Mode of Operation）和"连续操作模式"（Continuous Mode of Operation）。对于要求操作模式和连续操作模式时 SIL 的划分见表 2-1。要求操作模式有时也称为低要求操作模式（发生频率低于每年 1 次），而连续操作模式也称为高要求操作模式。低要求操作模式是化工行业中最普遍的模式；高要求操作模式在制造加工业和航空工业中比较普遍。

从表 2-1 可以看出，对要求操作模式和连续操作模式，其 SIL 定义是有所不同的。对要求操作模式，SIL1 表示每年平均发生危险失效概率范围为 $10^{-2} \sim 10^{-1}$。而对连续操作模式，SIL1 表示每小时危险失效平均概率范围为 $10^{-6} \sim 10^{-5}$。目标风险降低数值，也称为风险降低因数（Risk Reduction Factor，RRF），它和 PFDavg 互为倒数关系。

在实际工程设计中，对于要求操作模式，SIL 评级中若 PFDavg > 1，称为无此需求（Not Applicable，NA）；而 0.1 < PFDavg < 1 时，则称为 SIL0。

表 2-1　两种模式的 SIL 划分

SIL	要求操作模式时每年平均发生危险失效概率 PFDavg	连续操作模式时每小时危险失效平均概率 PFH	要求操作模式时的目标风险降低数值
4	$\geqslant 10^{-5}$ 到 $< 10^{-4}$	$\geqslant 10^{-9}$ 到 $< 10^{-8}$	> 10000 到 ≤ 100000
3	$\geqslant 10^{-4}$ 到 $< 10^{-3}$	$\geqslant 10^{-8}$ 到 $< 10^{-7}$	> 1000 到 ≤ 10000
2	$\geqslant 10^{-3}$ 到 $< 10^{-2}$	$\geqslant 10^{-7}$ 到 $< 10^{-6}$	> 100 到 ≤ 1000
1	$\geqslant 10^{-2}$ 到 $< 10^{-1}$	$\geqslant 10^{-6}$ 到 $< 10^{-5}$	> 10 到 ≤ 100

SIL 的确定是在基于风险评估结果的基础上进行的，不合理的风险评估技术会导致安全相关系统 SIL 的过高或过低。SIL 过高会造成不必要的浪费，而过低则会因为不能满足安全要求而导致出现不可接受风险。对安全仪表系统来说，因安全仪表系统自身失效导致的后果是决定安全仪表系统 SIL 的主要因素之一。

5. 安全生命周期

IEC 61508 国际标准把安全生命周期定义为：在安全仪表功能（Safety Instrumented Function，SIF）实施中，从项目的概念设计阶段到所有安全仪表功能停止使用之间的整个时间段。IEC 61508 中对安全系统整体安全生命周期的定义通过图 2-15 来表示。

安全生命周期使用系统的方式建立的一个框架，用以指导过程风险分析、安全系统的设计和评价。IEC 61508 是关于 E/E/PE 安全系统的功能安全的国际标准，其应用领域涉及许多工业部门，比如化工、冶金、交通等。整体安全生命周期包括系统的概念（Concept）、定义（Definition）、分析（Analysis）、安全需求（Safety Requirement）、设计（Design）、实现（Realization）、验证计划（Validation plan）、安装（Installation）、验证（Validation）、操作

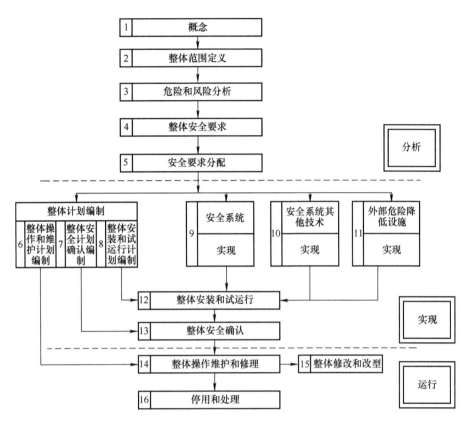

图 2-15　安全生命周期的描述

（Operation）、维护（Maintenance）和停用（Decommission）等各个阶段。

　　对于以上各个阶段，标准根据它们各自的特点，规定了具体的技术要求和安全管理要求，并规定了每个阶段要实现的目标、包含的范围、具体的输入和输出、具体的责任人等。其中每一阶段的输入往往是前面一个阶段或者前面几个阶段的输出，而这个阶段所产生的输出又会作为后续阶段的输入，即成为后面阶段实施的基础。比如，标准规定了整体安全要求阶段的输入就是前一阶段——危险和风险分析所产生的风险分析的描述和信息，而它所产生的对于系统整体的安全功能要求和安全完整性等级要求则被用来作为下一阶段——安全要求分配的输入。通过这种一环扣一环的安全框架，标准将安全生命周期中的各项活动紧密地联系在一起；又因为对于每一环节都有十分明确的要求，使得各个环节的实现又相对独立，可以由不同的人负责，各环节只有时序方面的互相依赖。由于每一个阶段都是承上启下的环节，因此如果某一个环节出了问题，其后所进行的阶段都要受到影响，所以标准规定，当某一环节出了问题或者外部条件发生了变化，整个安全生命周期的活动就要回到出问题的阶段，评估变化造成的影响，对该环节的活动进行修改，甚至重新进行该阶段的活动。因此，整个安全系统的实现活动往往是一个渐进的、迭代的过程。

2.3.2　流程制造中的安全仪表系统

1. 安全仪表系统及安全保护层模型

IEC 61511 把功能安全定义为：与工艺过程和 BPCS（基本过程控制系统）有关的整体

安全的一部分，它取决于安全仪表系统和其他保护层的正确功能执行。IEC 61511 把安全仪表系统（Safety Instrument System，SIS）定义为用于执行一个或多个安全仪表功能的仪表系统。根据 IEC 61511，安全仪表功能定义为：由 SIS 执行的，具有特定 SIL 的安全功能，用于应对特定的危险事件，达到或保持过程的安全性。

SIS 能够对生产装置或设备可能发生的危险采取紧急措施，并对继续恶化的状态进行及时响应，使其进入一个预定义的安全停车工况，从而使危险和损失降到最低程度，保证生产设备、环境和人员安全。各种不同的风险降低机制，还可以用图 2-16 所示的保护层模型来表示。可以看出，通过采用不同层次、不同措施实现工艺过程的"必要风险降低"，可最终达到"可接受风险"的目标。这些不同的层次和措施，因其相互独立（或者说，必须保证各自的独立性），也被称为独立保护层。该模型中各保护层的概念含义如下：

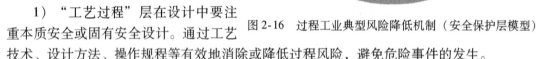

图 2-16　过程工业典型风险降低机制（安全保护层模型）

1）"工艺过程"层在设计中要注重本质安全或固有安全设计。通过工艺技术、设计方法、操作规程等有效地消除或降低过程风险，避免危险事件的发生。

2）"工艺控制/报警"层由基本过程控制系统和报警系统组成。关注的焦点是将过程参数控制在正常的操作设定值附近。

3）"重要报警及人员干预/调整"层的作用是生产发生异常时，操作人员可以改变控制参数和方式，力图使生产恢复到正常状态。该层的功能实际上仍然属于第 2 层。

4）"安全仪表系统"层的作用是降低危险事件发生的频率，保持或达到过程的安全状态。常见的紧急停车系统即属于该层。

5）"释放设备"层的作用是减轻和抑制危险事件产生的后果，即降低危险事件的烈度。如泄压阀等机械保护系统即属于该层。

6）"物理保护"层的设计目的也是减轻或抑制危险事件产生的后果。

7）"应急响应"层包括医疗、人员紧急撤离、工厂周边居民的撤离等功能。

综上所述，可以看到，保护层可以分为两大类：事件阻止层和后果减弱层。事件阻止层的作用是阻止潜在危险发生；后果减弱层是对已发生的危险事件，尽可能地减小后果带来的损失。事件阻止层属于主动保护，而后果减弱层属于被动保护。为了确保保护层的事件阻止或减弱功能，一般来说，保护层应具有以下特点：

1）特定性：一个独立保护层必须特定地防止被考虑的风险后果的发生，而不是通用的风险保护措施。

2）独立性：保护层必须能够独立地防止风险，与其他保护层没有公共设备。

3）可靠性：保护层必须能够可靠地防止危险事件的发生，包括由系统失效或随机失效引发的危险事件。

4）可审查性：保护层设备应该能够进行功能测试和维护。功能审查对于确保一定水平的风险降低是必需的。

2. 风险分析与 SIL 确定

一个典型的化工过程包含图 2-16 所示的各种保护层，这些保护层降低了事故发生的频率。在开展化工过程工艺危害分析时，保护层是否足够，能否有效防止事故的发生是分析人员最为关注的一个问题。图 2-17 给出了在采用 HAZOP 进行风险分析的基础上，进一步利用保护层分析（Layer Of Protection Analysis，LOPA）来确定每个安全仪表功能的 SIL 的流程。

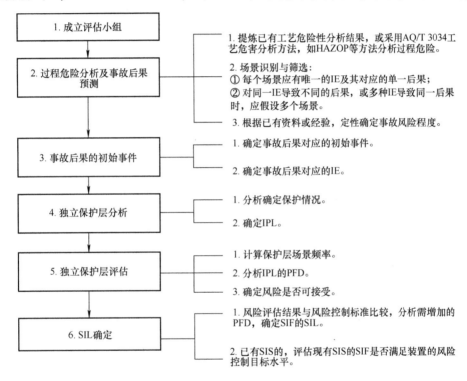

图 2-17　LOPA 法 SIL 确定流程图

HAZOP 方法是英国帝国化学公司（ICI）为解决除草剂制造过程中的危害，于 20 世纪 60 年代发展起来的一套以引导词为主体的危害分析方法。HAZOP 对工艺系统进行危害辨识和分析，是有效预防各种事故发生的重要方法和手段。它可以系统地识别工艺装置或设施中的各种潜在危险和危害，并通过提出合理可行的措施达到减轻事故发生可能性及后果的目的，从而有利于保障石油、化工企业的生产安全。在 HAZOP 分析的基础上，引入 LOPA 技术，可以克服 HAZOP 分析安全保护措施的风险降低和残余风险无法定量化的缺点。因此，LOPA 是 HAZOP 分析的延续，是对 HAZOP 分析结果的丰富与补充。HAZOP 与 LOPA 的衔接关系如图 2-18 所示。当 HAZOP 分析的后果存在重大风险时，且有些风险的现有保护措施含有 SIS，或者现有 SIS 的维护成本与带来的收益相比过于昂贵的，都可以进行 LOPA。而进行 LOPA 的目的，主要就是为了确认对于事故后果非常严重的风险现有保护是否足够，是否有必要增加额外的 SIS 保护，以及确定增加的 SIS 的风险降低目标是多少。

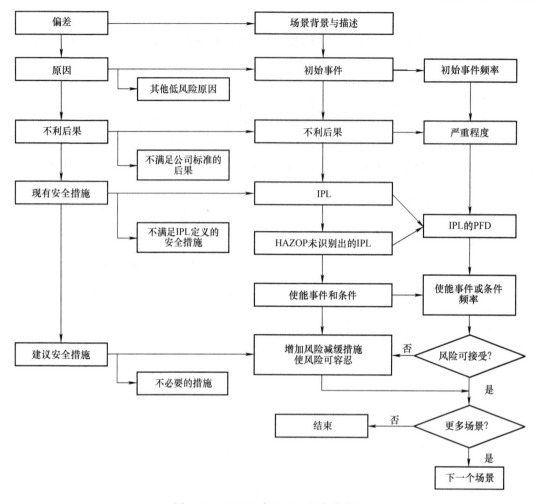

图 2-18　HAZOP 与 LOPA 的衔接关系

　　LOPA 是在定性危害分析的基础上，进一步评估保护层的有效性，并进行风险决策的系统方法，其主要目的是确定是否有足够的保护层使过程风险满足企业的风险可接受标准。LOPA 是一种半定量的风险评估技术，通常使用初始事件频率、后果严重程度和独立保护层失效频率的数量级大小来近似表征场景的风险。

　　SIL 验算的目的是通过可靠性建模来验证在役或完成设计的 SIS 的每个回路的 SIL 是否满足确定的 SIL。在 GB/T 20119—2023 中明确规定，每个 SIF 的要求时平均失效概率 PF-Davg 应等于或低于指定的目标值，并且应通过计算确认。SIL 验算的最终结果要满足三个方面的要求：

　　1）硬件故障裕度满足标准结构约束要求；

　　2）对于指定操作模式下的平均失效概率 PFDavg，通过计算满足标准要求的等级；

　　3）系统完整性要求。

　　SIL 验算常用的建模方法有可靠性框图、故障树和马尔可夫（Markov）模型等。常采用的传统可靠性分析方法是可靠性框图法。它用图形的方式来表示系统内部元件的传递过程，显示了相关元件的串并联关系，具有简单、清楚直观的特点。SIL 验算流程如图 2-19 所示。

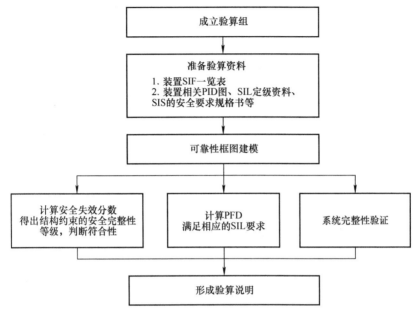

图 2-19　SIL 验算流程图

在工程实践中，把一些较低 SIL 的系统，配置成具有较高要求的 SIL 是可能的。例如，工程中，经常用 SIL2 的仪表通过二取一或三取二的表决机制，使仪表整体达到 SIL3 要求。

3. SIS 设计的基本原则

SIS 的设计必须遵循以下几条基本原则：

1）可靠性原则：SIS 的可靠性是指在一定的时间间隔内发生故障的概率。整个系统的可靠性是组成该系统的各个单元的可靠性的乘积，任何一个环节可靠性的下降都会导致整个系统可靠性的下降。人们通常对于逻辑控制系统的可靠性十分重视，往往忽视检测元件和执行元件的可靠性，使得整套 SIS 的可靠性低，达不到降低受控设备风险的要求。

可用性（可用度）是指可维修的产品在规定的条件下使用时，在某时刻正常工作的概率。可用性不影响系统的安全性，但系统的可用性低可能会导致装置或工厂无法进行正常的生产。故对于 SIS 来说，还应当重视系统的可用性，正确地判断过程事故，尽量减少装置的非正常停工，减少开、停工造成的经济损失。

2）故障安全原则：该原则是指当内部或外部原因使 SIS 失效时，被保护的对象（装置）应按预定的顺序安全停车，自动转入安全状态。具体体现为：

① 现场开关仪表选用常闭触点，工艺正常时，触点闭合，达到安全极限时触点断开，触发联锁动作。

② 电磁阀采用正常励磁，联锁未动作时，电磁阀线圈带电；联锁动作时，断电。

③ 通往电气配电室用以开/停电机的触点，用中间继电器隔离，其励磁电路应为故障安全型。

④ 作为控制装置，"故障安全"意味着当其自身出现故障而不是工艺或设备超过极限工

作范围时，至少应该联锁动作，以便按预定的顺序安全停车（这对工艺和设备而言是安全的），进而通过硬件和软件的冗余和容错技术，在过程安全时间内检测到故障，自动执行纠错程序，排除故障。

3）过程适应原则：SIS 的设置必须根据工艺过程的运行规律，为工艺过程在正常运行和非正常运行时服务。正常时 SIS 不能影响过程运行，在工艺过程发生危险情况时 SIS 要发挥作用，保证工艺装置的安全。这就是系统设计的过程适应原则。

4）独立设置原则：所谓独立设置原则，是指整个 SIS 应独立于过程控制系统（如DCS），以降低控制功能和安全功能同时失效的概率，使其不依附于过程控制系统就能独立完成自动保护联锁的安全功能。要求独立设置的单元应当有检测元件、执行元件、逻辑运算元件、通信设备。复杂的 SIS 应该合理分解为多个子系统，各个子系统应该相对独立，且分组设置后备手动功能。

5）中间环节最少原则：SIS 的中间环节应该是最少。一个回路中仪表越多可靠性越差，典型情况是本安回路的应用。

6）冗余原则：针对测量仪表，SIL1 级安全仪表功能，应采用单一测量仪表；SIL2 级安全仪表功能，应采用冗余测量仪表；SIL3 级安全仪表功能，应采用冗余测量仪表；当要求高安全性时，应采用"或"逻辑结构；当要求高可用性时，应采用"与"逻辑结构；当安全性和可用性均需保障时，应采用"三取二"逻辑结构。

针对最终元件，SIL1 级安全仪表功能，应采用单一控制阀；SIL2 级安全仪表功能，应采用冗余控制阀；SIL3 级安全仪表功能，应采用冗余控制阀；可采用 1 台调节阀和 1 台切断阀，也可采用 2 台切断阀。控制阀的冗余设置并不表示冗余设置就对应 SIL。不能冗余配置控制阀的场合，采用单一控制阀，但配套的电磁阀宜冗余配置。SIS 的电磁阀应优先选用耐高温绝缘线圈，长期带电型，隔爆型。在工艺过程正常运行时，电磁阀应励磁（带电）；在工艺过程非正常运行时，电磁阀非励磁（失电）。

针对逻辑控制器，SIL1 级安全仪表功能，宜采用冗余逻辑控制器；SIL2 级安全仪表功能，应采用冗余逻辑控制器；SIL3 级安全仪表功能，必须采用冗余逻辑控制器。德国 HIMA和施耐德电气都是有名的 SIS 逻辑控制器供应商。一些 DCS 厂商也生产安全控制器且能与DCS 更好集成。一些 PLC 厂商也生产安全 PLC，但更多用于离散制造业。

4. SIS 与 DCS 等常规控制系统的区别

1）DCS 用于生产过程的连续测量、常规控制（连续、顺序、间歇等）、操作控制管理，保证生产装置的平稳运行；SIS 用于监视生产装置的运行状况，对出现异常工况迅速处理，使危害降到最低，使人员和生产装置处于安全状态。

2）DCS 是"动态"系统，始终对过程变量连续进行检测、运算和控制，对生产过程进行动态控制，确保产品的质量和产量。SIS 是"静态"系统，正常工况时，始终监视生产装置的运行，系统输出不变，对生产过程不产生影响；非正常工况时，按照预先的设计进行逻辑运算，使生产装置安全联锁或停车。

3）SIS 比 DCS 安全性、可靠性、可用性要求更严格，因此 SIS 与 DCS 硬件理论上应独立设置。

一般企业的 SIS 不配置独立的操作员站，SIS 与基本过程控制系统进行通信，由中央控制室进行统一的监控。通常要求 SIS 与基本过程控制系统的通信接口冗余配置，且冗余通信接口应有诊断功能。

2.3.3　离散制造中的安全系统

1. 离散制造安全系统及其实施

虽然离散制造业（如汽车、电子设备、飞机等行业）不像流程制造业那样普遍使用传统意义上的安全仪表系统，但它们确实采用了各种安全措施和软硬件系统来保护工人、机器人操作和生产线上的自动化设备的安全。

在离散制造业中的安全系统可能更多地侧重于防止机械伤害、电气事故和人机交互过程中的风险，而不是像流程制造业中那样关注化学物质泄漏、火灾或爆炸等风险，主要采用安全光幕、紧急停止按钮、安全继电器和 PLC 等来监视和控制各类自动化设备的运行，以防止事故发生。尽管离散制造业中的安全系统可能在形式和功能上与传统的 SIS 有所不同，但它们的核心目的仍然是确保生产过程的安全性，保护工人免受伤害，并确保设备的正常运行。

在离散制造业中实施安全系统的主要步骤及其对应操作如下：

1）风险评估：对生产过程进行全面的风险评估，识别可能的安全隐患和风险点。包括机械伤害、电气事故、火灾、有害物质暴露等。

① 识别潜在的危险源和风险点。

② 评估事故发生的可能性和后果的严重性。

③ 确定风险等级，优先处理高等级风险。

2）安全标准和法律适用研究：

① 研究并理解适用的国家和国际标准，如 OSHA、ISO 12100 等。

② 确保所有设计和操作符合这些标准的要求。

3）安全系统设计：根据风险评估的结果和安全标准的要求，设计安全系统。这可能包括安全光幕、紧急停止按钮、安全继电器、PLC 等。

① 根据风险评估结果设计安全系统架构。

② 选择合适的技术和设备来实现安全功能。

③ 设计安全逻辑和控制策略。

4）安全设备选型：选择合适的安全设备和组件。这可能包括安全传感器、安全开关、安全控制器等。

① 选择符合安全标准的传感器、控制器和其他安全相关设备。

② 考虑设备的可靠性、耐用性和维护方便性。

5）安全系统集成：将安全系统集成到生产线的控制和自动化系统中。通常涉及与安全相关的输入和输出信号的处理，以及与主控制系统的通信。

① 将安全系统与现有的生产线控制系统集成。

② 确保安全系统能够在必要时干预生产过程，以防事故发生。

6）安全系统测试和验证：

① 在安装后对安全系统进行全面的测试，包括功能测试和故障模拟。

② 验证系统是否符合设计要求和标准规定。

7）员工培训：

① 对操作和维护安全系统的员工进行专业培训。

② 教育员工关于安全系统的重要性和正确的操作方法。

8) 持续监控和维护：

① 定期检查安全系统的性能和状态。

② 及时修复或更换损坏的部件。

③ 根据生产环境的变化和安全实践的发展，定期更新安全系统。

以上步骤需要跨部门的合作，包括工程、安全、生产和人力资源等部门密切协作，以确保安全系统的有效实施和运行。通过这些步骤，离散制造业可以有效地实施和管理安全系统，以保护员工的安全，减少事故发生的概率，并确保生产的顺利进行。

2. 离散制造业安全系统与流程制造业 SIS

为了便于更好地理解离散制造业的安全系统，表 2-2 将其与连续流程制造业 SIS 进行了对比。

表 2-2　离散制造业安全系统与连续流程制造业 SIS 对比

项目	离散制造业安全系统	连续流程制造业 SIS
生产特点	多品种、小批量，如汽车、电子设备、飞机等	单一品种、大规模连续生产，如化工、石油和天然气等
安全风险	机械伤害、电气事故等，如机器人、自动化装配线等	化学泄漏、火灾、爆炸等，如温度、压力等工艺参数的安全
SIS 应用重点	人机交互、机械安全	过程监控、紧急停车
设计复杂度	设计相对简单，侧重于机械和电气安全	SIS 设计复杂，需要考虑工艺参数的实时监控
集成方式	实施相对容易，与自动化生产线集成	SIS 实施难度大，需要与复杂的工艺流程紧密集成，如与 DCS 紧密集成
安全要求	需要符合相关的机械和电气安全标准	需要符合化工、石油等行业特定的安全标准
测试和维护	相对较低	相对较高

虽然离散制造业和连续流程制造业都使用 SIS 来确保生产过程的安全性，其核心目的都是预防和减轻生产过程中的危险情况，保护人员安全和设备安全。两者在设计和实施 SIS 时，都需要遵循 IEC 61508 和 IEC 61511 等国际安全标准；也均由传感器、逻辑解算器和最终执行元件组成，通过检测、判断和执行三个步骤来实现安全保护。但它们在 SIS 的应用场景、系统设计和实施方面存在一些差异。离散制造业的 SIS 更多关注机械设备的安全，而连续流程制造业的 SIS 则侧重于工艺参数的安全。此外，连续流程制造业的 SIS 设计和实施通常更为复杂，需要与工艺流程紧密集成，因此需要设计者有更多的工艺知识。企业在设计和实施 SIS 时，应根据自身的生产特点和安全需求，选择合适的技术方案和产品，确保系统的有效性和可靠性。

离散制造业中的功能安全和 SIS 虽然都与生产安全相关，但它们的侧重点和实现方式有所不同：

1) 功能安全是指通过电子电气系统的功能来预防和减轻危险情况，确保人员、设备和环境的安全。在离散制造业中，功能安全通常涉及以下几个方面：

① 控制系统：确保 PLC、DCS 等控制系统在关键时刻能够正确执行安全功能。

② 机械设备：确保机器在运行过程中不会对操作人员造成伤害。

③ 人机界面：确保操作人员能够正确理解机器状态，并在紧急情况下采取措施。

功能安全的核心是确保系统的安全功能在预期的条件下能够可靠地执行，即使在系统发生故障时也不会导致危险情况的发生。

2）SIS 是一种专门设计的系统，用于在检测到潜在的危险情况时，自动采取措施以防止事故发生或减轻事故后果。SIS 通常包括传感器、逻辑控制器和执行器，能够独立于主控制系统运行。

在离散制造业中，SIS 可能不如流程制造业中那么常见，但仍然在某些高风险的生产环节发挥作用，如：

① 紧急停止系统：在检测到危险情况时，能够立即停止机器运行。

② 安全光幕：防止操作人员进入机器工作区域，避免机械伤害。

③ 安全继电器：在控制系统失效时，确保安全功能的执行。

离散制造业中的功能安全更多地依赖于软件和控制逻辑，而 SIS 则依赖于硬件设备和传感器。功能安全贯穿于整个生产过程，而 SIS 主要用于特定的安全保护环节。工程应用时 SIS 作为一个独立的系统存在，能够在主控制系统失效时仍然执行安全功能，而功能安全需要与控制系统紧密结合。因此，功能安全和 SIS 在离散制造业中都是重要的安全措施，它们相互补充，共同确保生产过程的安全。企业在实施时应根据具体的生产特点和安全需求，选择合适的安全解决方案。

2.4　智能制造中的网络与通信

2.4.1　智能制造系统典型网络架构

1. 智能制造系统网络功能及主要层级

智能化制造是指以新一代信息技术为基础，贯穿设计、生产、管理、服务等生产活动的各个环节，具有信息深度自感知、智慧自优化决策、精确控制自执行等功能的先进制造过程、系统和模式。其特点是：以智能工厂为载体，以关键制造环节的智能化为核心，以端到端的数据流为基础，以网络互联为支撑，能有效地缩短产品开发周期，降低运行成本，提高生产效率，提高产品质量，减少能源消耗。随着全球各大著名的制造业者不断地坚定推进智能制造，越来越体现出万物互联与一网到底的必要性。在常见的一些民用行业，比如智能家居行业就可以通过统一硬件侧的操作系统、通信协议等实现万物的互联，但是在制造领域常用的传感器、气缸、电机等不能直接入网，一般需要通过构建控制系统、监视系统、采集系统等，利用相关工业通信协议来实现互联。智能制造中的网络架构主要是为了支持制造过程的数字化、网络化和智能化，以提高企业的产品质量、效益和服务水平。

一般来说，智能制造采用的网络架构涵盖了数据层面、网络层面和安全层面。数据层面主要用于生产数据的感知和产品反馈优化，通过 IoT 技术对生产数据进行采集，通过数据建模与仿真，对数据进行分析得到优化决策，从而反馈到生产层面实现产品生产的优化；网络层面为适应智能制造发展，促使工厂内部网络呈现扁平化、IP 化、无线化及灵活组网的特点；安全层面构建工业互联网安全保障体系，满足体系架构下的网络安全应用，实现智能化

生产环境下的设备安全、网络安全、控制安全、应用安全和数据安全。

智能制造系统的典型网络架构通常包括以下几个层次：

1）现场层：包括传感器、执行器、机器人和自动化设备等；使用现场总线（如 Profibus、CAN、DeviceNet 等）或工业以太网（如 EtherNet/IP、ProfiNet 等）进行通信。

2）控制层：由可编程逻辑控制器、集散控制系统和工业计算机等构成；负责收集现场层的数据，执行控制逻辑，并向执行器发送指令。

3）管理层：包括制造执行系统（MES）、企业资源规划（ERP）系统等；负责生产调度、质量管理、物料跟踪等管理功能。

4）企业层：包含企业级的信息系统，如供应链管理（SCM）、客户关系管理（CRM）等；负责企业战略决策、市场分析和资源配置等。

5）云服务层：通过云计算平台提供服务，如数据分析、人工智能、机器学习等；支持大数据处理、远程监控和预测性维护等功能。

6）边缘计算节点：在网络边缘进行数据处理和分析，减少云端数据传输的压力；提高数据处理的实时性和安全性。

7）无线网络：利用 Wi-Fi、蓝牙、ZigBee、5G 等无线技术进行设备间的通信；适合移动设备和难以布线的场合。

8）安全系统：包括防火墙、入侵检测系统（IDS）、虚拟专用网络（VPN）等；确保网络和数据的安全性。

智能制造网络架构可以根据智能制造的具体需求和应用场景进行选择和组合，以构建高效、可靠和灵活的智能制造网络系统。通常这类网络架构中大量使用工业以太网、现场总线、无线网络、工业物联网和工业互联网。新型的 OPC UA、TSN、单绞线以太网和以太网高级物理层等也逐步得到应用。随着技术的发展，新的网络架构和技术也在不断涌现，为智能制造提供更多可能性。智能制造系统的网络架构需要支持高度的集成和互操作性，以实现信息的无缝流动和资源的优化配置。

2. 智能制造系统典型网络架构

智能制造系统的传统网络是一个分布式的网络，在二层网络中，设备通过广播的方式传递设备间的可达信息。在三层网络中，设备间通过标准路由协议传递拓扑信息。这些模式要求每台设备必须使用相同的网络协议，保证各厂商的设备可以实现相互通信。随着业务的飞速发展，用户对网络的需求日新月异，一旦原有的基础网络无法满足新需求，就需要上升到协议制定与修改层面，这样就会导致网络设备升级十分缓慢。

为了解决传统网络发展滞后、运维成本高的问题，服务提供商开始探索新的网络架构，希望能够将控制面（操作系统和各种软件）与硬件解耦，实现底层操作系统、基础软件协议以及增值业务软件的开源自研，这就诞生了软件定义网络（Software-Defined Networking, SDN）技术。SDN 的理念是将网络设备的控制和转发功能解耦，使网络设备的控制面可直接编程，将网络服务从底层硬件设备中抽象出来。传统网络架构与 SDN 架构的对比如图 2-20 所示。

SDN 技术是一种网络管理方法，它支持动态可编程的网络配置，提高了网络性能和管理效率，使网络服务能够像云计算一样提供灵活的定制能力。SDN 将网络设备的转发面与控制面解耦，通过控制器负责网络设备的管理、网络业务的编排和业务流量的调度，具有成

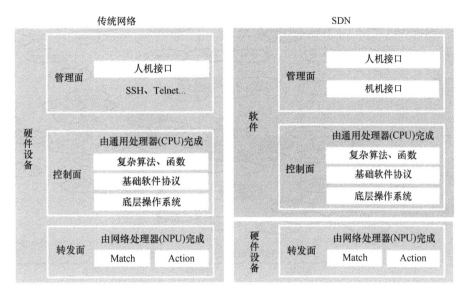

图 2-20 传统网络架构与 SDN 架构对比

本低、集中管理、灵活调度等优点。

　　SDN 架构可分为基础设施层、控制层和应用层。基础设施层负责数据处理、转发和状态收集，主要为转发设备，例如数据中心交换机。控制层负责处理数据平面资源的编排，维护网络拓扑、状态信息等，由 SDN 控制软件组成，可通过标准化协议与转发设备进行通信，实现对基础设施层的控制。应用层包括各种不同的业务和应用，常见的有基于 OpenStack 架构的云平台。另外，也可以基于 OpenStack 构建用户自己的云管理平台。SDN 使用北向和南向应用程序接口（API）来进行层与层之间的通信，分为北向 API 和南向 API。北向 API 负责应用层和控制层之间的通信，南向 API 负责基础设施层和控制层之间的通信。

2.4.2　智能制造中常用的现场总线

1. 现场总线概述

（1）现场总线及其国际标准

　　现场总线（Fieldbus）是一种用于工业环境中开放式、数字化的通信网络，用于工业控制系统和生产现场的智能设备（如：传感器、变送器、执行器和控制器）间进行双向、串行和多点通信的数字智能化网络。现场总线既能够在恶劣的工业环境中稳定工作，也能够满足现场控制设备和高层控制系统之间的信息传递。同时可以简化工业现场通信的工程布线，提高工业控制系统现场通信的灵活性和可靠性，并显著降低成本。现场总线系统的开发是由设备供应商主导的典型技术来推动的，其主要发展里程碑如图 2-21 所示。

　　现场总线的最新国际标准是 IEC 61158（2023 版），它涵盖了多种类型的现场总线，如 FF、Profibus、EtherCAT、CC-Link、WorldFIP、Interbus 等，每种总线都有其特定的应用场景和性能特点。IEC 61158 标准的制定过程始于 1984 年，历时 14 年多，最终在 1999 年通过最后一轮投票。一般来说，现场总线标准 IEC 61158 包含了一系列的文件，这些文件详细定

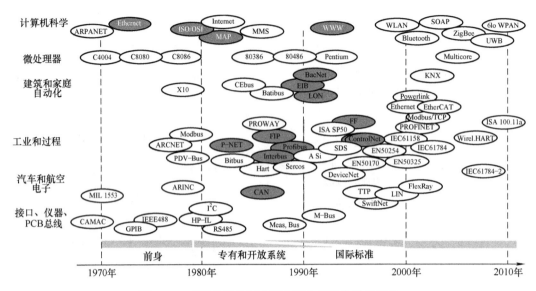

图 2-21 现场总线从诞生到广泛应用的发展里程碑

义了现场总线的技术规范和应用。因为标准的制定和修订是一个持续的过程，所以 IEC 61158 每个版本的具体文件编号和内容可能会有所变化，具体见网站 https://webstore.iec.ch/en/publication/66931。

由于 IEC 61158 系列标准是概念性的技术规范，它不涉及现场总线的具体实现。在该标准中只有现场总线的类型编号，而不允许出现具体现场总线的技术名称或商业贸易用名称。为了使设计人员、实现者和用户能够方便地进行产品设计、应用选型比较，以及实际工程系统的选择，IEC/SC65C 制定了 IEC 61784 系列配套标准。这些配套标准主要由一系列通信行规组成，给出了现场总线设备中可互操作性特征与选项的详细说明。

现场总线应用中，IEC 61158 专注于底层的通信协议，而 IEC 61784 则关注于设备的集成和配置，两者相互补充，共同确保了不同设备和系统之间工业通信网络的互操作性、功能性和通信效率。IEC 61784 中的 EDDL 和 DTM 技术让不同制造商的设备能够通过 IEC 61158 定义的现场总线技术进行通信和集成，使得配置和调试变得更加容易和高效。这两个标准共同提供了一个全面的框架，用于标准化工业通信网络的设计、实施和管理。通过遵循这些标准，系统设计者可以选择最适合特定应用的现场总线技术，并且可以根据需要轻松地添加或更换设备，而不必担心兼容性问题。

（2）现场总线的发展

在 20 世纪七八十年代，工业控制系统主要依赖于模拟信号和点对点的布线方式。这种系统不仅成本高，而且安装和维护非常复杂。随着微处理器技术的发展，人们开始寻求一种更高效、更经济的通信方式来替代传统的布线系统。最早提出现场总线概念的是美国 Intel 公司于 1984 年推出的位总线（BITBUS）。在 20 世纪 80 年代末至 20 世纪 90 年代初，以 DeviceNet、CANopen、Modbus 等为代表的通过一条或多条电缆进行通信的现场总线技术开始出现，这些技术明显减少了工业现场控制系统布线的复杂性和成本。

随着现场总线技术的发展，市场上出现了多种具有不同特点和应用场景的现场总线标准。为了实现不同设备和系统之间的互操作性，国际电工委员会（IEC）制定了 IEC 61158 这个关于现场总线通信网络的国际标准。进入 21 世纪，现场总线技术开始与工业以太网技术相结合，形成了实时以太网（Real-Time Ethernet）技术，如 ProfiNet、Ethernet/IP 等。这些技术结合了以太网的高速率和现场总线的实时性，为工业通信提供了更强大的解决方案。根据 HMS 公司的统计，2024 年的市场份额工业以太网仍然占据主导地位，占所有新安装节点的 71%（2023 年为 68%）。与此同时，现场总线从 24% 下降到 22%。

（3）主要的现场总线

现场总线技术有多种类型，每种类型都有其特定的应用场景和性能特点。主要的现场总线类型如下：

1）Profibus（Process Field Bus，过程现场总线）：是一种广泛使用的工业通信协议，适用于自动化系统中的数据交换。它包括 Profibus-DP（Decentralized Periphery，分布式外围设备）、Profibus-PA（Process Automation，过程自动化）和 ProfiNet。

2）Modbus：是一种允许不同制造商生产的控制设备之间进行数据交换和通信的广泛应用于工业自动化领域的通信协议。最初由 Modicon（现为施耐德电气的一部分）在 1979 年开发，用于连接工业电子设备。它是一种主从式通信协议，其中一台设备（主站）可以与多台设备（从站）进行通信，支持多种物理层，包括 RS232、RS485 和以太网。

3）DeviceNet：是一种开放的现场总线网络，用于连接工业自动化系统中的设备，如传感器、执行器和控制器。

4）CANopen：是基于控制器区域网（Controller Area Network，CAN）物理层的一种高层协议，用于工业自动化和车辆控制系统。

5）ControlNet：是一种高性能的工业网络，提供确定性和实时通信，适用于复杂的控制应用。

6）Foundation Fieldbus：是一种用于过程自动化的现场总线技术，支持模拟和数字信号的混合传输。

7）HART（Highway Addressable Remote Transducer，可寻址远程传感器数据通路）：是一种在现有 4~20mA 模拟信号线上叠加数字信号的通信协议，用于过程控制和资产管理系统。

8）Ethernet/IP（Ethernet Industrial Protocol，以太网工业协议）：是一种工业以太网通信协议，用于自动化设备之间的通信。

9）CC-Link（Control & Communication Link，控制与通信链路）：是一种由三菱电机开发的开放式、支持高速数据传输和实时通信的工业自动化领域现场总线标准。目前已扩展到 CC-Link IE 工业以太网及 CC-Link IE TSN 等。

10）EtherCAT（以太网控制自动化技术）：是一种高性能的工业以太网通信协议，由德国 Beckhoff 自动化公司于 2003 年提出，并在全球范围内迅速铺开，被广泛应用于各种工业自动化场景，包括机器人控制、运动控制、过程控制、楼宇自动化等。

这些现场总线类型各有优势，适用于不同的工业环境和应用需求。随着工业物联网（IIoT）和工业 4.0 的发展，现场总线技术也在不断演进，以适应更加智能化和网络化的工业通信需求。在选择现场总线时，除了考虑上述因素外，还需要考虑系统的未来扩展性、供

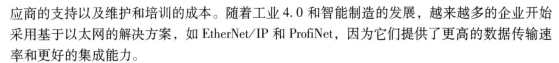
应商的支持以及维护和培训的成本。随着工业 4.0 和智能制造的发展，越来越多的企业开始采用基于以太网的解决方案，如 EtherNet/IP 和 ProfiNet，因为它们提供了更高的数据传输速率和更好的集成能力。

2. 基金会现场总线（FF）

（1）FF 的发展历史

1985 年美国 Rosemount 公司开发出现场总线的雏形——HART 协议。1992 年，以美国 Fisher-Rosemount 公司为首，联合 Foxboro、西门子、横河、ABB 等多家公司成立 ISP（Interoperable Systems Project）集团并提出 ISP 协议。1993 年由美国霍尼韦尔、Square、HP 以及日本山武、日立等多家公司成立 WorldFIP（Flux Information Processus）组织并提出 WorldFIP 协议。1994 年，WorldFIP 北美部分与 ISP 两大集团宣布合并，正式形成非营利性现场总线基金会并提出了基金会现场总线（Foundation Fieldbus，FF）。

FF 主要用于过程工业。FF 的设计理念是为了提高过程控制的效率和灵活性，同时降低安装和维护的成本。通过使用 FF，工业企业可以构建更加智能和互联的自动化系统。

（2）FF 分类与基本网络架构

在集成进通用 IEC 61158 规范中的不同现场总线系统中，有两种通信规范由现场总线基金会制定。

1）H1 Foundation Fieldbus（低速总线）：FF-H1（后面简称 H1）网络系统主要适用于分布式连续过程控制，可互连数字现场设备，如传感器、执行器和 I/O，允许集成现有的 4~20mA 设备。图 2-22 将 H1 与 OSI 模型架构进行了比较。H1 在 IEC 61158 中作为类型 1 用于物理和数据链路层定义，在应用层定义中作为类型 9。H1 通信堆栈最小，以保证数据处理的最快速度。在现场总线应用层下，H1 直接呈现数据链路层（DLL），用于管理对通信通道的访问。物理层处理与物理介质接口的问题。此外，还存在网络和系统管理层。

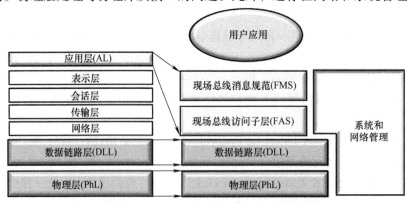

图 2-22　FF-H1 与 OSI 模型架构对照图

在物理层上 H1 符合 IEC 61158-2 标准，支持总线供电和本质安全防爆环境。H1 现场总线的主要电气特性是：数据采用数字化、位同步的传输方式，传输速率为 31.25kbit/s。驱动电压为 DC 9~32V，信号电流是 ±9mA。采用屏蔽双绞线电缆，拓扑结构可以采用线形、树形、星形及复合型的方式。无中继器时电缆长度应 ≤1900m，分支电缆长度在 30~120m 范围内，无中继器时设备挂接数不得超过 32 台，可用中继器数不得超过 4 台。FF 设备（也称为节点）在 H1 网段上运行时由 8 位二进制数寻址。此二进制数字段支持 0~255（十进制）的最大寻址范围，由现场总线基金会划分，如 0 ~ 15 为保留，16 ~ 247 为永久性设备等。

2）HSE Foundation Fieldbus（高速以太网）：HSE 版本的工作频率为10Mbit/s，适用于需要更高数据传输速率和更短响应时间的应用。一般认为，FF-HSE 主要用于离散制造应用，它提供控制器（如 DCS 或 PLC）、H1 子系统、外部协议（如 Modbus 和 Profibus DP）、常规 I/O（如数字 I/O，4 ~ 20mA）、数据服务器和工作站的集成。HSE 定义了一个应用层和相关管理功能，旨在通过双绞线或光纤交换以太网在标准协议 TCP/UDP/IP 堆栈上运行。

（3）FF 的通信协议栈

FF 只为 H1 和 HSE 配置指定了一个用户应用层。H1 和 HSE 用户应用层主要基于功能块（Function Block，FB）提供一致的输入和输出定义，允许无缝分配和集成来自不同供应商的功能，这为 FF 的广泛应用奠定了坚实的基础。

1）链路活动调度器（LAS）：通信栈包括数据链路层（DLL）、现场总线访问子层（FAS）和现场总线报文规范（FMS）三部分。DLL 最主要的功能是对总线访问的调度，通过链路活动调度器（Link Active Scheduler，LAS）来管理总线的访问，每个总线段上有一个 LAS。

H1 总线的通信分为受调度/周期性通信和非调度/非周期性通信两类。受调度/周期性通信一般用于在设备间周期性地传送测量和控制数据，其优先级最高，其他操作只在受调度传输之间进行。受调度通信是严格周期定时的，用于重要过程控制信息。后者也称背景通信，是插空进行的，用于和人机界面等进行实时性不高的通信。两者共同构成一个"宏周期（Macrocycle）"，它表征了总线控制速度的快慢。在宏周期中背景通信时间设置应占50%以上。图 2-23 是一个典型的两个设备实现输入-控制-输出基本 PID 过程控制回路功能块的调

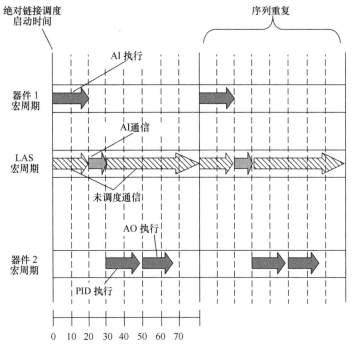

图 2-23　FF 功能块的调度与宏周期关系图

度与宏周期关系图。宏周期可以由总线所挂设备数量（背景通信量）和设备间链接通信次数（受调度通信量）来决定，根据过程要求一般会选择 200～1000ms 的范围。反过来说，希望总线控制速度快就要少挂设备和链接简单。因此，一条总线（H1 网段）上所能挂设备的数量主要受制于控制速度和前面所说的风险度，要求高的可以只挂 3 台，要求不高的可以挂 8～12 台。

FF 进行受调度通信时，总线上所有设备和功能块以固定的重复周期对过程控制信息进行执行和通信。该类通信的定时由 LAS 中的主进度表决定。过程计划性数据（亦称"周期性数据"）通信采用发布/订阅（索取）方式。这意味着数据只需通过总线传送或"发布"一次，所有请求该数据的设备都将接收或"订阅"到相同的传输信息。因而，根据应用的需要，特定的参数可被多个设备或功能块所利用，它不会增加总线的通信负担或影响控制性能。这种通信方式也称为确定性通信。其通信总是以预定的时间发送，因而信息可以按其需要的时间精确被广播（和接收）。其结果是通信和控制能够以有序方式得以精确执行，进而减少过程差异。对于快速或实时性要求高的控制回路，基金会现场总线可以提高工厂性能。

FF 进行非调度通信时支持过程回路控制数据的大量信息。信息包括：

① 发送给设备或中央数据库的组态信息；

② 报警、事件和数据趋势；

③ 操作员显示信息；

④ 诊断和状态信息。

虽然这类信息流量较大，但不同于实时性要求高的回路控制信息。如果在一个通信周期内信息提前 1/8s 和下个周期延时 1/8s，它不会对过程控制或工厂运行造成影响。FF 网段上信息的优先级低于计划性数据的控制回路相关的通信。然而，为确保传输信息时，网段上的负载不至于过大，一个通信周期内为非计划性数据（"非周期"）通信预留一定的时间。在该段时间内，令牌传送方式使得该网段上的每个设备都有机会传送消息，直至传送完成或分配的时间截止。

2）虚拟通信关系（Virtual Communication Relationship，VCR）：FAS 子层处于 FMS 和 DLL 之间，它使用 DLL 的调度和非调度特点，为 FMS 和应用进程提供报文传递服务。FAS 的协议机制可以划为三层：FAS 服务协议机制、应用关系协议机制、DLL 映射协议机制。

FAS 服务协议机制负责把发送信息转换为 FAS 的内部协议格式，并为该服务选择一个合适的应用关系协议机制。应用关系协议机制包括客户端/服务器、报告分发和发布/接收三种由 VCR 来描述的服务类型，它们的区别主要在于 FAS 如何应用 DLL 进行报文传输。DLL 映射协议机制是对下层即 DLL 的接口。它将来自应用关系协议机制的 FAS 内部协议格式转换成 DLL 可接受的服务格式，并送给 DLL，反之亦然。FMS 描述了用户应用所需要的通信服务、信息格式和建立报文所必需的协议行为。针对不同的对象类型，FMS 定义了相应的 FMS 通信服务，用户应用时可采用标准的报文格式集在现场总线上相互发送报文。用户层定义了标准的基于模块的用户应用，使得设备与系统的集成与互操作更加易于实现。用户层由功能块和设备描述语言两个重要的部分组成。

FF 中有三种不同类型的 VCR，描述了数据在 FF 设备之间通信的三种不同方式：

① 发布者/订阅者（计划），也称为缓冲网络计划单向（BNU）；

② 客户端/服务器（非计划），也称为排队用户触发的双向（QUB）；

③ 源/接收器（非计划），也称为排队用户触发的单向（QUU）。

发布者/订阅者 VCR 描述了强制数据（Compel Data，CD）令牌的操作。LAS 调用网络上的特定设备来传输特定数据，以实现时间关键型控制目的。当寻址设备响应其数据时，网络上"订阅"此已发布数据的多个设备会同时接收该数据。这就是过程控制变量（PV、PID 输出等）在组成 FF 控制回路的仪表之间进行通信的方式。发布者/订阅者 VCR 模型具有高度确定性，因为所有此类通信都按精确定义的计划进行。

客户端/服务器 VCR 描述一类计划外通信，当设备从 LAS 接收到通过令牌（Pass Token，PT）消息时允许使用。每个设备都维护一个由其他设备（客户端）发出的数据请求队列（列表），并在收到 PT 后立即按顺序响应这些请求。通过响应客户端请求，设备充当服务器。同样，每个设备都可以利用这段时间充当客户端，将自己的请求发布到其他设备，这些设备在从 LAS 接收 PT 时将充当服务器。这是非关键消息（如维护和设备配置数据、操作员设定值更改、警报确认、PID 调整值等）在 H1 网段上的设备之间交换的方式。趋势数据（随时间记录的过程变量并以时域图形的形式显示）也可以使用这种类型的 VCR 进行通信，每个服务器消息都会传达收集的样本的"突发"。接收方会检查客户端/服务器通信是否损坏数据，以确保可靠的数据流。

源/接收器 VCR 描述了另一类计划外通信，当设备从 LAS 接收到 PT 消息时允许使用。这是设备将数据广播到代表许多设备的"组地址"的位置；不检查源/接收器通信是否数据损坏，客户端/服务器通信也是如此。使用源/接收器 VCR 在 FF 分段中传输的消息示例包括趋势报告和警报。

由于 QUU 和 QUB VCR 使用宏周期的异步部分，因此必须提供足够的可用时间。配置期间的重点是使宏周期尽可能小，以允许功能块得以快速执行。最小化宏周期的异步部分将对 QUU 和 QUB VCR 的发生产生不利影响，因为该时间还必须用于诸如探测节点之类的内务管理活动。如果从控制或 HMI 监控的角度来看，预期会增加与设备的通信，功能块的循环时间将因此而增加，则应增加宏周期。因此，必须选择大的周期，以实现有效的 QUU 和 QUB 通信。

在具体工程应用设计复杂控制策略时，必须注意现场设备和主系统支持的功能块和 VCR 的数量。与某一特定的现场设备或主机相比，现场设备中的复杂控制策略要求支持更多的功能块和/或 VCR。每个设备需要最低数量的 VCR 以实现设备间以及与主机的通信。当然，如果采用传统的将复杂控制策略放到主控制器中的做法，则可以省略计算 VCR 的复杂关系；如果采用内部功能块，也无须考虑 VCR。假定两个 AI 块和 PID 块驻留在同一设备中，一个 AI 块与 PID 块相关，而另一个将其数据发送给其他设备，此时对 VCR 的要求见表 2-3。

表 2-3　PID 回路 VCR 计算示例

AI_1_OUT	1 个发布方/预订方 VCR
AI_2_OUT	内部通信
PID_IN	内部通信
PID_OUT	1 个发布方/预订方 VCR
PID_BKCAL_IN	1 个发布方/预订方 VCR
基本设备块	5 个 VCR

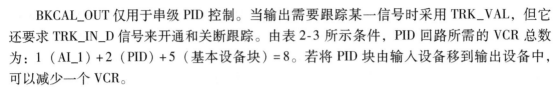

BKCAL_OUT 仅用于串级 PID 控制。当输出需要跟踪某一信号时采用 TRK_VAL，但它还要求 TRK_IN_D 信号来开通和关断跟踪。由表 2-3 所示条件，PID 回路所需的 VCR 总数为：1（AI_1）+2（PID）+5（基本设备块）=8。若将 PID 块由输入设备移到输出设备中，可以减少一个 VCR。

（4）FF 的无线解决方案

1）主要的过程工业无线通信协议：目前，伴随着敏捷制造、精益制造等在各大制造行业的广泛推广，设备的安装、设置和重新配置在智能制造工厂生命周期内的总成本占比越来越大。如果工厂的工艺流程或设备发生变化，那么停机时间和生命周期成本就会大大增加。妨碍快速重新配置的主要障碍是不能随意改动现有的有线通信设施。通过使用无线技术，不仅安装成本大大降低，而且可以像以前一样实现系统的真正重新配置，而无需任何重新布线。

现在有几种用于工业环境的无线解决方案可供选择。其中之一是 ISA 100.11a《工业自动化无线系统：过程控制和相关应用》；它是 ISA SP-100 委员会于 2005 年开始制定的开放无线标准。HART 通信基金会开发了一个开放标准 HART 7.0，它通过称为 WirelessHART 的无线功能扩展了 HART 协议。2010 年 3 月，IEC 已批准 WirelessHART 规范作为完整的国际标准（IEC 62591 Ed. 1.0）。

现场总线基金会努力将 FF 规范与这些新无线解决方案集成在一起。为了实现这一目标，现场总线基金会内部定义了两个项目团队：无线传感器集成团队（用于与 ISA100.11a 和 WirelessHART 集成）和无线 HSE 回程（Backhaul）团队（协助 ISA 100.15 工作组制定无线回程标准）。

2）WirelessHART 网络概述：WirelessHART 是第一个开放式的可互操作无线通信标准，用于满足流程制造业对于实时工厂应用中可靠、稳定和安全的无线通信的关键需求，主要应用于过程工业监控、资产管理、在线测试和诊断等领域的无线网络通信协议。WirelessHART 网络结构如图 2-24 所示。WirelessHART 规定了三种主要的网络要素：WirelessHART 现场设备、WirelessHART 网关和 WirelessHART 网络管理器；还支持 WirelessHART 适配器，适配器可以方便地将现有的 HART 设备接入 WirelessHART 网络；同时还支持 WirelessHART 手持器，方便就近接入相邻的 WirelessHART 设备。

WirelessHART 通信标准是建立在已有的经过现场测试的国际标准上的，其包括 HART 协议（IEC 61158）、EDDL（IEC 61804-3）、IEEE 802.15.4。国内中科博微公司推出的 WirelessHART 模块就采用与 IEEE 802.15.4 兼容的直序扩频（DSSS）技术和跳频扩频（FHSS）技术进行数据传送，实现了工作于 2.4GHz ISM 射频频段安全稳健的无线网络。

WirelessHART 现场设备的规格与有线 HART 设备的规格几乎相同。传统 HART 和 WirelessHART 之间的相似之处使得最终用户在采用 WirelessHART 时可以利用现有过程组织的培训而无需其他改变。

WirelessHART 设备功率低，可以运行数年而不更换电池模块，但这也限制了无线电的发射功率和最远通信距离。因为 WirelessHART 设备可以通过彼此进行中继通信，以向网关传送数据，所以自组织网络就自然扩展了 WirelessHART 设备超过其自身无线电距离的通信范围。例如当无线仪表距网关几米到几百英尺时，可以通过更靠近网关的相邻设备的中继"跳"来扩展网络覆盖距离。每个 WirelessHART 网络在网关的有效范围内至少应有 5 个

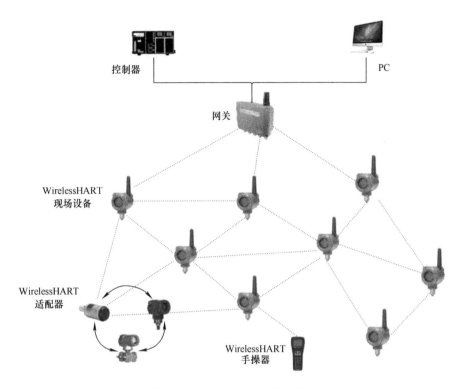

图 2-24　WirelessHART 网络结构

WirelessHART 设备（又称为"最少五规则"）。少于 5 个 WirelessHART 设备网络也能够正常工作，但不会受益于自组织网状网络带来的固有冗余，有时可能需要增加额外中继器。在一个好的无线网络结构的设计中，可以在网络的内部或周边添加新的 WirelessHART 设备。

为了保证 WirelessHART 安全，在设计网络时，每个网络的网关必须具有唯一的网络 ID。无线设备加入密钥可以配置为每个网络通用，或者每个现场设备单独唯一。如果选择通用加入密钥，每个现场设备将共享相同的网络加入密钥。如果选择单独加入密钥，则网络中的每个现场设备将具有唯一的加入密钥。由于单独加入密钥能提供更强的安全性，因此建议使用。即使用公共加入密钥，也建议每个网关网络使用不同的密钥。

（5）电子设备描述语言（EDDL）

电子设备描述语言（Electronic Device Description Language，EDDL）是一种编程语言，EDDL 于 1992 年首次与 HART 通信协议一起使用；它使用设备描述（DD）来描述现场设备的属性，例如数据类型、功能块、默认值和允许的范围。设备描述语言（DDL）部署在全球超过 2000 万台现场设备中，并得到包括 HART、Profibus 和现场总线基金会在内的现场总线网络的支持。EDDL 规范标准被国际电工委员会采纳命名为 IEC 61804-2，并得到包括现场总线基金会、HART 通信基金会和 Profibus 用户组织（PNO）三个领先的过程现场总线组织的认可。EDDL 相关规范的增强功能标准化了智能设备信息（如波形、阀门特征和历史数据）的呈现，并提高了自动化系统用户的数据可视化和显示功能。IEC 61804-3 通过增强的用户界面、图形表示和持久数据存储扩展了 EDDL。随着与 OPC 基金会的合作，EDDL 也已经用于开放式 OPC UA 的统一架构。

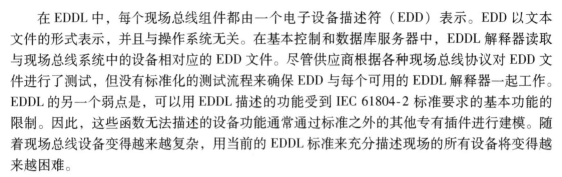

在 EDDL 中，每个现场总线组件都由一个电子设备描述符（EDD）表示。EDD 以文本文件的形式表示，并且与操作系统无关。在基本控制和数据库服务器中，EDDL 解释器读取与现场总线系统中的设备相对应的 EDD 文件。尽管供应商根据各种现场总线协议对 EDD 文件进行了测试，但没有标准化的测试流程来确保 EDD 与每个可用的 EDDL 解释器一起工作。EDDL 的另一个弱点是，可以用 EDDL 描述的功能受到 IEC 61804-2 标准要求的基本功能的限制。因此，这些函数无法描述的设备功能通常通过标准之外的其他专有插件进行建模。随着现场总线设备变得越来越复杂，用当前的 EDDL 标准来充分描述现场的所有设备将变得越来越困难。

（6）FDT/DTM

在过程自动化行业的设备集成领域，现场设备工具（Field Device Tool，FDT）标准是使用最广泛的国际标准（IEC 62453），同时也是中国国家标准（GB/T 29618）。FDT 可以支持任何制造商的任何总线上的任何设备，并可以在一个平台上支持各种应用，如配置、诊断、状态监测和数据采集。FDT 规范最初由 ABB 领导的一组欧洲公司于 20 世纪 90 年代后期提出，作为标准化智能现场设备和主机系统之间接口的一种方式，无论设备供应商类型或现场总线协议如何；设备制造商在其设备中包括一个符合 FDT 标准的软件，称为设备类型管理器（Device Type Manager，DTM）；使用主机中符合 FDT 的帧应用程序来跨不同协议与设备通信。FDT 标准随着时间的推移而发展，2020 年推出的最新 FDT 3.0 是一种跨平台解决方案，可满足行业不断变化的需求。

DTM 是充当设备驱动程序的可执行软件。FDT/DTM 组态系统由以下部分组成：用于每个分布式控制系统的 FDT 帧应用程序、用于每个现场总线系统的通信 DTM（comm-DTM）和用于每个现场设备类型的设备 DTM。设备功能完全封装在 DTM 中，因此 FDT/DTM 对未来更复杂的设备的功能没有限制。与 EDDL 相比，FDT/DTM 为设备制造商带来了更高的成本，因为制造商必须提供 DTM 设备驱动程序。另一方面，EDDL 给系统制造商带来了更大的压力。FDT 软件必须在独立于基本控制和数据库服务器的服务器上执行。目前，DTM 只能在 Microsoft Windows 上运行，这是由于 Microsoft 的升级和许可策略而造成的一个缺点（与自动化工厂的生命周期相比，Windows 版本的发展相当快，并且无法获得过时 Windows 版本的支持和额外许可证）。

DTM 只能选择一个特定的 FDT 版本，而整个应用框架可以支持 DTM 的多个 FDT 版本。DTM 通过统一风格的图形界面提供丰富的设备配置和诊断功能，可以有效降低设备维护人员的培训成本。DTM 可分为通信 DTM、网关 DTM 和设备 DTM。当设备 DTM 是智能现场设备（仪器或执行器）的 FDT 驱动器时，通信 DTM 是通信设备（例如 DCS 主控制器、总线通信卡或 HART 调制解调器）的 FDT 驱动器；通信设备和智能现场设备之间的所有其他智能设备（例如远程 I/O）称为网关 DTM。

3. Profibus-DP 现场总线

（1）Profibus 现场总线概述

1）Profibus 现场总线种类：Profibus 是 Process Fieldbus 的缩写，起源于 1987 年，是由西门子公司提出并极力倡导的现场总线，它以 EN 50170 和 IEC 61158 标准为基础，在制造自动化、流程自动化、楼宇自动化、交通监控、电力自动化等领域得到广泛应用。Profibus-DP 和 Profibus-PA 是目前最常用的 Profibus 兼容总线协议。Profibus-FMS 已经很少使用了。

在现场应用中，Profibus-DP 电缆颜色是紫色，Profibus-PA 电缆的颜色是蓝色，ProfiNet 网络的颜色是绿色，因此可以很容易区分这几种总线。

2）Profibus 协议结构：Profibus 协议采用分层结构，如图 2-25 所示。它采用了 ISO/OSI 模型的第 1 层（物理层）、第 2 层（数据链路层），必要时还采用了第 7 层（应用层）。第 1 层和第 2 层的介质和传输协议依据 RS-485 标准、IEC 870-5-1 标准和欧洲标准 EN 60870-5-1。总线存取程序、数据传输和管理服务基于 DIN 19241 标准的第 1~3 部分和 IEC 955 标准。管理功能（FMA7）采用 ISO DIS 7498-4（管理架构）的概念。Profibus-DP 和 Profibus-PA 在数据链路层和应用层上有一些差异，以适应不同的应用场景和需求。

	Profibus-DP	Profibus-PA
用户层	DP行规	PA行规
		扩展功能
	基本功能	
第3~7层	未使用	
第2层 （数据链路层）	现场总线数据链路	IEC接口
第1层 （物理层）	RS-485/光纤	IEC 61158-2

图 2-25　Profibus 协议层次结构

3）Profibus 行规：Profibus 行规（profile）是一种规定或规范，它对每个总线设备或装置的 I/O 数据、操作以及功能都进行了清晰的描述和准确的规定，确保 Profibus 网络中设备的互操作性，使得不同制造商的设备可以在 Profibus 网络中协同工作，而用户无须了解这些不同设备的内部区别。Profibus 行规提高了系统的灵活性和可扩展性，保证了工业自动化系统的效率和安全性。Profibus 行规是由 Profibus 国际组织（Profibus International，PI）的各工作小组所制定，由 Profibus 国际组织发布。

Profibus 行规分为两大类：应用行规和系统行规，其中应用行规又分为通用应用行规和专用应用行规。通用应用行规适用于广泛的工业自动化应用，如 Profibus-DP 和 Profibus-PA 属于用户层的通用应用行规。Profibus DP-V1、Profibus DP-V2 等属于 Profibus-DP 行规经过功能扩展而产生的不同版本行规。专用应用行规针对特定的应用领域和通信需求进行了定制化的扩展和优化。如 PROFIsafe 面向功能安全领域。这些行规提供了一致的通信标准和规范，使得不同设备和系统能够互操作，并实现可靠的数据交换和控制。

（2）Profibus-DP 协议模型

Profibus-DP 采用了 OSI 模型的物理层、数据链路层，由这两部分形成了其标准第一部分的子集，隐去了第 3~7 层，还采用了用户层。

1）物理层：Profibus-DP 通常采用 RS-485 串行通信，半双工模式。Profibus-DP 物理层可以使用屏蔽双绞线和光缆两种传输介质。Profibus-DP 总线采用屏蔽双绞线时，采用 9 针 D 型连接器，总线段的两端各有一个总线终端器。一般在电磁干扰很大或传输距离很远的情况下可以使用光缆。每个 Profibus-DP 网络理论上最多可连接 127 个物理站点，其中包括主站、从站以及中继设备。一般情况下 0 默认是 PG 的地址，1~2 为主站地址，126 为软件设置地址的从站的默认地址，127 是广播地址，因而这些地址不再分配给从站，故 DP 从站最多可连接 124 个，站号设置一般为 3~125。Profibus-DP 每个物理网段最多有 32 个物理站点设备。Profibus 规定帧字符由 11 位组成，包括 1 个起始位、8 个数据位、1 个奇偶校验位和 1 个结束位。

2）数据链路层：Profibus-DP 的数据链路层称为现场总线数据链路（Fieldbus Data Link，

FDL）层，它规定介质访问控制、帧格式、服务内容以及物理层、数据链路层的总线管理服务 FMA1/2（第 1、第 2 层现场总线管理）。介质访问控制（MAC）层描述了 Profibus 采用的混合访问方式，即主站与主站之间的令牌传递方式，主站与从站之间的主-从方式，主站通过获取令牌获得访问控制权。Profibus-DP 有多种报文格式，根据其报文起始字符（Start Delimiter，SD）可以识别是哪一种消息。

FDL 层为其上层提供 4 种服务，发送数据须应答（SDA）、发送数据无须应答（SDN）、发送且请求数据必须应答（SRD）、循环发送且请求数据必须应答（CSRD）。用户想要 FDL 层提供服务，必须向 FDL 层申请，而 FDL 层执行后会向用户提交服务结果。用户和 FDL 层之间的交互过程是通过一种接口来实现的，在 Profibus 规范中称为服务原语。

用户还可以对 FDL 层及物理层进行一些必要的管理，比如强制复位 FDL 层和物理层、设定参数值、读状态、读事件及进行配置等，在 Profibus 中这一部分称作 FMA1/2。

3）用户层：

① 用户层的作用：Profibus-DP 的用户层包括直接数据链路映射（Direct Data Link Mapper，DDLM）和用户接口/用户等，它们在通信中实现各种应用功能。这是因为 Profibus-DP 没有定义应用层，而是在用户接口中描述其应用。用户接口详细说明了各种不同 Profibus-DP 设备的行为，DDLM 将所有在用户接口中传送的功能都映射到现场总线数据链路层（FDL）和 FMA1/2 服务。它向第 2 层发送功能调用 SSAP（Source Service Access Point，源服务访问点）、DSAP（Destination Service Access Point，目的服务访问点）和 Serv_class 等必需的参数，接受来自第 2 层的确认和指示并将它们传送给用户接口/用户。

② Profibus-DP 行规：Profibus-DP 只使用了 OSI 模型的第 1 和第 2 层。而用户层接口定义了 Profibus-DP 设备可使用的应用功能以及各种类型的系统和设备的行为特性。Profibus-DP 协议详尽地规定了用户数据在总线各站之间的传输机制，而这些用户数据的具体含义则在 Profibus-DP 行规中进行了详细解释，对所有与应用相关的细节进行了精确的规定。行规还专门针对不同应用领域如何实施和应用提供了明确的指导。这样，不同制造商生产的设备，只要遵循同一行规，就可以在工厂环境中无缝互换使用，无须担心设备间的差异。Profibus-DP 的一些关键行规有 NC/RC 行规（3.052）、编码器行规（3.062）、变速传动行规（3.071）、操作员控制和过程监视行规［人机交互（HMI）］等，括号内数字为对应的文件编号。

（3）Profibus-DP 系统组成及其工作机制

1）Profibus-DP 系统组成及其网络通信

① 典型的 Profibus-DP 网络：Profibus-DP 通信主要是主站和从站之间的主从通信。从站可以是 ET200SP、变频器等纯粹的 I/O 设备，也可以是将 DP 接口设置为从站模式的 CPU，称之为智能从站。图 2-26 即为最常用的典型 Profibus-DP 网络。Profibus-DP 网络系统配置的描述包括站数、站地址、I/O 地址、I/O 数据格式、诊断信息格式及所使用的总线参数等。

DP/DP 耦合器也可以连接两个 Profibus-DP 主站网络，以便在这两个主站网络之间进行数据通信，数据通信区最高可以达 244B 输入和 244B 输出。在这种情况下，2 个网络的设备地址可以重复，通信速率可以不同。这两个网络是电气隔离的，一个网段故障，不影响另一个网段的运行。需要注意的是，在进行网络组态时，对于通信数据区，网络 1 的输入区必须和网络 2 的输出区完全对应，同样网络 2 的输入区必须和网络 1 的输出区完全对应，否则会造成通信故障。

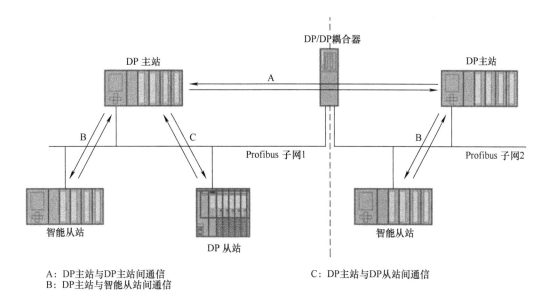

A：DP主站与DP主站间通信　　　　　　　　　　C：DP主站与DP从站间通信
B：DP主站与智能从站间通信

图 2-26　典型的 Profibus-DP 网络

　　a. DP 主站与 DP 从站间通信：该通信方式用于带有 I/O 模块的 DP 主站和 DP 从站之间的数据交换。DP 主站依次查询主站系统中的 DP 从站并从 DP 从站接收输入值，然后再将输出数据传输回 DP 从站（主站-从站原理）。

　　b. DP 主站与智能从站间通信：该通信方式在 DP 主站和智能从站的 CPU 中的用户程序之间循环传输固定数量的数据。DP 主站不访问智能从站的 I/O 模块，而是访问所组态的地址区域（称为传输区域），这些区域可位于智能从站 CPU 的过程映像的内部或外部。若将过程映像的某些部分用作传输区域，就不能将这些区域用于实际 I/O 模块。数据传输是通过使用该过程映像的加载和传输操作或通过直接访问进行的。

　　c. DP 主站与 DP 主站间通信：该通信方式在 DP 主站的 CPU 中的用户程序之间循环传输固定数量的数据。需要将 1 个 DP/DP 耦合器作为附加硬件使用。各 DP 主站相互访问位于 CPU 的过程映像的内部或外部的已组态地址区域（传输区域）。若将过程映像的某些部分用作传输区域，就不能将这些区域用于实际 I/O 模块。数据传输是通过使用该过程映像的加载和传输操作或通过直接访问进行的。

　　② 复杂的 Profibus-DP 网络组成及其通信：通过主站间的令牌逻辑环和主从通信方式，可以将 Profibus-DP 系统组态为纯主系统、主-从系统以及两者的混合系统，在同一总线上最多可连接 126 个站点。这种复杂的 Profibus-DP 系统组成如图 2-27 所示，它包括 3 个主站（虽然 Profibus-DP 网络支持多主站，但在同一网络中不建议多于 3 个主站），7 个从站。3 个主站之间构成令牌逻辑环，任何时刻只能有一个主站发送数据。当某主站得到令牌时，该主站可以在一定时间内执行主站工作，例如它可以依照主-从通信关系表，以轮询方式，与所有从站进行主从关系的点对点通信；也可以根据主-主通信关系表，与所有主站通信，包括对所有主站广播（不要求应答），或有选择地向一组主站广播。在该 Profibus-DP 网络系统中，令牌只能在主站之间传递，且每个主站必须在一个规定的时间间隔内得到令牌，取得总线控制权。令牌是所有主站的组织链，按照主站的地址构成逻辑环，令牌在规定的时间内按照

地址的升序在各主站中依次传递。

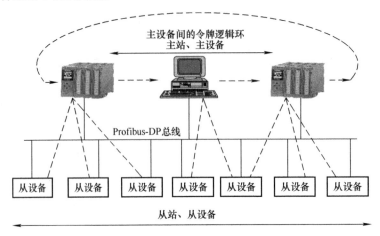

图 2-27　Profibus-DP 系统组成

在 Profibus-DP 系统初始化时，要为总线上的站点分配地址并建立逻辑环。令牌的循环时间和各主站令牌的持有时间长短取决于系统配置的参数。在总线运行期间，应保证令牌按地址升序依次在主站间传递，能将断电或损坏的主站从逻辑环中移除，而新上电的主站能加入逻辑环。此外，还应监测传输介质及收发器是否损坏，检查站点地址是否出错或重复，以及是否出现令牌错误（多个令牌或令牌丢失）。

Profibus-DP 通信中还要保证数据传输的正确性与完整性。Profibus-DP 使用特殊的起始和结束定界符，对每个字节做奇偶校验，以及采用间距为 4 的海明码纠错等措施保证数据可靠传输。DP 从站带看门狗定时器对 DP 从站的 I/O 进行存取保护，DP 主站上带可变定时器监视用户的数据传送。

2）Profibus-DP 系统设备类型：每个 Profibus-DP 系统可包括以下三种不同类型设备，每类设备都需要有 Profibus-DP 接口，以便连接到总线上。

① 一级 DP 主站（DPM1）：一级 DP 主站是中央控制器，它在预定的周期内与分散的站（如 DP 从站）交换信息。典型的 DPM1 有 PLC 或 PC。

② 二级 DP 主站（DPM2）：二级 DP 主站是编程器、组态设备或操作面板，在 DP 系统组态操作时使用，完成系统操作和监视目的。

③ DP 从站：DP 从站是进行输入和输出信息采集和发送的外围设备（I/O 设备、驱动器、HMI、阀门等）。

3）Profibus-DP 系统行为：Profibus-DP 系统行为主要取决于 DPM1 的操作状态，这些状态由本地或总线的配置设备所控制，主要有运行、清除和停止 3 种状态。在运行状态下，DPM1 处于输入和输出数据的循环传输，DPM1 从 DP 从站读取输入信息并向 DP 从站写入输出信息；在清除状态下，DPM1 读取 DP 从站的输入信息并使输出信息保持在故障安全状态；在停止状态下，DPM1 和 DP 从站之间没有数据传输。

DPM1 设备在一个预先设定的时间间隔内，以有选择的广播方式将其本地状态周期性地发送到每一个有关的 DP 从站。如果在 DPM1 的数据传输阶段中发生错误，DPM1 将所有相关的 DP 从站的输出数据立即转入清除状态，而 DP 从站将不再发送用户数据。在此之后，

DPM1 转入清除状态。

4）DPM1 和 DP 从站间的循环数据传输：DPM1 和相关 DP 从站之间的用户数据传输是由 DPM1 按照确定的递归顺序自动进行。在对总线系统进行组态时，用户对 DP 从站与 DPM1 的关系作出规定，确定哪些 DP 从站被纳入信息交换的循环周期，哪些被排斥在外。

DMP1 和 DP 从站之间的数据传送分为参数设定、组态和数据交换 3 个阶段。在参数设定阶段，每个从站将自己的实际组态数据与从 DPM1 接收到的组态数据进行比较。只有当实际组态数据与所需的组态数据相匹配时，DP 从站才进入用户数据交换阶段。因此，设备类型、数据格式、长度以及 I/O 数量必须与实际组态一致。

除主-从功能外，Profibus-DP 允许主-主之间的数据通信，这些功能使组态和诊断设备通过总线对系统进行组态。

5）同步和锁定：除 DPM1 设备自动执行的用户数据循环传输外，DP 主站设备也可向单独的 DP 从站、一组从站或全体从站同时发送控制命令。这些命令通过有选择的广播命令发送。使用这一功能将打开 DP 从站的同级锁定模式，用于 DP 从站的事件控制同步。

主站发送同步命令后，所选的从站进入同步模式。在这种模式中，所编址的从站输出数据锁定在当前状态下。在这之后的用户数据传输周期中，从站存储接收到的输出数据，但它的输出状态保持不变；当接收到下一同步命令时，所存储的输出数据才发送到外围设备上。用户可通过非同步命令退出同步模式。

锁定控制命令使得编址的从站进入锁定模式。锁定模式将从站的输入数据锁定在当前状态下，直到主站发送下一个锁定命令时才可以更新。用户可以通过非锁定命令退出锁定模式。

（4）Profibus-DP 的三个版本

随着 Profibus-DP 应用领域的不断扩大，它的版本也在不断地更新，以满足不同应用的需求。Profibus-DP 包括三个版本，即 DP-V0、DP-V1 和 DP-V2。新版本 100% 地向后兼容，例如 DP-V0 的从站设备也可以在主站版本是 DP-V1 的系统中使用，只不过该从站没有 DP-VI 的功能。

DP-V0 是 Profibus-DP 的最基本的版本，它只能完成主站和从站之间的循环数据交换，以及站诊断、模块诊断和特定通道诊断，不能适应过程控制系统中的报警处理和参数设置等功能的要求，也不能适应运动控制系统中的同步、等时控制的要求。DP-V1 是专门针对 Profibus 在过程控制领域的使用而开发的扩展功能，Profibus-PA 使用的就是 DP-V1。和 DP-V0 相比，最大的区别就是 DP-V1 增加了非循环数据交换功能，完成过程控制中的一些非实时性的数据交换，如参数赋值、操作、智能现场设备的可视化和报警处理等。此外，DP-V1 有三种附加的报警类型：状况报警、刷新报警和制造商专用的报警。非循环数据交换与循环数据交换是并行执行的，但是优先级较低。

DP-V2 是为 Profibus 在运动控制和对实时性、精确性要求更高的场合使用而开发的扩展功能。PROFIDrive 使用的就是 DP-V2。它主要增加的功能有：从站之间的通信、等时模式、同步模式、上传和下载及冗余功能。DP-V2 也可以成为驱动总线，用于控制驱动轴的快速运动时序。

4. Profibus-PA 现场总线

（1）Profibus-PA 总线概述

Profibus-PA 总线专为流程自动化设计，可使传感器/变送器和执行机构连在一根总线上，可通过总线供电。其基本特性同 FF 的 H1 总线，十分适合防爆安全要求高、通信速度低的过程控制场合。该协议定义了 OSI 模型的第 1、2、7 层。Profibus-PA 物理层采用 IEC 61158-2 标准，通信速率固定为 31.25kbit/s。数据传输采用扩展的 Profibus-DP 协议，还使用了描述现场设备行为的 PA 行规。Profibus-PA 总线得到众多欧洲公司的支持，在欧洲市场占有率高，而 FF 的主要市场在北美国家。

Profibus-PA 的主要技术特点：

1）基于扩展的 Profibus-DP 协议和 IEC 61158-2 传输技术。

2）仅用一根双绞线进行数据通信和供电，适用于代替 4~20mA 模拟信号传输。

3）通过串行总线连接仪表与控制系统，通信可靠。

4）适用于本质安全的应用区域。

5）经由 Profibus-PA 行规，保证了不同设备制造商产品的互操作性和互换性。

6）即插即用，减少了设备停机，易于维护。

（2）Profibus-PA 设备标准参数

现代的测控仪表内部都具有多个微控制器，具有较强的信息处理和通信功能。PA 设备行规定义不同类别过程设备的所有功能和参数。PA 行规包含一般定义与设备数据单两部分，其中一般定义对所有类型的设备都有效，主要描述设备与 PA 间的关系以及操作、起动和再起动方式；设备数据单则定义每个设备类型（如变送器、阀、分析仪）各自的特定参数和操作，如表 2-4 所示的标准参数。其中测量值一般为 32 位浮点数：0x00：数据错误；0x40：数据不确定哪个；0x80：数据正确（非级联）；0xC0：数据正确（级联）。

图 2-28 给出了设备定义的示意，这里还可以看到对于不同的设备参数，所采用的数据通信方式也是不同的。

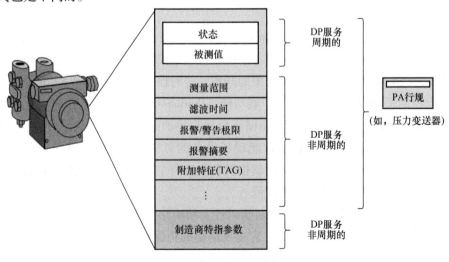

图 2-28　设备定义

表 2-4 PA 设备的标准参数

参数	读	写	功　能
OUT	√		过程变量的当前测量值和状态
PV_SCALE	√	√	过程变量测量范围的上限、下限、单位及小数点后的数字个数
PV_FTIME	√	√	功能块输出起动时间（以 s 为单位）
ALARM_HYS	√	√	报警功能的滞后是测量范围的百分之几
HI_HI_LIM	√	√	报警上限：若超过，则报警和状态位设定为 1
HI_LIM	√	√	警告上限：若超过，则警告和状态位设定为 1
LO_LIM	√	√	警告下限：若过低，则警告和状态位设定为 1
LO_LO_LIM	√	√	报警下限：若过低，则中断和状态位设定为 1
HI_HI_ALM	√		带有时间标记的报警上限的状态
HI_ALM	√		带有时间标记的警告上限的状态
LO_ALM	√		带有时间标记的警告下限的状态
LO_LO_ALM	√		带有时间标记的报警下限的状态

（3）Profibus-PA 的拓扑结构

Profibus-PA 支持总线和树形结构，以及这两种简单结构的组合。树形实际可以看作是总线的扩展。在工业现场，树形是最典型的总线仪表安装方式。现场分配器连接现场仪表和主干总线，多个现场仪表可以和分配器并行接线。由于 PA 总线速率较慢，且受到总线供电、设备耗电、通信距离限制，一般规定一个总线网段不超过 8 台设备。

Profibus-PA 通过耦合器/链接器和 Profibus-DP 网络连接，由速率较快的 Profibus-DP 作为网络主干，将信号传递给控制器，从而构成更大规模的工业控制网络，实现复杂工业过程的分布式信号采集和控制。耦合器/链接器还可以将异步数据格式转换为同步数据格式，将传输速率转换为 31.25kbit/s，支持现场供电，限制馈电流（适用于防爆）。耦合器与链接器的区别是，耦合器相当于一对导线的作用，不是系统的组态对象，从总线角度看，它是不可见的；链接器应用于对循环时间要求高、现场仪表数量多的场合。链接器对上位主站而言是从站，对下面连接的 PA 总线设备来说又是主站。链接器要进行组态，每个链接器可以连 3 个耦合器。

（4）Profibus-PA 的通信方式

对 PA 总线的访问方法有令牌协议（有源主站）或 DP 轮询方式（无源从站）两类。现场设备通常都是作为从站存在，如图 2-29 所示。主站通过标准的 DP 周期性数据交换功能传输测量值和状态，使用扩展 DP 的非周期性读/写功能传输设备参数及报警等信息，这个从图 2-28 也可以看出。

5. 以太网高级物理层

以太网高级物理层（Ethernet Advanced Physical Layer，APL）是一种新型以太网物理层技术，旨在满足过程自动化应用中对远距离通信和高可靠性的需求，实现流程工业以太网一网到底。APL 以 2019 年批准的 10BASE-T1L（IEEE 802.3cg-2019）以太网物理层标准为基础。

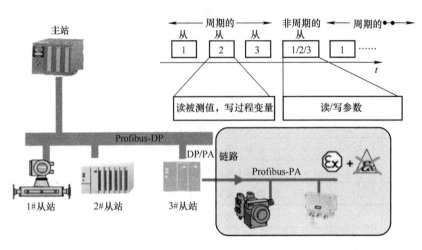

图 2-29 Profibus-PA 通信方式

（1）APL 及其特点

APL 特别适合远距离通信，支持长达 1000m 的单段电缆长度，远超传统以太网的 100m 限制，这对于过程自动化中常见的远距离通信需求非常重要。APL 设计用于 0 区（本质安全）应用，这意味着它可以在易燃易爆的环境中安全使用。APL 设备通常具有低功耗特性，适合在现场级设备中使用，这些设备可能无法从电源直接供电。APL 也支持全双工通信，提高了通信效率。APL 采用直流平衡的点对点通信方案，有助于减少信号衰减和提高通信质量。

APL 的主要应用领域是过程自动化，可以用于连接传感器、执行器和其他现场设备，实现远程监控。由于 APL 是基于以太网的，因此它能够无缝集成到现有的工业以太网基础设施中，支持标准的以太网协议和服务。

与传统现场总线协议相比，APL 具有一系列的优势，基本对比见表 2-5。当然，与成熟的现场总线技术相比，APL 的生态系统可能还不够完善，包括设备可用性、软件工具和用户经验等方面。目前，中控技术、ABB、菲尼克斯等国内外企业已大量开发 APL 设备，并已在现场应用。随着 APL 技术的成熟和生态系统的发展，预计它将在过程自动化领域获得更广泛的应用。

表 2-5 APL 与传统现场总线协议的比较

特性	APL	传统现场总线协议
最远通信距离	1000m	通常小于 1000m
本质安全性	支持	需要特定的防爆认证
低功耗	支持	取决于具体协议
全双工通信	支持	取决于具体协议
直流平衡	支持	通常不支持
新技术	是	否
兼容性	可能有限	通常较好

（2）APL 网络拓扑

APL 支持树形和星形等网络结构。树形可为长达 1000m 的长电缆提供高功率和高信号电平。在最多 200m 的长度内，星形可承载较低的功率，具备可选的本质安全。APL 仅通过构成一个网段的通信伙伴之间的每个连接，明确指定点对点连接。因此，APL 交换机可隔离网段之间的通信。

图 2-30 所示为标准的 APL 网络拓扑结构，主干网络使用的是普通的工业以太网交换机与 APL 现场交换机通过控制网络通信。现场使用需要外部供电的 APL 现场交换机，它和现场 APL 仪表通过分支（Spur）进行连接。图 2-31 所示为主干-分支的 APL 网络拓扑结构，使用了 APL 电源交换机，它和 APL 现场交换机通过主干（Trunk）连接进行通信（速率为 10Mbit/s），主干电缆同时给现场交换机供电。两种情况下，控制网络速率可以达到 100Mbit/s 甚至更高。主干电缆可长达 1000m，其物理层峰值幅度为 2.4V，位于 1 区、2 分区。分支电缆可长达 200m，其物理层峰值幅度为 1.0V，位于 0 区、1 分区。

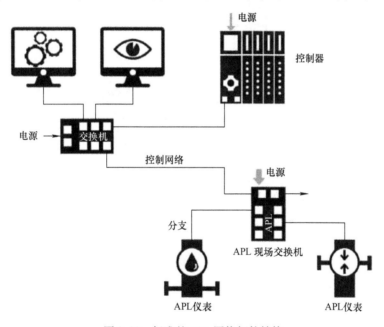

图 2-30　标准的 APL 网络拓扑结构

APL 可支持 Ethernet/IP、HART-IP、OPC UA、ProfiNet 和其他更高级别的协议。许多过程工业使用可支持 ProfiNet 和/或 Ethernet/IP 的 DCS，因而将能够轻松采用 APL。而且，由于 APL 不需要网关或其他协议转换，与传统现场总线系统或模拟 4～20mA + HART 系统相比，可以降低工程应用复杂性，减少成本，提高可用性和鲁棒性。

2.4.3　智能制造中典型的工业以太网

1. Modbus TCP

（1）Modbus 协议概述

Modbus 协议可以追溯到 1979 年，当时 Modicon 公司（现属于施耐德电气）开发了该协议，用于连接其工业自动化设备。Modbus 协议在其发展过程中逐渐成为一种开放的通信协

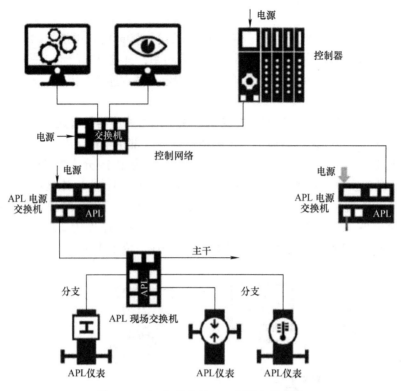

图 2-31　主干-分支的 APL 网络拓扑结构

议标准。1996 年，Modbus 协议被 Modbus-IDA（Modbus 工业数据协会）组织接管，该组织致力于推广和支持 Modbus 协议的应用和发展。由于其简单、可靠和灵活的特点，Modbus 协议被广泛应用于工业自动化领域。它已经成为包括传感器、执行器、PLC、HMI 等自动化设备之间通信的常用协议。

　　Modbus 协议定义了一种公用的消息结构，而不管它们是经过何种网络进行通信的。协议规定了信息帧的格式，描述了服务端请求访问其他客户端设备的过程，如怎样回应来自其他设备的请求，以及怎样侦测错误并记录。通过 Modbus 协议在网络上通信时，必须清楚每个设备的地址，根据每个设备的地址来决定要产生何种行动。

　　在 Modbus 通信中，常用 Modbus Poll 和 Modbus Slave 作为 Modbus 主站和从站的模拟程序，这些工具软件实用性强，十分便于 Modbus 通信程序的开发和调试。

　　（2）常用 Modbus 协议

　　Modbus 协议是 OSI 模型中应用层报文传输协议，借由各种类型传输介质连接不同网络通信设备，完成主站/从站之间信息的交换。如图 2-32 所示，Modbus 协议分为三层，即物理层、数据链路层和应用层，对应于 OSI 模型层次。在工业现场中存在各种网络，可能采用不同通信介质，Modbus 协议支持串行链路及以太网通信链路，使得协议应用场景广泛。

　　常用的 Modbus 串行通信协议有两种报文帧格式：一种是 Modbus ASCII；另一种是 Modbus RTU。一般来说，通信数据量少时采用 Modbus ASCII 协议，通信数据量大而且是二进制数时，多采用 Modbus RTU 协议。工业上一般都是采用 Modbus RTU 协议。

　　随着以太网技术的发展，Modbus TCP/IP 应运而生。Modbus TCP/IP 使用以太网作为物

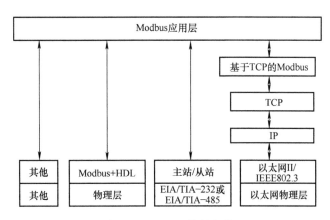

图 2-32　Modbus 协议架构

理传输介质，并在传输层使用 TCP/IP 进行数据传输。这使得 Modbus 协议可以在现代工业以太网中进行通信，提供更高的传输速度和更大的灵活性。Modbus 应用数据单元（ADU）加上 TCP/IP 就组成了 Modbus TCP 的数据帧。Modbus TCP 的最典型特征是面向连接。

　　串行链路上的 Modbus 协议采用主站/从站模式，且仅能存在一个 Modbus 主站，但可以存在多个 Modbus 从站，通过设备站号/地址来识别。发出数据请求的一方是主站，做出数据应答的一方为从站。TCP/IP 上的 Modbus 协议采用客户机/服务器模式，发出数据请求的一方为客户机，做出数据应答的一方为服务器。Modbus 通信网络中，主从站根据应用需求确定。例如，PLC 与多台变频器通过 Modbus 协议通信时，一般 PLC 是主站，变频器是从站；计算机与多台 PLC 通过 Modbus 协议通信时，计算机是主站，PLC 是从站。

　　Modbus 协议一系列操作都是以 Modbus 寄存器为基础的，Modbus 寄存器是逻辑上的寄存器，并非真实的物理寄存器。Modbus 协议定义了四种寄存器，即保持寄存器、线圈寄存器、输入寄存器及离散寄存器。Modbus 协议也规定了对 Modbus 数据模型的操作，不同Modbus 功能码代表不同操作，见表 2-6。

表 2-6　公共功能码

功能码	描述	寄存器类别	访问位数
0x01	读线圈寄存器	线圈寄存器	1bit
0x02	读离散输入寄存器	输入寄存器	1bit
0x03	读多个寄存器	保持寄存器	16bit
0x05	写单个线圈寄存器	线圈寄存器	1bit
0x06	写单个寄存器	保持寄存器	16bit
0x10	写多个寄存器	保持寄存器	16bit

（3）Modbus 报文解析

　　Modbus 协议规定了与数据链路层、物理层无关的通用协议数据单元（Protocol Data Unit，PDU），其结构如图 2-33 所示。但 Modbus 协议在通信时，总要依赖物理网络，因此，要把 PDU 映射到物理网络上，这就形成了应用数据单元（Application Data Unit，ADU）。

Modbus 协议采用大端模式,即在传输两个或以上字符时,地址和数据的高字节先发送。

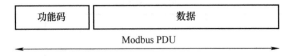

图 2-33 通用 Modbus 帧结构

对于串行链路上或以太网上的 Modbus 协议,其通用 Modbus 帧结构需要在 Modbus 协议数据单元添加固定格式。Modbus 在串行链路上的帧结构是 PDU 基础上添加了地址域和校验字节,如图 2-34 所示。ADU 为 256B,其中地址占用 1B,校验码占 2B。每个从站地址均在 1~147(不包括预留的)中,地址 0 用于广播(此时从站不需要响应主站),主站不需要地址。

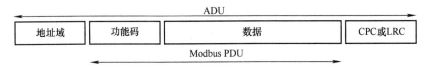

图 2-34 Modbus RTU 帧结构

Modbus 在 TCP/IP 上的帧结构在 Modbus 协议数据单元头部添加了多个域,如图 2-35 所示。鉴于 TCP/IP 和以太网帧都对报文 CRC,Modbus TCP 相较于 RTU 取消了 CRC 域,加入了 MBAP 报文头,其中包括长度、单元标识符等字段域,共 7B。Modbus TCP 在通信时,使用 502 端口,因此,系统要进行预留。

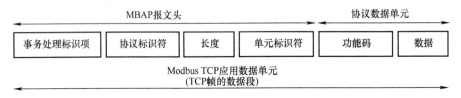

图 2-35 Modbus TCP 帧结构

这里举一个功能码 03 的客户机和服务器之间 Modbus TCP 通信案例。客户机和服务器都安装在虚拟机(VM)中。客户机用 Modus Poll 来模拟,服务器用 Modbus Slave 来模拟。服务器 IP 为 192.168.1.111,客户机 IP 为 192.168.1.66。客户机读取服务器的 10 个保持寄存器(40000~40009)。用 Wireshark 抓取客户机查询服务器的数据包截图如图 2-36 所示。这里可以看到,作为应用层,Modbus TCP 是在 TCP 层之上,而 Modbus 是在 Modbus TCP 层之上,是应用层协议。从该图还可以清楚看出 Modbus TCP 帧结构、Modbus 帧结构。可以看出,查询时客户机发送的 Modbus TCP 报文为 00 42 00 00 00 06 01 03 00 00 00 0a,其中的 Modbus 报文是 03 00 00 00 0a。对照图 2-35,0042 为事务处理标志项(Transaction Identifier),对应的十进制为 66。后续分别为协议标志符 0000,0006 为长度,01 为单元标识符。03 00 00 00 0a 为 Modbus 协议数据单元,03 为功能码,0000 为参考码,这里指的是要读取的寄存器首地址对初始地址的偏移量。如果要从 40001 开始读,则该数值就为 1。000a 对应十进制 10,表示读取寄存器的数量。

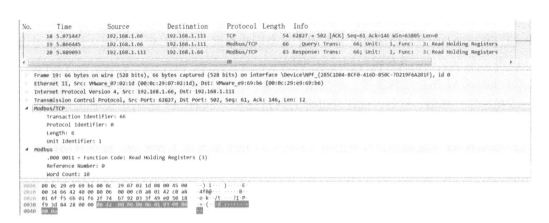

图 2-36　Wireshark 抓取的客户机查询服务器的数据包

用 Wireshark 抓取服务器响应客户机的数据包截图如图 2-37 所示。Modbus 服务器返回的 Modbus TCP 数据报文是图中加底色的部分（00 42 开始，00 00 结束）。其中 Modbus 协议数据单元从 03 开始，表示功能码；十六进制的 14 表示返回了 20B。000c 是返回的第一数值，表示 12。后面还有一个 0010 表示返回的数是 16。最后一个非零的数是 0012。这和实际测试的完全一致。

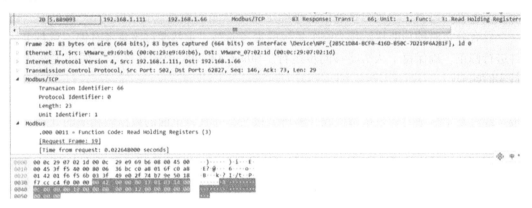

图 2-37　Wireshark 抓取的服务器响应客户机的数据包

2. EtherCAT 实时工业以太网

（1）EtherCAT 概述

针对以太网在带宽利用率、堆栈延时、交换机延时等方面存在的问题，德国倍福（Beckhoff）公司于 2003 年开发了一种新型实时以太网技术——EtherCAT（Ethernet for Control Automation Technology，用于控制自动化技术的以太网），并在 2007 年成为国际标准（IEC 61158-5-2）。由于它具有实时性好、带宽利用率高、同步性好、拓扑结构灵活等优点，在工业控制自动化特别是伺服控制系统中得到广泛的应用。

目前，EtherCAT 应用也在不断丰富和发展。例如，用于控制器间通信的 EtherCAT Automation Protocol（EAP）；传输速率高达 1Gbit/s 和 10Gbit/s 的 EtherCAT G/G10 等已推出。即使这样，EtherCAT 技术本身多年来一直保持未变，芯片中包含的基本协议始终保持不变，并以完全向后兼容的方式进行了扩展，包括用于支持功能安全的 Safety EtherCAT。

概括起来，EtherCAT 主要特点有：

1）EtherCAT 的通信效率高。它实现了超高同步精度，EtherCAT 一个以太网帧就可以实现 1486B 的数据交换，且传输时间仅为 300ms。

2）EtherCAT 拓扑结构多样，系统结构灵活。一个 EtherCAT 网络最多可有 65535 个设备，支持线形、环形、星形，或任意组合的网络结构。EtherCAT 适用于集中式和分散式的系统结构，支持主站-从站、主站-主站及从站-从站结构，以及包含下级现场总线的通信。

3）EtherCAT 配置简单，容易使用。EtherCAT 的节点地址十分灵活，能够自动设置并且不用网络调试，能够从诊断信息中定位到出错的地址。此外，EtherCAT 无须配置交换机，不需要进行 MAC 或 IP 地址处理。

4）准确的分布式时钟校准。EtherCAT 的数据交换直接由硬件完成，因此，主站时钟和所有的从站时钟都能实现精确的相互补偿。分布时钟将会根据补偿值而相应调整，因此，精准的时钟同步能保证同步抖动远小于 $1\mu s$。

（2）EtherCAT 通信原理

EtherCAT 通信网络采用主从结构，包括 EtherCAT 主站和多个 EtherCAT 从站。一个 EtherCAT 网段可被简单看作一个独立的以太网设备，此"设备"接收并发送标准的 IEEE 802.3 数据帧（也因为这个原因，所以从站不需要配置独立 IP 地址，可以不使用交换机）。EtherCAT 的以太网报文总是由主站发起，从站负责处理报文。在 EtherCAT 系统进行通信时，主站首先通过发送相应的寻址报文来确定各个从站的地址。在 EtherCAT 系统中，设置第一个具有分布时钟功能从站作为整个系统的参考时钟。主站通过该参考时钟，对各个从站时钟进行修正，确保每个从站能够同步运行。EtherCAT 网络中的从站可以根据主站的命令进行实时响应。

EtherCAT 网络组成与数据传输原理如图 2-38 所示。在 EtherCAT 系统进行数据传输中，当报文经过某个从站时，该从站接收并解析该报文，并且将里面的数据做相应的处理，获取属于本从站的数据并执行相应的指令，同时将需要输入的数据在此时插入到报文中，当从站完成数据的输入输出之后，报文向下一个从站设备传输，整个数据处理过程的延时通常在 $1\mu s$ 以下。当数据报文传递到最后一个 EtherCAT 从站时，报文沿着相反的方向由此从站向主站发送处理过的报文，这就完成了一帧数据报文的传输。在 EtherCAT 的报文中，每个 EtherCAT 子报文里面有一个工作计数器 WKC，每经过一个从站时 WKC 的值会根据读写操作发生相应的变化，当报文最后返回到主站时，主站会检查该 WKC 值，如果与预期的值一样，表示此次报文传输有效；如果不一样，表示传输错误，会进行错误处理。整个 EtherCAT 主从站都是全双工模式的，因此这两个方向的通信是相互独立的。EtherCAT 的这种数据传输机制也称为"飞速传输"（Ethernet on the Fly）。

EtherCAT 报文与从站的数据交换延迟能做到几纳秒，是因为此过程是在从站控制器中通过硬件实现的，因此与协议堆栈软件的实时运行系统或处理器性能无关。EtherCAT 从站中的现场总线内存管理单元（FMMU）允许从分布式内存中以飞速传输的方式读取数据并将数据写入到内存，因此，物理设备中的数据和活动报文中的数据之间可以进行任何形式的映射。由于以太网帧封装的 EtherCAT 数据报文包含足够多的从站的数据，即采用了集总帧结构，而其他以太网把各个站要接收和传输的数据放在多个以太网帧中，从而使得 EtherCAT 比其他以太网具有更高的带宽利用率，最高甚至达到 90%。EtherCAT 采用的这种集总帧结

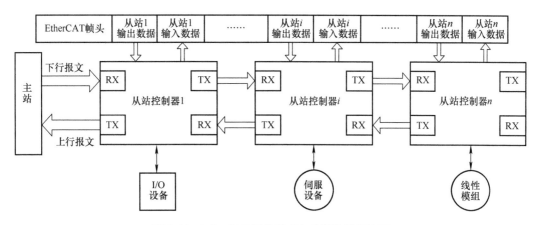

图 2-38　EtherCAT 网络组成与数据传输原理图

构实际也契合了工业控制应用中数据的特点，即数据量少，但实时性和同步性要求高，而传统的以太网更适合传输大数据包。

（3）EtherCAT 的网络结构模型

EtherCAT 从站的 OSI 模型把 OSI 的 7 层模型压缩成了具有物理层、数据链路层和应用层的 3 层模型。

EtherCAT 的物理层为网络信号的传输提供了物理链路，使用的是标准的快速以太网，传输速率是 100Mbit/s，采用全双工模式。

EtherCAT 数据链路层的主要作用是将数据组合成数据帧，并进行计算、比较和产生帧校验（FCS）。它是主站和从站应用之间交换数据的接口，提供了基本的数据访问服务，并提供了保障主从之间进行协调一致交互的相关基础设施。EtherCAT 采用 IEEE 802.3 标准以太网报文结构，并使用保留的以太网类型 0x88A4 来和其他以太网报文相区分，因此 Ether-CAT 能够和其他以太网协议并行运行。

EtherCAT 将自己的数据包封装于标准以太网帧中，每一帧能够封装一到多个 EtherCAT 数据包。EtherCAT 数据帧结构如图 2-39 所示，它由头部和数据实体两部分组成，EtherCAT 头包含 2B，每个数据实体可以只包含一个 EtherCAT 子报文，也可以包含多个子报文；子报文由子报文头、数据、WKC 三部分组成。一个 EtherCAT 子报文对应着一个从站，因此一个 EtherCAT 数据包可以操作多个 EtherCAT 从站，相应的数据长度在 44～1498B 之间。

应用层是 EtherCAT 协议的最高层，主要用来控制实际对象。EtherCAT 的应用协议常有以下几种：CANopen over EtherCAT（CoE）、Servo Drive over EtherCAT（SoE）、Ethernet over EtherCAT（EoE）、File Access over EtherCAT（FoE），各种协议都有其特定的用途。CANopen 最初是为基于 CAN 总线的系统所定制的应用层协议。EtherCAT 协议在应用层支持 CANopen 协议，并在此基础上做出了相应的扩充，其主要功能有：使用邮箱通信访问 CANopen 对象字典及其对象，实现网络初始化；使用 CANopen 应急对象和可选的事件驱动 PDO 消息，实现网络管理；使用对象字典映射过程数据，周期性传输指令和状态数据。

（4）EtherCAT 的主站与从站

EtherCAT 总线上的设备包括主站和从站。EtherCAT 主站不需要专用的通信处理器，只需使用无源的 NIC 卡或主板集成的以太网 MAC 设备即可，完全采用软件方式在主机 CPU 中

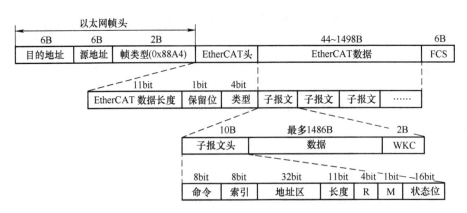

图 2-39　EtherCAT 数据帧结构

实现协议的识别和封装。为了方便主站的开发，EtherCAT 组织提供主站样本代码，可以方便地把该代码嵌入到实时操作系统中，加快项目开发进程。

EtherCAT 从站是通过专用硬件实现的，目前，有包括倍福在内的多家制造商提供 EtherCAT 从站控制器，典型的有 ET1100 和 ET1200。EtherCAT 从站设备同时实现应用控制和数据通信两部分功能，一般由 EtherCAT 从站控制器（ESC）、从站控制微处理器、物理层器件和其他应用层器件四部分组成。ESC 在环路上按各自的顺序移位读写数据帧。当数据帧经过从站时，ESC 从中读取发送给自己的命令数据并放到内部存储区，插入的数据又被从内部存储区写到子报文中。

3. ProfiNet 工业以太网

（1）ProfiNet 工业以太网概述

ProfiNet 工业以太网是由 Profibus International（PI）组织提出的基于以太网的自动化标准，可以用 ProfiNet = Profibus + etherNet 来理解该协议，即把 Profibus 的主从结构移植到以太网上。由于 ProfiNet 是基于以太网的，所以有以太网的星形、树形、总线型等拓扑结构，而 Profibus 只有总线型结构。

由于 ProfiNet 兼容标准以太网以及能够通过代理方式兼容现有的现场总线，因此 ProfiNet 可以实现控制系统从底层到上层联网，即企业 IT 层级的应用能通过 ProfiNet 直接与现场级的设备进行数据交互。同时，ProfiNet 还可用于同层级设备的横向通信。

（2）ProfiNet 的网络模型结构

ProfiNet 的物理层采用了快速以太网的物理层，数据链路层参考了 IEEE 802.3、IEEE 802.1Q、IEC 61784-2 等标准，分别保证了全双工、优先级标签、网络扩展的能力，从而能够实现 RT（实时通信）和 IRT（等时实时通信）。传输层和网络层采用了 TCP/UDP/IP，OSI 模型中的第 5 层、第 6 层未用。根据分布式系统中 ProfiNet 控制对象的不同，应用层有多种协议标准，如 IEC 61784 和 IEC 61158 确保了 ProfiNet IO 服务，IEC 61158 Type 10 确保 ProfiNet CBA 服务等，IEC 61918 标准规定了设备描述文件的结构和内容，使得设备能够被自动识别和配置。

（3）ProfiNet 的通信方式

ProfiNet 中的通信采用的是生产者/消费者模式，数据生产者（例如现场的传感器等）把信号传送给消费者（例如 PLC 主站），然后消费者根据控制程序对数据进行处理后，再把输出数据返送给现场的消费者（例如执行器等）。

ProfiNet 通信的通道模型采用如图 2-40 所示的结构。可以看出，在 ProfiNet 设备的一个通信循环周期内，ProfiNet 提供一个标准通信通道和三类实时通信通道。

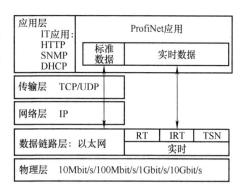

图 2-40　ProfiNet 通信的通道模型

1）标准通道是使用 TCP/IP 的非实时通信通道，利用标准以太网进行数据通信。主要用于设备参数化、组态和读取诊断数据，其响应时间小于 100ms。

2）实时通信（Real Time Communication，RT）、等时实时通信（Isochronous Real Time Communication，IRT）和新的时间敏感网络（Time-Sensitive Network，TSN）。RT 和 IRT 都使用了带有优先级（最多可达 7 级）的以太网报文帧，优化掉了 OSI 协议栈的第 3 层和第 4 层，从而缩短了实时报文在协议栈的处理时间，提高了实时性能。由于没有 TCP/IP 的协议栈，所以实时通道的报文不能路由。

RT 可利用标准以太网进行传输，在 RT 模式下，数据报文按照优先级被分配到不同的输出队列中，网络设备根据这些优先级进行处理，确保高优先级的数据能够得到及时传输，通常 RT 响应时间小于 10ms。RT 适用于对响应时间要求较高但并非严格同步的应用场合，如运动控制中的非等时性任务。

IRT 提供了更为严格的实时性能保障。IRT 采用时间触发的通信机制，即在网络中设定固定的通信周期和精确的时间间隔，该通信模式下，数据的循环刷新时间小于 1ms。所有参与 IRT 的设备在同一时刻发送或接收数据，从而实现小于 $1\mu s$ 的抖动精度。这一特性使得 IRT 非常适合于需要严格同步的应用场合，比如多轴同步运动控制等。由于 IRT 对标准以太网第 2 层协议进行了修改，因此，采用该协议进行实时类型数据交换时不能采用标准的以太网交换机和标准的以太网芯片。与标准以太网相连需要特殊的网关，添加和删除节点都需要重新组态网络和重新启动网络。

ProfiNet over TSN 架构中，TSN 的实时和等时同步的特性无缝集成到 ProfiNet 架构中，并维护现有的上层 ProfiNet 功能，ProfiNet 的诊断、配置、报警等服务内容保持不变。这使用户和设备制造商在 TSN 中继续使用他们原来开发的应用程序，也使现在提供实以太网技术解决方案的制造商，确保他们的技术具有可持续性。

4. 时间敏感网络（TSN）

（1）TSN 概述

尽管以太网技术一直处于不断发展的过程中，交换技术的采用也大大减少了网络延迟，但是以太网协议采用的"Best-Effort"（尽力而为）通信机制从本质上仍然缺乏确定性和实时性。为此一些标准化协会、技术组织等一直在推出各自的确定性网络的实现机制。时间敏感网络（Time Sensitive Network，TSN）是 IEEE 802.1 任务组开发的一套数据链路层协议规范，用于构建更可靠、低延迟、低抖动的以太网。

TSN 技术标准起源于音视频行业，用于满足广播、直播、现场等公共媒体的高清视频及音频数据高实时、同步传输的高带宽网络应用需求，同时旨在用以太网取代家庭中的高清多媒体接口（HDMI）、扬声器和同轴电缆。在工业领域，许多工业自动化应用对于延迟的要求非常严格，以满足实时数据传输的需求。但是，现有的大部分自动化控制解决方案都是基于传统的以太网实现的，而且各大厂商还研发了一些附加的技术机制，从而导致了协议之间互不兼容，使实时以太网解决方案市场严重分散，无法支持未来工业网络融合、一体化的发展。因此智能制造、工业互联网的快速发展，迫切地需要通过统一的以太网实现高可靠低延迟、支持同步、具有良好兼容性的确定性工业通信。

TSN 提供微秒级确定性服务，保证各行业的实时性需求。TSN 可以达到 10μs 级的周期传输，性能优于主流的工业以太网。并且 TSN 面向音视频、工业、汽车等多种行业，将实时性延伸至更高的层次。TSN 降低整个通信网络复杂度，实现周期性数据和非周期性数据同时传输。以工业为例，当前周期性控制数据使用工业以太网传输，非周期性数据使用标准以太网传输。TSN 通过其调度机制能够实现周期性数据和非周期性数据在同一网络中传输，进一步简化了整个通信中的网络复杂性。TSN 能够帮助实现 IT 与 OT 融合，统一的网络能够减少开发部署成本，降低控制器等产品网络配置所需的工程时间。

（2）TSN 在 OSI 模型中的位置

TSN 协议族位于开放系统互连（OSI）模型的第 2 层，即数据链路层。它可以采用 IEEE 802.3 的以太网或 IEEE 802.3cg 的标准网络来实现物理层。TSN 协议族包含时钟同步、流量整形、数据调度、网络配置、应用配置等方面的标准。

（3）TSN 网络配置

面向 TSN 应用，IEEE 802.1Qcc-2018 描述了三种用户/网络配置模型，这些模型为后续规范提供了体系结构。每个模型规范都显示了网络中不同实体之间的用户/网络配置信息的逻辑流。

1）完全分布式模型：如图 2-41 所示，该模式下，用户流的终端直接通过 TSN 用户/网络协议传达用户需求。网络以完全分布式的方式配置，没有集中的网络配置实体。分布式网络配置使用一个协议来执行，该协议沿着流的活动拓扑传播 TSN 用户/网络配置信息。随着用户需求在每个网桥中传播，网桥资源管理在本地有效地执行。这种本地管理仅限于网桥知道的信息，不一定包括整个网络的信息。

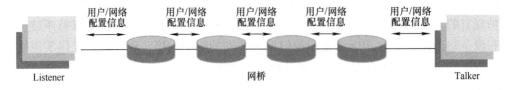

图 2-41　完全分布式模型

2）集中式网络/分布式用户模型：有些 TSN 用例在计算上很复杂，对于这样的用例，将计算集中在单个实体（网桥或端）中，而不是在所有网桥中执行计算。在图 2-42 所示的集中式网络/分布式用户模型中，配置信息直接指向或来自集中式网络配置（CNC）实体。TSN 流的所有网桥配置都是由这个 CNC 使用远程网络管理协议来完成的。CNC 对网络的物理拓扑和每个网桥的能力有一个完整的视图，这使得 CNC 可以集中复杂的计算。

3）完全集中式模型：在许多工业控制应用程序中，物理输入/输出（I/O）的定时是由所控制的物理环境决定的，TSN 的定时需求是由该 I/O 定时产生的。而这些 I/O 定时需求可

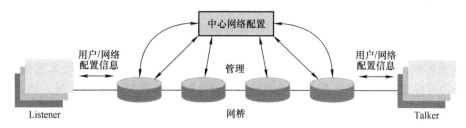

图 2-42　集中式网络/分布式用户模型

能在计算上非常复杂，并且涉及每个终端中应用软件和硬件的详细信息。为了适应这类 TSN 用例，如图 2-43 所示的完全集中式模型支持集中用户配置（CUC）实体来发现终端和用户需求，并在终端中配置 TSN 特性。从网络的角度来看，完全集中式模型和集中式网络/分布式用户模型的主要区别在于：所有的用户需求都在 CNC 和 CUC 之间进行交换。

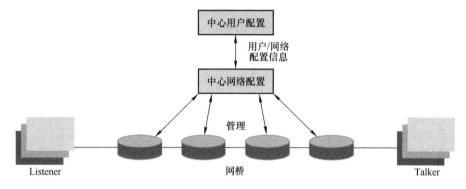

图 2-43　完全集中式模型

（4）TSN 与新兴信息技术融合

TSN 仅为以太网提供了一套 MAC 层的协议标准，以确保数据在复杂网络环境下传输的可靠性和实时性。随着工业互联网的发展及部署应用，工业现场呈现出以网络为中心的趋势，为了应对复杂的工业异构网络现场环境，需要建立统一管控工业现场（包括现场设备、控制层、管理层等）的综合管控平台。SDN 技术将数据平面和控制平面分离，并通过集中控制方式满足定制化的工业业务需求，加快部署时间、提高网络资源利用率，稳定硬件投入成本增长。图 2-44 所示为基于 SDN 的工业异构网络架构。数据交换层的 SDN 交换机是一种为满足时间敏感应用设计的支持 TSN 的自适应交换机，将对数据包的操作能力和操作时间进行封装，接着由 SDN 控制器进行逻辑抽象和集中管理，将不同应用的服务质量（QoS）映射到 SDN 基础设施上，

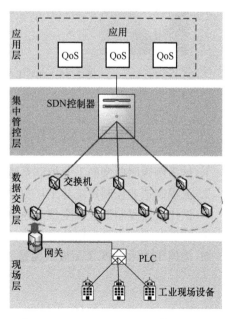

图 2-44　基于 SDN 的工业异构网络架构

从而形成支持 TSN 分时操作的工业 SDN 统一管控架构。

由于自动化领域的各种实时以太网标准已在全球范围内有大量安装节点,因此其与 TSN 的融合具有巨大的现实意义。主流实时以太网技术组织都提出了与 TSN 的融合方案,在第 2 层与 TSN 兼容的同时也保留了各自的应用行规,从而与相应的自动化系统无缝集成。目前已有多个实时以太网组织把先前的时间触发报文调度机制基于 TSN 重新实现,如 ProfiNet over TSN、CC-Link IE TSN 等。目前工业界较为普遍的共识在于实现 OPC UA over TSN,OPC UA 与 TSN 分别在整个网络架构中扮演不同的角色。OPC UA 主要解决语义互操作、垂直行业信息模型、面向 C/S 结构与 Pub/Sub 结构的上层传输,以及信息安全机制。OPC UA 通过信息模型支持语义级通信,已成为 RAMI4.0 等智能制造架构的主流通信协议。而 TSN 则负责为 OPC UA 提供实时性、统一的底层网络支撑,两者结合起来可以构成整个智能制造的通信框架。图 2-45 给出了 OPC UA Pub/Sub 运行于 TSN 的通信模型。不仅如此,OPC UA 在机器学习、数字孪生与底层物理系统交互中也将扮演重要角色。OPC 基金会发起了现场级通信(Field Level Communication, FLC)项目,使得 OPC UA over TSN 既满足车间级的 M2M(机器-机器)横向通信,也满足现场层的等时同步通信。因此,OPC UA over TSN 是未来整个工业通信网络发展的一个重要趋势。

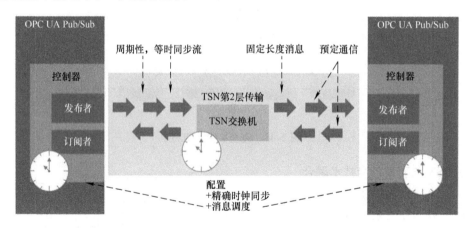

图 2-45　OPC UA Pub/Sub 运行于 TSN 的通信模型

复习思考题

1. 试举例说明典型的工业控制系统及其应用。
2. 流程制造业控制系统与工厂自动化系统有何异同?
3. 试比较流程制造业安全仪表系统与离散制造安全系统。
4. 智能制造中主要采用的通信协议有哪些?
5. 为何 TSN 和 OPC UA 被认为是智能制造系统有前景的数据通信解决方案?

第3章　Micro800 系列控制器硬件与 CCW 编程软件

3.1　Micro800 系列控制器

3.1.1　Micro800 系列控制器概述

1. Micro800 系列控制器特性

罗克韦尔自动化 Micro800 系列 PLC（简称控制器）属于其产品系列的微型（Micro）控制器，从 2011 年开始推出，主要包括 810、820、830、850 和最新的 870 等。该系列 PLC 用于经济型单机控制，逐步替代罗克韦尔自动化 MicroLogix 系列微型控制器。根据基座中 I/O 点数的不同，这种经济的微型控制器具有不同的配置，从而满足用户的不同需求。Micro800 系列控制器共用编程环境、附件和功能性插件。该系列高端产品的主要竞争对手是西门子 S7-1200 和三菱电机 FX5U 等微型 PLC。Micro800 系列控制器产品特征见表 3-1。

表 3-1　Micro800 系列控制器产品特征

属性	Micro810	Micro820	Micro830	Micro850	Micro870
数字量点数	12	20	10/16/24/48	24/48	24
嵌入式通信端口	USB 2.0（选配）	RS232/RS485 非隔离型复用串行端口	USB 2.0（非隔离型）		
			RS232/RS485 非隔离型复用串行端口		
		10/100 Base T 以太网端口（RJ-45）		10/100 Base T 以太网端口（RJ-45）	
基本模拟量 I/O 通道数		可将 4 个 DC24V 的数字量输入共享为 0～10V 模拟量输入	功能性插件模块	功能性插件模块和扩展 I/O	
		DO 共享为 1 个 0～10V 模拟量输出			
	—				
功能性插件模块数量	0	2	2/2/3/5	3/5	3/5
最大数字量 I/O 点数	12	35	26/32/48/88	132/192	304
支持的附件或功能性插件类型	• 带有备份存储模块的液晶显示器 • USB 适配器	2080-REMLCD 及除 2080-MEMBAK-RTC 外的所有功能性插件模块	所有功能性插件模块		
电源	嵌入式 AC 120/240V 和 DC 12/24V	基本单元内置 24V 直流电源，此外还提供可选的外部 120/240V 交流电源			
基本指令速度	2.5μs	0.30μs			
最小扫描/循环时间	<0.25ms	<4ms	<0.25ms		
软件	Connected Components Workbench（CCW）				

2022 年罗克韦尔自动化又推出了新的 Micro850/870 控制器目录 2080-L50E 和 L70E，作为 LC50 和 LC70 的升级产品。新型号通过附加的 DNP3 和扩展 DF1 通信选项简化配置，支持更快的数据传输，上传和下载性能分别提高了 23% 和 40%；通过存储器模块中新的密码设置/验证和用户项目加密/解密功能提高系统安全性。不过，新款控制器需要使用 CCW 软件 20.01 以上版本。

作为 Micro800 系列中最小型的产品，Micro810 控制器为 12 点型，带有两个 8A 和两个 4A 输出，无须使用外部继电器。Micro810 具有嵌入式智能继电器功能块，可通过 1.5 英寸⊖液晶显示屏和键盘配置，或利用 CCW 软件通过 USB 端口来下载程序。功能块包括继电器开/关定时器、日时间、周时间和年时间等，适用于需要可编程定时器和照明控制的应用。

Micro820 控制器采用 20 点配置，并有 6 种型号可供选择。具有嵌入式以太网端口和嵌入式非隔离型 RS232/RS485 复用串行端口。由于数字量接口可以配置为模拟量输入和输出，因此，在处理少量模拟量信号时，Micro820 控制器具有一定的优势。Micro820 控制器专用于小型单机及远程自动化项目。

Micro830 控制器具备简单的运动控制功能，可满足各种单机控制应用的需求；具有用于程序下载的 USB 端口。非隔离型端口（RS232/485）支持 Modbus RTU 协议，可用于与人机界面、条形码阅读器和调制解调器通信。基座中内置的 I/O 点数最高可达到 48 点，支持多达 5 个功能性插件模块，I/O 扩展能力强。多达 3 个 100kHz 脉冲序列输出（PTO）和 6 个 100kHz 高速计数器输入（HSC），可实现与步进电机和伺服控制器的低成本接线。PTO 功能是指控制器能以指定频率准确生成指定数量的脉冲。这些脉冲将发送到运动控制设备，如伺服驱动器，并由这类设备控制伺服电机的转速（位置）。每个 PTO 恰好对应一个轴，从而能够通过脉冲/方向输入来控制步进电机和伺服驱动器的简单定位动作。在 Micro800 系列最新产品目录中，已没有 Micro830 系列产品。

Micro850 控制器是一种新型经济型一体化控制器，具有嵌入式输入和输出。Micro850 控制器通过功能性插件模块和扩展 I/O 模块实现个性化定制，有较高的灵活性。与 Micro830 控制器相比，Micro850 控制器还增加了以下特性：

1）比 Micro830 更多 I/O 及更高性能模拟量 I/O 处理能力，可以适应大型单机应用。

2）嵌入式以太网端口，可实现更高性能的连接。

3）EtherNet/IP 支持（仅限服务器模式），用于 CCW 编程和人机界面连接等。

4）支持多达 4 个 Micro850 扩展 I/O 模块，最多达 132 个 I/O 点（使用 48 点型号）。支持高速输入中断。

Micro870 控制器专为较大的单机应用而设计，标配大容量存储器，可容纳更多模块化程序及用户自定义功能块。嵌入式运动控制功能支持至多 2 轴运动，TouchProbe 指令能够记录轴的位置，比使用中断更加精确。此外，Micro870 控制器能通过 EtherNet/IP、串行接口和 USB 接口在各类网络中与其他设备通信。Micro870 控制器的特点主要有：

1）最多支持 8 个扩展 I/O 模块和 304 个离散量 I/O 点。

2）通过 EtherNet/IP 轻松地为设备编程及连接至 HMI。

3）通过客户端消息传递实现符号寻址，轻松地控制驱动器及与其他控制器通信。

⊖ 1 英寸（in）= 2.54 厘米（cm）。

4）存储器容量高达 280KB，支持的编程步数多达 20000 步。

2. Micro800 系列控制器型号与技术参数

Micro800 系列控制器的产品目录号如图 3-1 所示，其中 L50E 和 L70E 基本单元是较新的型号。从该目录号可以知道主机类型、I/O 点数、输入和输出类型及电源类型等信息。本书内容主要针对 Micro800 系列控制器，但也适用于 L50E 和 L70E 基本单元。

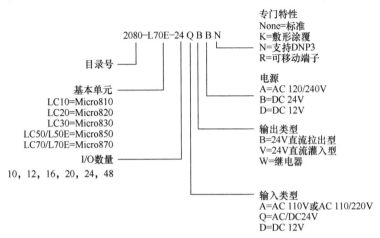

图 3-1　Micro800 系列控制器产品目录号说明

表 3-2 为 Micro850 系列 LC50 目录号控制器输入和输出数量及类型，这对于进行控制器选型是必不可少的。其他型号的 PLC 的技术参数，可以参考罗克韦尔自动化网站上的技术资料。

用户选型时，除了要关注 I/O 点数，包括数字量输入、数字量输出、HSC、PTO 支持外，还需要注意数字量输入和输出的类型（包括灌入或拉出）。对于模拟量，要注意信号的种类（电流或电压，单极性或双极性）、分辨率、采样速率、通道隔离等是否满足要求。

对于 PLC 单机控制的应用系统，在进行设备配置时，要根据需求综合考虑控制器、人机界面、变频与伺服、安全控制等相关设备选型。对于 PLC 的选型，首先确定系统对各种类型 I/O 点的要求以及通信需求等，然后确定主控制器模块，接着确定功能性插件，最后确定扩展模块。待这些确定后，可以确定 PLC 电源模块。

表 3-2　Micro850 系列 LC50 目录号控制器输入和输出数量及类型

产品目录号	输入		输出			PTO 支持	HSC 支持
	AC 120V	DC/AC 24V	继电器	24V 直流灌入型	24V 直流拉出型		
2080-LC50-24AWB	14		10				
2080-LC50-24QBB		14			10	2	4
2080-LC50-24QVB		14		10		2	4
2080-LC50-24QWB		14	10				4
2080-LC50-48AWB	28		20				
2080-LC50-48QBB		28			20	3	6
2080-LC50-48QVB		28		20		3	6
2080-LC50-48QWB		28	20				6

3.1.2 Micro800 系列控制器硬件特性

1. Micro800 系列控制器及其扩展配置

Micro800 系列控制器可以在单机控制器的基础上，根据控制器类型的不同，可进行功能扩展。Micro850 最大可容纳 2 ~ 5 个功能性插件模块，额外支持 4 个扩展 I/O 模块，使得其 I/O 点最高达到 132 点。图 3-2 所示为 48 点主机 PLC 加上电源附件、功能性插件和扩展 I/O 模块后的最大配置情况。与其他一体式 PLC 不同，Micro850 控制器主机不带电源，需要另外根据主机及扩展模块的功率要求选择外部电源模块（如 2080- PS120- AC 240V）。电源等级为 DC 24V 类型的数字量输入和输出模块也需要外接电源，通常，为这些设备另外配接电源模块以驱动负载，PLC 的电源模块只作为 PLC 本身的工作电源。为了抑制干扰，在有些应用场合，PLC 工作电源模块的 AC 220V 进线要经过隔离变压器。

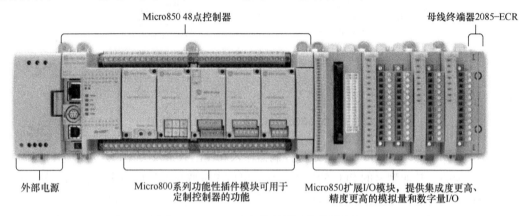

图 3-2　Micro850 主控制器及其扩展配置

2. Micro850 控制器主机

（1）Micro850 控制器主机组成

虽然 Micro850 控制器和其他厂家微型 PLC 一样，可以外接多种扩展模块（模拟量、数字量、通信等），但传统上，这类控制器仍然属于一体式微型控制器，因此，其硬件结构包括一体式主机和扩展部分。其 48 点的控制器主机外形如图 3-3 所示。控制器组成详细说明及其状态指示见表 3-3。

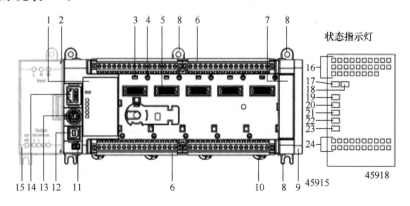

图 3-3　Micro850 48 点控制器和状态指示灯

在 PLC 的运行、调试和维护工作中，要充分利用状态指示灯的外部信息。例如，对于 PLC 的 DO，即使外部不接负载，如果程序运行或通过强制使其有输出，且相应点的指示灯是亮的，即表示该输出状态正常。如果该路输出带了负载，而负载不动作，则需要检查外部负载的接线，而不是检查程序。当然，PLC 的状态信息也可通过编程软件来查看。通过编程软件可以看到 PLC 内部更多的信息。

表 3-3 控制器组成说明及其状态指示

序号	说明	序号	说明
1	状态指示灯	13	RS232/RS485 非隔离式组合串行端口
2	可选电源插槽	14	RJ-45 EtherNet/IP 连接器
3	插件锁销	15	可选交流电源
4	插件螺钉孔	16	输入状态
5	40 针高速插件连接器	17	模块状态
6	可拆卸 I/O 端子块	18	网络状态
7	右侧盖	19	电源状态
8	安装螺钉孔/安装脚	20	运行状态
9	扩展 I/O 插槽盖	21	故障状态
10	DIN 导轨安装锁销	22	强制状态
11	模式开关	23	串行通信状态
12	B 型连接器 USB 端口	24	输出状态

PLC 上的状态指示灯，可以帮助用户更好地了解 PLC 的工作状态和一些外部信号状态。这些状态指示灯的含义如下：

1）输入状态：熄灭表示输入未通电；点亮表示输入已通电（端子状态）。

2）电源状态：熄灭表示无输入电源或电源出现错误；绿灯表示电源接通。

3）运行状态：熄灭表示未执行用户程序；绿灯表示正在运行模式下执行用户程序；绿灯闪烁表示存储器模块传输中。

4）故障状态：熄灭表示未检测到故障；红灯表示控制器出现硬件故障；红灯闪烁表示检测到应用程序故障。

5）强制状态：熄灭表示未激活强制条件；琥珀色表示强制条件已激活。

6）输出状态：熄灭表示输出未通电；点亮表示输出已通电（逻辑状态）。

7）模块状态：常灭表示未上电；绿灯闪烁表示待机；绿灯常亮表示设备正在运行；红灯闪烁表示次要故障（主要和次要可恢复故障）；红灯常亮表示主要故障（不可恢复故障）；绿灯红灯交替闪烁表示自检。

（2）通信接口

1）USB 接口：Micro800 系列控制器具有一个 USB 接口，可将标准 USB A 公头对 B 公头电缆作为控制器的编程电缆。

2）串行接口：控制器上还有一个嵌入式串行端口（无隔离），可以使用该串行端口进行编程，所有嵌入式串行端口电缆长度不得超过 3m。串行通信状态可通过串行通信指示灯反映，若灯熄灭，表示 RS232/485 无通信；若绿灯，表示 RS232/485 上有通信。需要注意

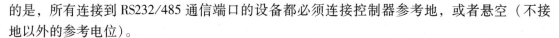

的是，所有连接到 RS232/485 通信端口的设备都必须连接控制器参考地，或者悬空（不接地以外的参考电位）。

3）嵌入式以太网：对于 Micro820/850/870 控制器，可通过其自带的 10/100 Base-T 端口（带嵌入式绿色和黄色 LED 指示灯）使用任何标准 RJ-45 以太网电缆将其连接到以太网，实现网络编程和通信。LED 指示灯用于指示以太网通信发送和接收状态。网络状态指示说明见表 3-4。

表 3-4   网络状态指示说明

序号	状态	说 明
1	常灭	未上电，无 IP 地址。设备电源已关闭，或设备已上电但无 IP 地址
2	绿灯闪烁	无连接。IP 地址已组态，但没有连接以太网应用
3	红灯闪烁	连接超时（未接通）
4	红灯常亮	IP 重复。设备检测到其 IP 地址正被网络中另一设备使用。此状态只有启用了设备的重复 IP 地址检测（ACD）功能才适用
5	绿灯红灯交替闪烁	自检。设备正在执行上电自检（POST）。执行 POST 期间，网络状态指示灯变为绿灯和红灯交替闪烁

（3）控制器安装

1）DIN 导轨安装：在 DIN 导轨上安装模块之前，使用一字螺丝刀向下撬动 DIN 导轨锁销，直至其到达不锁定位置。先将控制器 DIN 导轨安装部位的顶部挂在 DIN 导轨中，然后按压底部直至控制器卡入 DIN 导轨，最后将 DIN 导轨锁销按回至锁定位置。

2）面板安装：首先将控制器按在要安装的面板上，确保控制器与外部设备保持正确间距，以利于其散热和通风，减少外部干扰。通过安装螺钉孔和安装脚标记钻孔，然后取下控制器。在标记处钻孔，最后将控制器放回并进行安装。

无论哪种安装方式，都必须确保安装控制器的金属面板或导轨接地良好。

（4）控制器外部接线

Micro830/850 的 48 点控制器有 12 种型号，下面以 48 点产品目录号分别为 2080-LC30-48QVB/2080-LC30-48QBB/2080-LC50-48QVB/2080-LC50-48QBB 控制器为例，介绍这类控制器的输入和输出端子及其信号模式。

1）输入和输出端子：上述主机为 48 点控制器的外部接线如图 3-4 和图 3-5 所示。在接线时要按照要求接线。

2）输入和输出类型：在工业现场，有些外设（如接近开关）需要开关电源供电，由于接近开关有 NPN 和 PNP 型，因此，对电源的极性接法要求不同。而接近开关要和 PLC 的数字量输入连接，因此，要考虑电流的方法。同样，对于使用 PLC 的数字量输出驱动 LED 等外设，也要考虑电流方向。PLC 的数字量输入和输出模块有"Sink"（灌入）或"Source"（拉出）类型。所谓的灌入或拉出，是针对 I/O 口而言的，如果电流是向 I/O 口流入，称为灌入；如果电流是从 I/O 口流出，则称为拉出。有些厂家也称"Sink"为"漏型"，"Source"为"源型"。当然不是所有的情况下都要考虑模块的灌入型和拉出型。当外设对电流方向没有要求时，就可以不考虑。例如，在工业现场，出于电气隔离的考虑，会把所有的开关量信号都通过继电器进行隔离，再把继电器的触点与 PLC 的数字量输入连接，这时选用哪种类型都可以。另外，如果负载是继电器，也不用考虑（当继电器线圈通断状态带 LED 指示时，就需要考虑连接方式了，否则继电器线圈接通工作时，LED 指示灯却不亮）。

在进行 I/O 接线时，不能将-DC24（输出端子 2）连接至控制柜的地线/框架地。

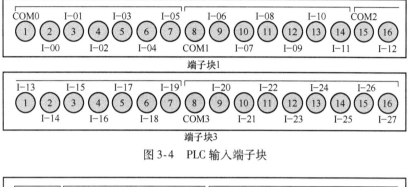

图 3-4　PLC 输入端子块

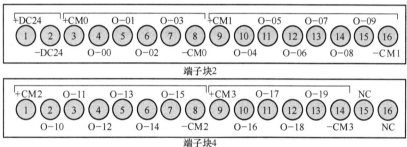

图 3-5　PLC 输出端子块

Micro850 控制器的数字量输入和输出可分为灌入型和拉出型（这仅针对数字量输入，对如模拟量输入没有灌入型和拉出型之分），其接线图如图 3-6 ~ 图 3-9 所示。

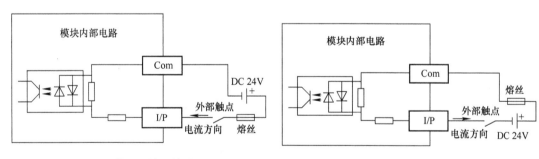

图 3-6　灌入型输入接线图　　　　　　图 3-7　拉出型输入接线图

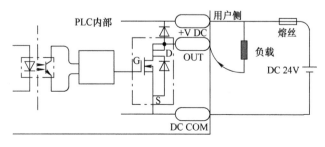

图 3-8　灌入型输出接线图

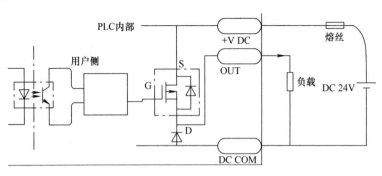

图 3-9　拉出型输出接线图

3.2　Micro800 系列控制器功能性插件与扩展 I/O 模块及其组态

3.2.1　Micro800 系列功能性插件模块与扩展 I/O 模块及其特性

1. Micro800 系列功能性插件模块及其特性

（1）功能性插件模块概述

Micro800 系列控制器通过尺寸紧凑的功能性插件模块改变基本单元控制器的"个性"，增加 I/O 接口数量而不会增大控制器占用的空间，同时还可以增强通信功能。功能性插件模块的灵活性能够充分地为 Micro820/830/850/870 控制器所用。

功能性插件模块包括离散、模拟、通信和各种专用类型的模块，具体型号及参数说明见表 3-5。除了 2080-MEMBAK-RTC 功能性插件模块外，所有其他的功能性插件模块都可以插入到 Micro820/830/850/870 控制器的任意插件插槽中。

表 3-5　Micro800 系列控制器功能性插件模块的技术规范

模块	类型	说　　明
2080-IQ4	离散	4 点，DC 12/24V 灌入型/拉出型输出
2080-IQ4OB4	离散	8 点，组合型，DC 12/24V 灌入型/拉出型输入、DC 12/24V 拉出型输出
2080-IQ4OV4	离散	8 点，组合型，DC 12/24V 灌入型/拉出型输入、DC 12/24V 灌入型输出
2080-OB4	离散	4 点，DC 12/24V 拉出型输出
2080-OV4	离散	4 点，DC 12/24V 灌入型输出
2080-OW4I	离散	4 点，交流/直流继电器输出
2080-IF2	模拟	2 通道，非隔离式单极电压/电流模拟量输入
2080-IF4	模拟	4 通道，非隔离式单极电压/电流模拟量输入
2080-OF2	模拟	2 通道，非隔离式单极电压/电流模拟量输出
2080-TC2	专用	2 通道，非隔离式热电偶模块
2080-RTD2	专用	2 通道，非隔离式热电阻模块
2080-MEMBAK-RTC	专用	存储器备份和高精度实时时钟
2080-TRIMPOT6	专用	6 通道微调电位计模拟量输入
2080-SERIALISOL	通信	RS232/485 隔离式串行端口

（2）Micro820/830/850/870 功能性插件模块特性

1）离散量功能性插件模块：这些模块将来自用户设备的交流或直流通/断信号转换为相应的逻辑电平，以便在处理器中使用。只要指定的输入点发生通到断和断到通的转换，模块就会用新数据更新控制器。离散量功能性插件的功能较简单，比较容易使用。

2）模拟量功能性插件模块：2080-IF2 或 2080-IF4 功能性插件模块能够提供额外的嵌入式模拟量 I/O，2080-IF2 最多可增加 10 个模拟量输入，而 2080-IF4 最多可增加 20 个模拟量输入，并提供 12 位分辨率。

2080-OF2 功能性插件模块能够提供额外的嵌入式模拟量 I/O，它最多可增加 10 个模拟量输出，并提供 12 位分辨率。这些功能性插件不支持带电插拔（RIUP）。模拟量功能性插件的最大电缆长度只有 10m，因此，这种插件主要适用于单机控制应用，而不适用于工业生产应用，因为后者中通常传感器或执行器到控制器输入和输出模块端子的距离要远远超过 10m。

对于不同的输入和输出信号类型，模拟量功能性插件模块除了要在软件中进行相应设置外，在端子接线时也是不一样的，这点要十分注意。

3）专用功能性插件模块

① 非隔离式热电偶和热电阻功能性插件模块 2080-TC2 和 2080-RTD2：这些功能性插件模块能够在使用 PID 时，帮助实现温度控制。这些功能性插件可在 Micro820/830/850/870 控制器的任意插槽中使用；不支持带电插拔。

2080-TC2 模块支持热电偶测量。该模块可对 8 种热电偶传感器（分度号为 B、E、J、K、N、R、S 和 T）的任意组合中的温度数据进行数字转换和传输，模块随附的外部 NTC 热敏电阻能提供冷端温度补偿。通过 CCW 编程组态软件，可单独为各个输入通道组态特定的传感器类型和滤波频率。该模块支持超量程和欠量程条件报警，即对于所选定的传感器，当通道温度输入低于设定的正常温度范围的最小值时，则模块将通过 CCW 软件的全局变量报告欠量程错误；如果通道读取高于设定的正常温度范围的最大值，则报告超量程错误。欠量程和超量程错误报告检查并非基于 CCW 软件的温度数据计数，而是基于功能性插件模块的实际温度（℃）或电压。

2080-RTD2 模块最多可支持两个通道的热电阻测量应用。该模块支持 2 线和 3 线热电阻传感器接线。它对模拟量数据进行数字转换，然后在其映像表中传送转换的数据。该模块支持与最多 11 种热电阻传感器的任意组合相连接，通过 CCW 软件，可对各通道单独组态。组态为热电阻输入时，模块可将热电阻读数转换成温度数据。和 2080-TC2 模块一样，该模块也支持超量程和欠量程条件报警处理。

为了增加抗干扰能力，提高测量精度，2080-TC2 和 2080-RTD2 模块使用的所有电缆必须是屏蔽双绞线，且屏蔽线必须短接到控制器端的机架地。为获取稳定一致的读数，传感器应外包油浸型热电阻保护套管。

热电偶和热电阻功能性插件完成了模/数转换后，把转换结果存储在全局变量中。

② 存储器备份和高精度实时时钟功能性插件模块 2080-MEMBAK-RTC：该插件可生成控制器中项目的备份副本，并增加精确的实时时钟功能而无须定期校准或更新。它还可用于复制/更新 Micro820/830/850/870 应用程序代码。但是，它不可用作附加的运行程序或数据

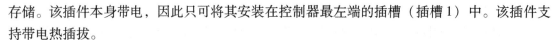

存储。该插件本身带电，因此只可将其安装在控制器最左端的插槽（插槽 1）中。该插件支持带电热插拔。

③ Micro800 系列 6 通道微调电位计模拟量输入功能性插件模块 2080-TRIMPOT6：该插件可增加 6 个模拟量预设以实现速度、位置和温度控制。此功能性插件可用于 Micro830/850/870 控制器的任意插槽；不支持带电插拔。

④ 串行通信功能性插件模块 2080-SERIALISOL：支持 CIPSerial（仅 RS232）、Modbus RTU（RS 232/485）以及 ASCII（RS 232/485）协议。不同于 Micro800 系列控制器的嵌入式串口，该插件端口是电气隔离的，非常适合连接噪声设备（如变频器和伺服驱动器）及远距离电缆通信。使用 RS-485 时，最远距离约为 1000m。

2. Micro800 系列控制器扩展 I/O 模块及其特性

（1）扩展 I/O 模块概述

Micro820/830/850/870 控制器支持扩展 I/O 模块。扩展模块牢固地卡在控制器右侧，带有便于安装、维护和接线的可拆卸端子块；高集成度数字量和模拟量 I/O 减少了所需空间；隔离型的高分辨率模拟量、RTD 和 TC 具有更好性能。可以将最多四个扩展 I/O 模块以任何组合方式连接至 Micro850 控制器，但需保证这些嵌入式、插入式和扩展离散 I/O 点的总数小于或等于 132。Micro800 系列控制器扩展 I/O 模块的技术规范见表 3-6。

（2）离散量扩展 I/O 模块

Micro820/830/850/870 控制器离散量扩展 I/O 模块是用于提供开关检测和执行的 I/O 模块。离散量扩展 I/O 模块主要包括 2085-IA8、2085-IM8、2085-IQ16 和 2085-IQ32T。离散量扩展 I/O 模块在每个 I/O 点都有一个黄色状态指示灯，用于指示各点的通/断状态。

表 3-6　Micro800 系列控制器扩展 I/O 模块的技术规范

类别	产品目录号	描　述
数字量 I/O	2085-IQ16	16 点数字量输入，DC 12/24V，灌入型/拉出型
	2085-IQ32T	32 点数字量输入，DC 12/24V，灌入型/拉出型
	2085-OV16	16 点数字量输出，DC 12/24V，灌入型
	2085-OB16	16 点数字量输出，DC 12/24V，拉出型
	2085-OW8	8 点继电器输出，2A
	2085-OW16	16 点继电器输出，2A
	2085-IA8	8 点 AC 120V 输入
	2085-IM8	8 点 AC 240V 输入
	2085-OA8	8 点 AC 120/240V 输出
模拟量 I/O	2085-IF4	4 通道模拟量输入，0~20mA，-10~+10V，隔离型，14 位
	2085-IF8	8 通道模拟量输入，0~20mA，-10~+10V，隔离型，14 位
	2085-OF4	4 通道模拟量输出，0~20mA，-10~+10V，隔离型，12 位
专用	2085-IRT4	4 通道 RTD 及 TC，隔离型，±0.5℃
母线终端器	2085-ECR	终端盖板

（3）模拟量扩展 I/O 模块

1）模拟值与数字值转换：2085-IF4 和 2085-IF8 模块分别支持四路和八路输入通道，而 2085-OF4 支持四路输出通道。各通道可组态为电流或电压 I/O，默认情况下组态为电流模式。

为了更好地了解模拟量模块的信号转换，需要了解以下几个概念：

① 原始/比例数据：控制器显示的值与所选输入成比例，且缩放成 A/D 转换器位分辨率所允许的最大数据范围。例如，对于电压范围是 -10~10V 的用户输入数据二进制值范围是 -32768~32767，此范围覆盖来自传感器的 -10.5~10.5V 满量程范围。

② 工程单位：模块将模拟量输入数据缩放为所选输入范围的实际电流或电压值。工程单位的分辨率是每次计数 0.001V 或 0.001mA。

③ 范围百分比：输入数据以正常工作范围的百分比形式显示。例如，DC 0~10V 相当于 0~100%。也支持高于和低于正常工作范围（满量程范围）的量值。

④ 满量程范围：

a. 有效范围为 0~20mA 信号的满量程范围值是 0~21mA；

b. 有效范围为 4~20mA 信号的满量程范围值是 3.2~21mA；

c. 有效范围为 -10~10V 信号的满量程范围值是 -10.5~10.5V；

d. 有效范围为 0~10V 信号的满量程范围值是 -0.5~10.5V。

2）输入滤波器：对于输入模块 2085-IF4 和 2085-IF8，可以通过输入滤波器参数指定各通道的频率滤波类型。输入模块使用数字滤波器来提供输入信号的噪声抑制功能。移动平均值滤波器减少了高频和随机白噪声，同时保持最佳的阶跃响应。频率滤波类型影响噪声抑制，用户需要根据可接受的噪声和响应时间选择频率滤波类型为：50/60Hz 抑制（默认值）、无滤波器、2 点移动平均值、4 点移动平均值和 8 点移动平均值。

3）过程级别报警：当模块超出所组态的各通道上限或下限时，过程级别报警将发出警告（对于输入模块，还提供附加的上上限报警和下下限报警）。当通道输入或输出降至低于下限报警或升至高于上限报警时，状态字中的某个位将置位。所有报警状态位都可单独读取或通过通道状态字节读取。对于输出模块 2085-OF4，当启用锁存组态时，可以锁存报警状态位。可以单独组态各通道报警。

4）钳位限制和报警：对于输出模块 2085-OF4，钳位会将来自模拟量模块的输出限制在控制器所组态的范围内，即使控制器发出超出该范围的输出。此安全特性会设定钳位上限和钳位下限。模块的钳位确定后，当从控制器接收到超出这些钳位限制的数据时，数据便会转换为该限值，但不会超过钳位值。在启用报警时，报警状态位还会置位。还可以在启用锁存组态时，锁存报警状态位。

例如，某个应用可能会将模块的钳位上限设为 8V，钳位下限设为 -8V。如果控制器将对应于 9V 的值发送到该模块，模块仅会对螺钉端子施加 8V 电压。可以对每个通道组态钳位限制（钳位上限/下限）、相关报警及其锁存。

3. 功能性插件模块与扩展 I/O 模块的比较

对于 Micro820/830/850/870 控制器的功能性插件模块与扩展 I/O 模块，从先前的介绍来看，似乎是可以互相替代的。但实际上，两者在性能等特点上还是有一定的不同的。表 3-7 所示为两种类型模块的比较。用户在使用时，可以根据表格中有关的参数结合应用需求合理确定选用功能性插件模块还是扩展 I/O 模块或它们的组合。

表 3-7   功能性插件模块与扩展 I/O 模块的比较

序号	属性	功能性插件模块	扩展 I/O 模块
1	接线端子	不可拆卸	可拆卸
2	输入隔离	不隔离	隔离
3	模拟量转换精度	12 位时 1%；1℃（TC/RTD）	14 位、12 位（输出）时 0.1%；0.5℃（TC/RTD）
4	滤波时间	固定 50/60Hz	可设置
5	I/O 模块密度	2~4 点	4~32 点
6	尺寸大小	不增加原有尺寸	会增加原有尺寸
7	不同的模块种类	隔离串口，内存备份模块，RTC 等	交流 I/O 模块

3.2.2   Micro800 系列功能性插件模块与扩展 I/O 模块组态

1. 功能性插件模块组态

以下步骤使用带三个功能性插件插槽的 Micro850 控制器（48 点）来说明组态过程。本示例中采用 2080-RTD2 和 2080-TC2 功能性插件模块。

1）启动 CCW 编程组态软件，并打开 Micro850 项目。在项目管理器窗口中，右键单击 Micro850 并选择"打开"，将显示"控制器属性"页面。

2）要添加 Micro800 功能性插件，可通过以下两种方式实现：

① 右键单击想要组态的功能性插件插槽，然后选择功能性插件，如图 3-10 所示。

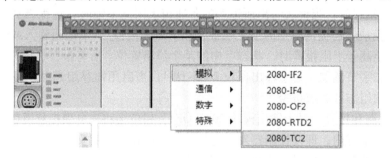

图 3-10   在设备图形页面添加功能性插件

② 右键单击控制器属性树中的功能性插件插槽，然后选择想要添加的功能性插件，如图 3-11 所示。

上述操作完成后，设备组态窗口中的设备图形显示页面和控制器属性页面都将显示所添加的功能性插件模块，如图 3-12 所示。

3）单击 2080-RTD 或 2080-TC2 功能性插件模块，设置组态属性。

① 将插件模块配置为可选存在。选中插件模块，单击鼠标右键，在右侧配置窗口进行设置。其中第一个插件模块是必需的，后面的插件模块是可选的。可使用 PLUGIN_INFO 指令验证可选插件模块是否存在。

② 为 2080-TC2 指定通道 0 的"热电偶类型"和"更新速率"。通道 1 的"热电偶类型"为 E 型，"更新速率"为 12.5Hz。通道 0 的热电偶类型为默认的 K 型，默认更新速率为 16.7Hz，如图 3-13a 所示。

③ 为 2080-RTD2 指定"热电阻类型"和"更新速率"。热电阻的默认传感器类型为 100 Pt 385，默认更新速率为 16.7Hz，如图 3-13b 所示。

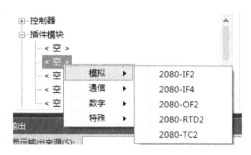

图 3-11　在控制器属性页面添加功能性插件

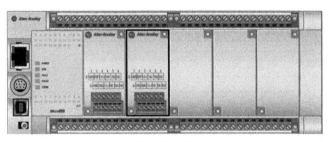
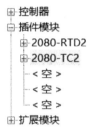

a) 控制器图形页面　　　　　　　　　b) 控制器属性

图 3-12　添加 2 个功能性插件后的控制器

a) 设置2080-TC2通道参数

b) 设置2080-RTD2通道参数

图 3-13　温度测量功能性插件通道设置

④ 2080-IF2 或 2080-IF4 是常用的模拟量模块。2080-IF2 的组态如图 3-14 所示。该模块的电流输入是 0 ~ 20mA，对应的数字量是 0 ~ 65535。若传感器是 4 ~ 20mA 标准信号，需

要进行零点处理。

图 3-14　设置 2080-IF2 通道参数

功能性插件在使用过程中会出现错误，可以根据其错误代码，进行初步的处理或恢复操作。

2. 扩展 I/O 模块组态

（1）添加扩展 I/O 模块

1）在项目管理器窗口中，用鼠标右键单击 Micro850 并选择"打开"，或者用鼠标左键双击"Micro850"，Micro850 项目页面随即在中央窗口中打开，且 Micro850 控制器的图形副本位于第一层，控制器属性位于第二层，输出框位于最后一层。

2）在 Micro850 项目中的 Micro850 控制器最右侧的扩展模块位置（见图 3-15 中①处），单击鼠标右键，会弹出菜单（②），选择数字类型的 2085-IQ32T 模块（③），则该模块会被插入到扩展模块 1 的位置。在控制器图标下面的扩展模块下会出现刚才插入的模块（④）。

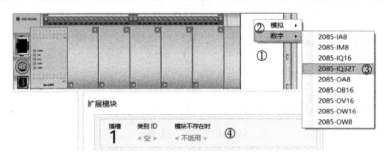

图 3-15　Micro800 系列控制器扩展模块

按照同样的方式，在扩展模块 2 位置插入 2085-IF4、在扩展模块 3 位置插入 2085-OB16、在扩展模块 3 位置插入 2085-IRT4。

需要注意的是，在安装了扩展模块后需要安装 2085-ECR 终端盖板（母线终端器），否则系统会报错误。

至此完成了 4 个扩展模块的添加。模块添加完成后的控制器硬件如图 3-16 所示。在控制器属性窗口中可以看到扩展插槽上的控制器名称及其位置。

除了上述方法外，还可以在控制器属性页面的窗口中，选中"扩展模块"，把该文件夹打开后，可以看到 4 个插槽，会显示已经插入的模块以及还是空闲的插槽。选中希望安装扩展模块的插槽，单击鼠标右键，会弹出模拟与数字菜单，单击三角标志还会进一步弹出相应的模拟量或数字量模块，选中希望的模块，就完成了模块的插入过程，如图 3-17 所示。

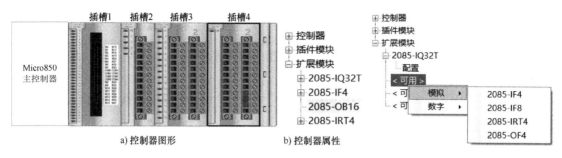

a) 控制器图形   b) 控制器属性

图 3-16 添加 4 个扩展模块后的控制器

图 3-17 从控制器属性
页面添加扩展模块

所有的模块配置好后，要计算一下整个 PLC 硬件的功率需求，选择合适的开关电源给 PLC 供电。

（2）编辑扩展 I/O 模块

1）2085-IQ32T 属性配置：2085-IQ32T 是 32 位数字量输入模块，可以设置的属性参数很少，只有接通断开的时间可以调整，如图 3-18 所示。

图 3-18 2085-IQ32T 属性配置窗口

2）2085-IF4 属性配置：2085-IF4 是一个 4 路模拟量输入模块，在如图 3-19 所示的属性配置窗口中，可以对 4 个通道单独进行设置。设置的参数包括：

图 3-19 2085-IF4 属性配置窗口

① 信号类型：该模块可以输入的信号包括以下电流和电压共四种类型：电流输入有 0 ~ 20mA 和 4 ~ 20mA（默认模式）两种，电压输入有 0 ~ 10V 和 − 10 ~ 10V（直流）两种。

② 通道是否启用：若启用通道，可定义信号范围（类型）、数据格式和滤波器配置。

③ 报警限：包括高报警限和低报警限。

④ 数据格式等：包括原始/比例数据、工程单位和范围百分比三种。参数具体说明见 3.2.1 节。

3）2085-OB16 属性设置：2085-OB16 是一个有 16 个通道的继电器输出模块，没有参数可以设置。

4）2085-IRT4 属性设置：2085-IRT4 是一个 4 路热电偶输入模块。属性配置窗口如图 3-20 所示。可以设置的参数包括热电偶的类型、单位、数据格式、滤波参数等。

图 3-20 2085-IRT4 属性配置窗口

3. 删除和更换功能性插件模块和扩展 I/O 模块

在控制器中配置好功能性插件模块或扩展 I/O 模块后，还可以进行编辑，包括删除、更换等。读者尝试删除插槽 2 中的 2085-IF4 和插槽 3 中的 2085-OB16。然后分别使用 2085-OW16 和 2085-IQ32T 模块替换插槽 2 和 3 中的模块。该操作可以用两种方式完成，即在控制器设备图形界面上完成，或在控制器属性页面完成。首先选中相应插槽预删除的模块，然后执行删除操作，再用先前介绍的添加扩展模块的方法添加所需要的模块。

在 CCW 版本 10.00 及更高版本中，当 Micro820/830/850 控制器为 V10 及更高版本，或者 Micro870 控制器为 V11 或更高版本时，可将功能性插件模块及扩展 I/O 模块配置为可选存在，即如果配置了该模块，而实际运行时没有该模块，则控制器不报故障；若配置为必须，则报故障。

3.2.3 2080-IF2 模块用于温度采集示例

某温度测控系统配置了热电阻进行温度采集，Pt100 热电阻为三线制，温度变送器为二线制仪表，两者配接进行信号采集。其中测温范围为 –50 ~150℃，温度变送器输出为 4 ~ 20mA。假设所用控制器为 Micro820，在该控制器的第一个插件模块位置插入 2080-IF2，设置该模块的通道 0 为电流输入，对全局变量的通道 0（_IO_PI_AI_00）分配别名 "AI0"，定义全局变量 M820Temp 保存转换后的温度，其他变量都是变量变换所需的局部变量，这些变量的第一个字母是小写英文字母 l。然后分别用 ST 语言与梯形图进行编程。这里需要注意的是 2080-IF2 选用电流输入时，模块量程只有 0 ~20mA 可选，而 2085-IF4 的电流量程可配置为 0 ~20mA 或 4 ~20mA。

（1）ST 语言程序

```
1  lReal_AI0:= ANY_TO_REAL(_IO_P1_AI_00);
2  (* 0~20mA的数字量是0~65535;4~20mA对应-50~150℃，即4mA对应50℃，0~20mA就对应-100~150℃*)
3  M820Temp:= lReal_AI0 /65535.0*250.0-100.0;
```

这里为了让读者看清变换过程，使用了 2 句 ST 语言程序，实际上，用 1 句 ST 语言程序就可实现。

（2）梯形图程序

该温度采集程序还可以通过梯形图来编写，如图 3-21 所示。梯形图程序实现的功能也是先前介绍的一系列数学变换。从上述 ST 语言编写的程序和梯形图程序的对比可以看出，用 ST 语言编写数学变换的程序是多么的简洁。关于编程语言的详细介绍和程序设计技术，可参考第 4、6 章。

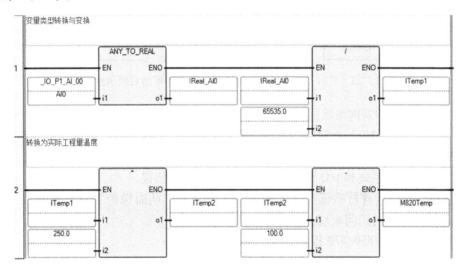

图 3-21　Micro800 系列控制器实现温度采集程序

这里使用了模拟量插件模块，实际上，Micro820 控制器的 DI 输入可以配置为 4 个模拟量输入（对应的全局变量名称是_IO_EM_AI_00 ~ 03），DO 输出可以配置为 1 个模拟量输出（对应的全局变量名称是_IO_EM_AO_00），但这种配置的模拟量输入精度比插件模块要低。例如，对于 0 ~ 10V 的 AI 输入，其变换后的数值为 0 ~ 4095。

3.3　CIP 及 Micro800 系列控制器网络结构

3.3.1　CIP 及 Micro800 系列控制器支持的通信方式

1. CIP 概述

通用工业协议（Common Industrial Protocol，CIP）是一种为工业应用开发的应用层协议，被工业以太网（EtherNet/IP）、控制网（ControlNet）、设备网（DeviceNet）三种网络所采用。它可以处理不同类型的数据和消息，如控制数据、状态数据、诊断数据、设备标识和配置数据等。CIP 还提供了一种简单的方法来配置和管理工业网络，包括以太网、控制网和设备网等。

三种 CIP 的网络模型和 ISO/OSI 参考模型对照如图 3-22 所示。可以看出，三种类型的协议在各自网络底层协议的支持下，用不同的方式传输不同类型的报文，以满足它们对传输服务质量的不同要求。

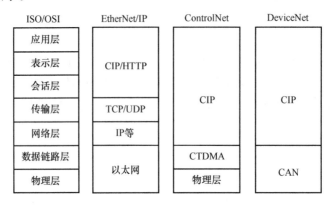

图 3-22　三种 CIP 网络模型和 ISO/OSI 参考模型对照示意图

相对而言，CIP 控制网络功能强大、灵活性强，并且具有良好的实时性、确定性、可重复性和可靠性。它可通过一个网络传输多种类型的数据，支持广播、多播和单播等多种不同的数据传输方式。由于 CIP 具有介质无关性，即 CIP 作为应用层协议的实施与底层介质无关，因而可以在控制系统和 I/O 设备上灵活实施这一开放协议。

CIP 还提供了包括身份验证和数据加密等安全功能，从而保护工业设备和系统的安全性，避免因未经授权的访问或攻击所造成的损失。

2. Micro820/830/850/870 控制器支持的通信方式

（1）串行通信

Micro820/830/850/870 控制器通过嵌入式 RS232/485 串行端口以及任何已安装的串行端口功能性插件模块支持以下串行通信协议：

① Modbus RTU 主站和从站（RS232/485）；

② CIP Serial（串行）服务器/客户机（DF1）、CIP Symbolic（符号）服务器/客户机；

③ ASCII 和 DNP3（仅 2080-L70E-24QxBN）。

CIP 串行为串口带来了一些与 EtherNet/IP 相同的功能，即基于与 EtherNet/IP 相同的 CIP，但是却通过 RS232 串口实现。CIP 串行可用于通过串口把控制器连接到终端 Panel View Component，该方式与 Modbus 通信相比，易用性显著改善。CIP 串行服务器/客户机（DF1）允许通过串口使用 CIP，其通常配合调制解调器使用；相对于非串行 CIP，它的优势在于 CIP 支持程序下载，包括从串口到以太网的 CIP 桥接。

（2）以太网通信

Micro820/850/870 控制器的嵌入式以太网通道允许把控制器连接到由各种设备组成的局域网，而该局域网可在各种设备间提供 10Mbit/s/100Mbit/s 传输速率。支持的通信方式包括 EtherNet/IP 客户机/服务器、Modbus TCP 客户机/服务器、DHCP 客户机和 Sockets（套接字）客户机/服务器 TCP/UDP。

无论串行还是以太网通信都需要在 CCW 软件控制器属性页的"串行端口"或"以太网"处进行组态，在"Modbus 映射"处配置 Modbus 地址映射表。由于 Micro800 系列控制器支持 Modbus 通信，因此，控制器可以通过该协议和各种组态软件、Modbus 用户程序和外部硬件设备（PLC、I/O 模块、变频器等）进行串行或以太网通信。

3. CIP 通信直通

在程序下载等应用中，在支持 CIP 的任何通信端口上，Micro830/850/870 控制器均支持桥接实现 CIP 通信直通，支持的最大跳转数目为 2。跳转被定义为两个设备之间的中间连接或通信链路。跳转通过 EtherNet/IP 或 CIP 串行或 CIP USB 实现。CIP 通信直通不支持需要专用连接的应用，如终端设备。

（1）USB 到 EtherNet/IP

用户可通过 USB 从 PC 上下载程序到控制器 1。同样，可以通过 USB 到 EtherNet/IP 将程序下载到控制器 2 和控制器 3。从 USB 到 EtherNet/IP 的跳转如图 3-23 所示。Micro830/850/870 控制器还支持 USB 到 DeviceNet 的直通。

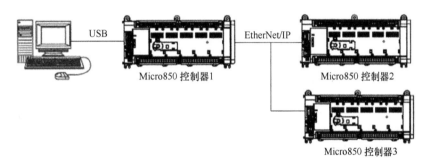

图 3-23　USB 到 EtherNet/IP 跳转示意图

（2）EtherNet/IP 到 CIP 串行

从 EtherNet/IP 到 CIP 串行的跳转如图 3-24 所示。Micro800 系列控制器不支持三个跳转（例如，EtherNet/IP→CIP 串行→EtherNet/IP）。Micro830/850/870 控制器还支持 EtherNet/IP 到 DeviceNet 的直通。

图 3-24　EtherNet/IP 到 CIP 串行跳转示意图

4. CIP 符号服务器

任何符合 CIP 的接口都支持 CIP 符号，例如 EtherNet/IP 和 CIP 串行。该协议能够使人机界面软件或终端设备轻松地连接到 Micro830/850/870 控制器。Micro850 控制器最多支持 16 个并行 EtherNet/IP 服务器连接。Micro830/850/870 控制器均支持的 CIP 串行使用 DF1 全双工协议，该协议可在两个设备之间提供点对点连接。Micro800 系列控制器通过与外部设备之间的 RS232 连接支持该协议，这些外部设备包括运行 RSLinx Classic 软件、PanelView Component 终端的计算机或者通过 DF1 全双工支持 CIP 串行的其他控制器，例如带有嵌入式串行端口的 ControlLogix 和 CompactLogix 控制器。

CIP 符号寻址可访问除系统变量和保留变量之外的任意全局变量。所谓 CIP 符号寻址，即不是传统的根据寄存器地址（如 Modbus 地址 000001、西门子 PLC 的 I0.1 和 M4.0、三菱 PLC 的 X0 和 M9 等）来寻址，而是根据符号来寻址。例如 PanelView Component 终端要和一台 Micro850 控制器通过以太网通信。假设终端要从控制器读一个电机设备的运行状态，这个状态在控制器中是通过_IO_EM_DI_00 这个 DI 通道采集的，在控制器的全局变量中，给这个通道定义了别名 Motor1State。在终端的标签编辑器中，可以定义别名 PV_Motor1State（也可以用 Motor1State 等其他任意符合规范的名字），而控制器地址则必须填写 Motor1State，而不是填写_IO_EM_DI_00 这个物理地址，这样就可以实现终端从控制器中读取这个电机的运行状态了。以往符号寻址主要是罗克韦尔自动化公司在广泛使用，但由于该方式具有便利和通信高效等优势，传统使用寄存器地址寻址的公司，如西门子、施耐德电气和欧姆龙等也开始支持符号寻址了。详细的 PanelView800 终端和 Micro800 系列控制器的符号寻址可以参考 6.3.2 节。

5. ASCII 通信

ASCII 提供了到其他 ASCII 设备的连接，例如条码阅读器、电子秤、串口打印机和其他智能设备。通过配置 ASCII 驱动器的嵌入式或任何插入式 RS232 端口，便可使用 ASCII。有关详细信息可参见 CCW 软件在线帮助。

3.3.2　EtherNet/IP 工业以太网

1. 概述

EtherNet/IP 在工业自动化系统中广泛使用，其主要特点有：

1）开放性：EtherNet/IP 是基于以太网标准的开放协议，它采用了 TCP/IP 协议栈作为底层通信协议，可以与其他以太网设备无缝集成。

2）实时性：EtherNet/IP 支持实时通信，可以满足工业控制系统对于实时性的要求。它采用了轮询机制和优先级队列，确保重要数据的及时传输和处理。

3）灵活性：EtherNet/IP 支持多种通信方式，包括点对点通信、多点广播和多播通信等。它还支持多种数据传输方式，包括周期性传输、事件触发传输和请求/应答传输等。

4）可扩展性：EtherNet/IP 支持灵活的网络拓扑结构，可以适应不同规模和复杂度的工业网络。它还支持设备的自动发现和配置，简化了网络管理和维护工作。

5）安全性：EtherNet/IP 提供了多种安全机制，包括访问控制、数据加密和身份认证等，保护工业网络免受未经授权的访问和攻击。

Modbus 迄今没有协议来完成功能安全、高精度同步和运动控制等，而 EtherNet/IP 有 CIP Safety、CIP Sync 和 CIP Motion 来完成上述功能。目前，施耐德电气也加入 ODVA 并作为核心成员来推广 EtherNet/IP，这有利于促进 EtherNet/IP 更加广泛的应用。

2. EtherNet/IP 模型结构及主要内容

EtherNet/IP 像其他的 CIP 网络（ControlNet、DeviceNet）一样，也遵从 OSI 的 7 层模型。EtherNet/IP 在传输层以上执行 CIP，CIP 帧包括用户层和应用层。数据包的其余部分是 EtherNet/IP 帧，CIP 帧通过它们在以太网上传输。其网络结构可参考图 3-22。

（1）物理层

EtherNet/IP 在物理层使用标准的 IEEE 802.3 技术。可以通过嵌入式交换机技术和设备级环网技术来实现线形、星形和环形等拓扑结构。EtherNet/IP 采用双绞线和光纤作为传输介质，也支持无线网络传输的以太网结构，如 Wi-Fi、WiMAX 等。

（2）数据链路层

EtherNet/IP 在数据链路层也采用以太网，遵循以太网的帧格式和 MAC 地址的规范，以确保数据的可靠传输和正确路由；利用 CSMA/CD（Carrier Sense Multiple Access with Collision Detection，带有碰撞检测的载波侦听多路访问）媒体访问控制方法。但由于采用了以太网交换机，同时在数据链路层又采用了全双工的通信方式，因此减少了多个设备同时发送数据导致的碰撞问题。

（3）网络层和传输层

EtherNet/IP 在网络层和传输层利用标准的 TCP/IP 技术在一个或多个设备之间发送信息。CIP 定义了显式报文和隐式报文两种报文类型。两种不同报文的封装形式与传输形式是不同的。通过使用面向连接的点对点的 TCP/IP，EtherNet/IP 能够发送显式报文，从而实现可靠的数据传输。这些显式报文通常为组态、诊断和事件数据，而 UDP 主要用来传输 I/O 数据等实时性要求高的隐式报文。

（4）应用层

EtherNet/IP 的应用层协议为 CIP。CIP 是一个端到端的面向对象的协议，提供了工业设备和高级设备之间进行协议连接的数据通信机制。CIP 主要由对象模型、通信机制、通信对象、服务、设备描述、对象库等部分组成，每一部分都对应着相应的功能实现。CIP 中的节点访问都是通过对象来完成的。

3. EtherNet/IP 的生产者/消费者（Producer/Consumer）**模式**

源/目的通信模式中，每个报文都要指定源和目的，属于点对点通信。而生产者/消费者模式中，数据之间的关联不是由具体的源、目的地址联系起来的，而是以生产者和消费者的形式提供。该模式下，数据被分配一个唯一的标识，每一个数据源一次性地将数据发送到网络上的缓冲中，生产者与消费者之间不直接相互通信，允许网络上所有节点同时从一个数据源存取同一数据或选择性地读取这些数据，因此避免了带宽浪费，提高了通信效率，能够更好地支持系统的控制、组态和数据采集。需要说明的是，EtherNet/IP 的隐式报文采用生产者/消费者模式，而显示报文采用传统的源/目的通信模式。

由于通过缓冲交换数据，假如生产者在短时间内发出了大量的数据，缓存区也能够将这些数据存储，消费者无须在短时间内接收大量的信息而造成数据阻塞。同时缓存区也能够很好地对网络异常进行调整，使得系统在发生阻塞的时候消费者和生产者仍能独立的工作，不会造成长时间的等待，不影响操作时间。

4. EtherNet/IP 的数据封装

CIP 数据发送之前要完成封装，即将其封装到 TCP（UDP）帧中。CIP 报文的通信分为无连接的通信和基于连接的通信。无连接的报文通信是 CIP 定义的最基本的通信方式。CIP 数据包所请求的服务属性决定了报文头部的内容，如隐式报文，其报头是源地址和目的地址；而显式报文，其报头是连接标识符（CID）。这种方式使得 CIP 数据包通过 TCP 或 UDP 传输并能够由接收方解包。

105

EtherNet/IP 规范为 CIP 提供承载服务，在发送 CIP 数据包之前必须对其进行封装。EtherNet/IP 的报文封装如图 3-25 所示。所有封装好的信息是通过 TCP（UDP）端口 0XAF12（44818）来传送的，也适合于其他支持 TCP/IP 的网络。

Ethernet报文 (14B)	IP报文 (20B)	TCP报文 (20B)	CIP报文 封装	CRC

图 3-25　EtherNet/IP 的报文封装

这里以罗克韦尔自动化的 CCW 编程软件与 Micro850 控制器的通信为例来对 CIP 报文封装进行简单的说明。

为了更好理解后续的报文，需要了解 EtherNet/IP 的几个主要命令。

1）设备发现（ListIdentity）。该命令通过 UDP 广播发送给所有网络中的设备，接收到消息并且支持 EtherNet/IP 的设备会返回自身的身份信息。

2）注册会话/注销会话（RegisterSession/UnRegisterSession）。该命令用于注册或注销会话。会话注册之后，设备才能够进行数据交换，两台设备之间同时存在一组会话。发起请求后，服务器会返回一个 Session Handle，后续需要使用该 Session Handle 的值方可交流。

3）发送数据/发送单元数据（SendRRData/SendUnitData）。SendRRData 用于发送未建立 CIP 连接的显性数据，SendUnitData 用于发送连接了的显性数据。发送 RRdata 时需要使用 Sender Context，发送 UnitData 时则不需要。

CCW 与控制器在线连接后，在 CCW 上可以对控制器中的数字量变量进行强制操作。CCW 作为客户机〔这里用的是虚拟机（VM）〕，控制器作为服务器。客户机的 IP 地址为 192.168.1.75，控制器的 IP 地址为 192.168.1.6。为简单起见，CCW 的在线连接程序中只有三个变量，别名分别是 TESTDO1、TESTDO2 和 TESTSTOP。运行 Wireshark，启动 CCW 的在线监控，从 Wireshark 抓的 2 帧数据包如图 3-26 所示。客户机首先在网络中以 ARP 广播方式发出一个建立显示连接的请求报文，当服务器发现是发给自己时（IP 地址与自己的相符），它的 UCMM 就以广播方式发送一个包含 CID 的未连接报文，服务器收到并得到 CID 后，客户机与服务器的显示连接就建立了。从后续的报文看，网络中没有 UDP 报文，显然，两者之间是 TCP 而非 UDP 通信，即服务器与客户机间建立的确实是显式连接。从图 3-27 的 EtherNet/IP 命令 Send Unit Data 也可以看出这一点。

| 129 7.392494 | VMware_e6:d7:80 | Rockwell_9a:48:0e | ARP | 42 Who has 192.168.1.6? Tell 192.168.1.75 |
| 130 7.393678 | Rockwell_9a:48:0e | VMware_e6:d7:80 | ARP | 64 192.168.1.6 is at f4:54:33:9a:48:0e |

图 3-26　Wireshark 抓包分析 ARP 广播方式建立显式连接

由于客户机中 CCW 软件处于在线监控状态，因此，客户机定时发起读别名的请求（Request），而每发出一个读一个别名的请求，控制器就会响应。对于客户机读 TESTDO1 请求的数据包，Wireshark 抓取的数据帧截图如图 3-27 所示。CIP 报文封装部分一共 64B，其中 CIP 报头是 24B，CIP 命令相关数据（Command Specific Data）是 40B。CIP 报头包括命令字（2B，代表该包的功能和作用）、后方的数据长度（2B）、会话句柄（4B，表示会话建立

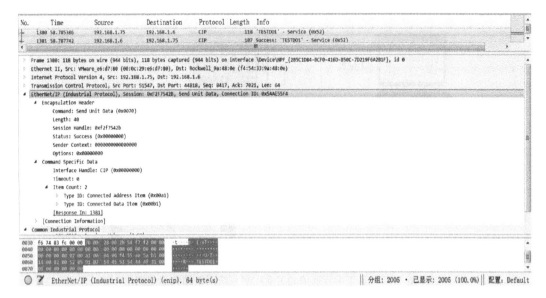

图 3-27　Wireshark 抓包分析 EtherNet/IP 网络中客户机读服务器中变量/别名的报文

或响应的请求）、状态代码（4B，表示该包的命令是否正确执行）、发送方上下文（8B，包含描述发送者信息的内容）和选项标志（4B）等。需要注意的是 CIP 数据包的字节顺序，如发送单元数据请求命令字 0x7000，实际是 0x0070，即高低字节要调换一下。

3.3.3　Micro800 系列控制网络结构

1. 基于串行通信的控制网络结构

这种基于串行通信的控制网络结构如图 3-28 所示。Micro850 控制器作为主控制器，通过 RS232/485 串行接口和终端设备（如条码扫描、仪表、GPRS 等）通信，也可通过 RS485 总线与变频器或伺服等其他串行设备通信。上位机可以通过串行接口或以太网与控制器通信。上位机还可以通过 USB 口下载终端程序。当然，由于控制器上串行接口的限制，当需要多个串口时，可以添加串行通信功能插件。Micro800 系列控制器通过串口进行 Modbus 通信时，可作为主站或从站；通过以太网进行 Modbus TCP 通信时，可作为客户机或服务器。以太网通信时最多支持 16 个以太网设备。

2. 基于 EtherNet/IP 的控制网络结构

传统的工业控制网络包括设备层、控制层和监控层三个层级，采用设备网（DeviceNet）、控制网（ControlNet）和监控网把设备联网，实现信息交换。不同自动化厂家，采用不同的网络协议来构建这样的控制网络。罗克韦尔自动化与之对应的控制系统结构如图 3-29 所示。为了实现这样的结构，PLC 上除了配置以太网接口外，还必须配置 DeviceNet 接口模块和 ControlNet 接口模块。显然，这种分层结构及与之对应的不同类型的总线协议虽然曾促进了工业自动化系统的信息化，但是，由于现场总线种类太多，多种现场总线互不兼容，导致不同公司的控制器之间、控制器与远程 I/O 及现场智能单元之间在实时数据交换上还存在很多障碍，同时异构总线网络之间的互联成本也较高。

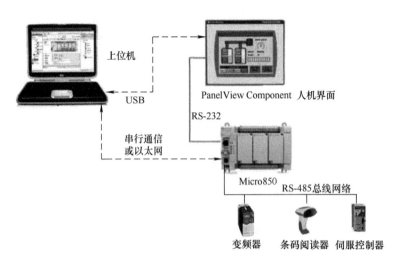

图 3-28　基于串行通信的工业控制系统网络结构示意图

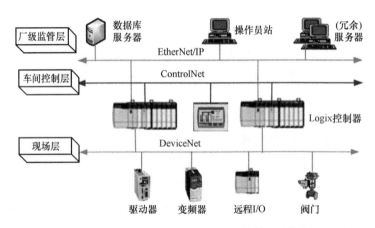

图 3-29　基于设备网、控制网和以太网三层网络结构的工业控制系统结构示意图

以太网具有价格低廉、稳定可靠、通信速率高、软硬件产品丰富、应用广泛以及技术成熟等优点。为了适应工业现场的应用要求，各种工业以太网产品在材质的选用、产品的强度、适用性、互操作性、可靠性、抗干扰性、本质安全性等方面都不断做出改进。特别是为了满足工业应用对网络可靠性的要求，各种工业以太网的冗余功能也应运而生。为了满足工业控制系统对通信实时性的要求，多种应用层实时通信协议被开发。基于 ProfiNet 和 Ether-Net/IP 等工业以太网的各种类型控制器、变频器、编码器、远程 I/O 等已大量面世，以工业以太网为统一网络的工业控制系统集成方案已成熟并在实践中得到成功应用。

图 3-30 为基于 EtherNet/IP 工业以太网的工业控制系统结构示意图。该系统摒弃了传统的控制网和设备网，全部采用工业以太网设备，实现 EtherNet/IP 一网到底，支持 EtherNet/IP 的设备都可以无缝集成在该网络中，大大简化了工业控制系统网络结构，数据通信更加快速、透明和流畅，网络配置也更加简单。

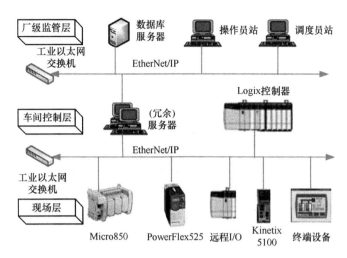

图 3-30   基于 EtherNet/IP 工业以太网的工业控制系统结构示意图

3.4   与 Micro800 系列控制器配套使用的变频器和伺服驱动器

3.4.1   PowerFlex520 系列变频器特性

1. PowerFlex520 系列变频器概述

变频器是应用变频技术与微电子技术，通过改变电机工作电源的频率和幅度的方式来控制交流电机的电力传动器件。PowerFlex520 系列变频器包括 PowerFlex525 和 PowerFlex523 两款产品，是罗克韦尔自动化公司的新一代交流变频器产品。它将各种电机控制选项、通信、节能和标准安全特性组合在一个高性价比变频器中，适用于从单机到简单系统集成的各类应用。

PowerFlex520 系列变频器支持 RS485（DSI）协议，可配合罗克韦尔自动化外围设备高效工作。另外，还支持某些 Modbus 功能进行简单的联网。PowerFlex520 系列变频器可在 RTU 模式下使用 Modbus 协议实现 RS485 网络上的多点连接。

以 PowerFlex525 为例，其具有以下特性：

1）功率额定值及电压等级（100～600V）涵盖广泛。

2）采用创新的可拆卸模块化设计，允许安装和配置同步完成，显著提高生产率。

3）EtherNet/IP 嵌入式端口支持无缝集成到 Logix 环境和 EtherNet/IP 网络。选配的双端口 EtherNet/IP 卡提供更多的连接选项，包括设备级环网（DLR）功能。

4）使用简明直观的软件来简化编程，借助标准 USB 接口加快变频器配置速度。

5）动态 LCD 人机接口模块支持多国语言，并提供描述性 QuickView 动文本功能。

6）提供针对具体应用（例如传送带、搅拌机、泵机等）的参数组，使用 AppView 工具更快地起动、运行变频器，使用 CustomView 工具定义自己的参数组。

7）通过节能模式、能源监视功能和永磁电机控制降低能源成本。

8）使用嵌入式安全断开扭矩功能来保护人员安全。

9）可承受高达50℃的环境温度；具备电流降额特性和控制模块风扇套件，工作温度最高可达70℃。

10）电机控制范围广，包括压频比、无传感器矢量控制、闭环速度矢量控制和永磁电机控制。

2. PowerFlex520 系列变频器硬件及其配置

PowerFlex520 系列变频器由一个电源模块和一个控制模块组成，如图3-31所示。此外，该系列变频器还有嵌入式 EtherNet/IP 适配器、DeviceNet 适配器、双端口 EtherNet/IP 适配器和 Profibus 适配器供用户选配。

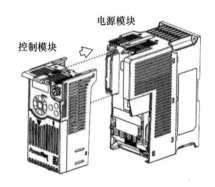

图 3-31　PowerFlex525 正面及其结构组成图

PowerFlex525 变频器控制 I/O 端子如图3-32所示。要根据产品使用手册，了解这些端子的作用及其使用方法，进行正确的配线，同时，所配置的参数也要与硬件匹配。

要配置变频器以特定方式运行，必须设置某些变频器参数。存在三种参数类型：

1）ENUM 参数：支持从两个或多个选项中进行选择。每个选项都以一个编号表示。

2）数值参数：具有单个数值。

3）位参数：具有 5 个位，每个位都与功能或条件有关。如果该位为 0，则功能关闭或条件为假；如果该位为 1，则功能启用或条件为真。

PowerFlex520 系列变频器要设置的参数可以分为基本显示组、基本编程组、端子块组、通信组、逻辑组、高级显示组、高级编程组、网络参数组、已修改参数组、故障和诊断组、AppView 参数组和 CustomView 参数组等。参数组的详细含义需参考用户手册。

可以通过以下几种方式设置变频器的参数：

1）通过变频器的集成键盘和显示屏进行参数设置。PowerFlex520 系列变频器的键盘和显示屏前面板如图3-33 所示。通过键盘，除了可完成一系列参数设置，还可以手动操作变频器，实现起、停变频及改变速度和运行方向等操作。

2）通过变频器的4 类 HIM（人机接口模块）进行配置。HIM 是与变频器的驱动串行接口（Drive Serial Interface，DSI）连接进行通信的。变频器的串行通信参数可通过集成面板设置。该模块需要另外购买。

3）通过以太网接口对变频器参数进行设置。对于 Micro800 系列控制器，可使用 CCW 编程软件，通过以太网接口与变频器通信，完成参数配置。在进行以太网通信前，要配置以太网参数。该参数可以通过集成键盘设置，也可以通过 DHCP/BOOTP 工具根据变频器的 MAC 地址来设置。

此外 PowerFlex520 系列变频器有一个连接到 PC 的 USB 端口，可用于升级变频器固件或上传/下载参数配置。无须给控制模块上电，只需使用 USB B 型电缆将 PowerFlex520 系列变频器连接到 PC。连接后，PC 中将显示变频器，其中包含两个文件：GUIDE. PDF 和 F52XUSB. EXE。GUIDE. PDF 文件中包含相关产品文档和软件下载地址的链接；

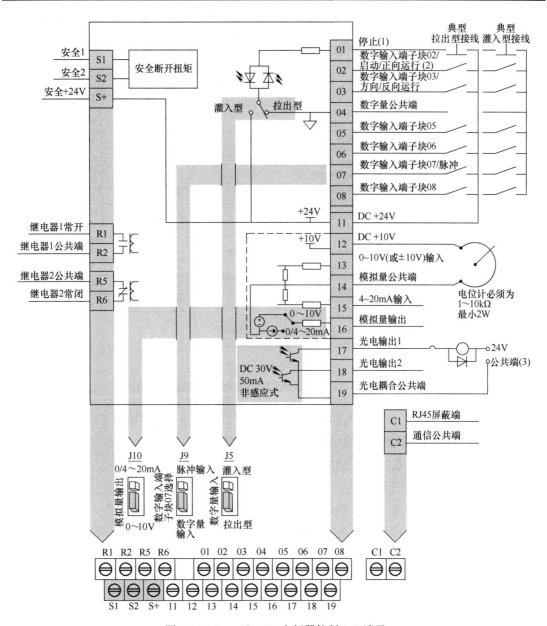

图 3-32 PowerFlex525 变频器控制 I/O 端子

F52XUSB. EXE 文件是用于快速升级固件或上传/下载参数配置的应用程序。双击 PF52XUSB. EXE 文件启动 USB 实用工具应用程序，随后将显示主菜单。用户可根据程序说明进行操作，完成升级固件或上传/下载配置数据等任务。

3. PowerFlex525 变频器使用步骤与安全注意事项

变频器不同于一般的弱电自动化设备，若使用不当，可能导致人身伤害和/或设备损坏。因此只有熟悉变频器及其相关机械结构的合格人员才能规划或实施系统的安装、起动和后续维护，并且在使用过程中，应该严格按照使用说明，遵守安全规范。

一般来说，变频器出厂默认参数值允许通过键盘控制变频器，用户无须编程即可直接通

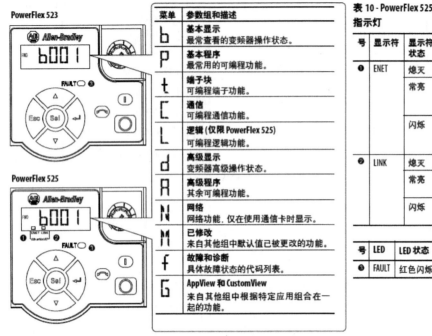

菜单	参数组和描述
b	**基本显示** 最常查看的变频器操作状态。
P	**基本程序** 最常用的可编程功能。
t	**端子块** 可编程端子功能。
C	**通信** 可编程通信功能。
L	**逻辑**（仅限 PowerFlex 525）可编程逻辑功能。
d	**高级显示** 变频器高级操作状态。
A	**高级程序** 其余可编程功能。
N	**网络** 网络功能，仅在使用通信卡时显示。
M	**已修改** 来自其他组中默认值已被更改的功能。
f	**故障和诊断** 具体故障状态的代码列表。
G	**AppView 和 CustomView** 来自其他组中根据特定应用组合在一起的功能。

表 10 - PowerFlex 525 嵌入式 EtherNet/IP 指示灯

号	显示符	显示符状态	描述
❶	ENET	熄灭	适配器未连接到网络。
		常亮	适配器已连接到网络，且变频器通过以太网进行控制。
		闪烁	适配器已连接到网络，但变频器未通过以太网进行控制。
❷	LINK	熄灭	适配器未连接到网络。
		常亮	适配器已连接到网络，但未发送数据。
		闪烁	适配器已连接到网络，并正在发送数据。

号	LED	LED 状态	描述
❸	FAULT	红色闪烁	指示变频器发生故障。

图 3-33　PowerFlex520 系列变频器前面板和参数组示意图

过键盘实现起动、停止、方向更改和速度控制。但用户实际使用的需求是不同的，因此要使用 PowerFlex520 系列变频器，需要按照以下步骤进行操作。

（1）接通变频器电源之前的操作

1）断开机器电源并将其上锁。

2）验证断路装置上的交流线路电源是否处于变频器的额定值范围内。

3）如更换变频器，应确认当前变频器的产品目录号，确认变频器上安装的所有选件。

4）确认数字量控制电源均为 24V。

5）检查接地、接线、连接和环境兼容性。

6）确认已根据控制接线图正确设置灌入型（SNK）/拉出型（SRC）跳线。默认控制方案为拉出型。"停止"端子应连接跳接，以便通过键盘或通信起动。如果将控制方案更改为灌入型，则必须移除 I/O 端子 01 和 11 上的跳线，并将其安装到 I/O 端子 01 和 04 之间。

7）按应用要求进行 I/O 接线。

8）对电源输入和输出端子接线。

9）确认所有输入都连接到正确的端子并已安全固定。

10）收集并记录电机铭牌和编码器或反馈设备信息。确认电机连接：

①电机是否与负载（包括齿轮箱）非耦合。

②应用要求电机朝哪个方向旋转。

11）确认变频器的输入电压。确认变频器是否位于接地系统上。确保 MOV 跳线处于正确位置。

（2）接通变频器电源后的操作

1）将变频器和通信适配器复位到出厂默认设置。

2）配置与电机相关的基本程序参数。

3）完成变频器的自整定过程。

4）确认变频器和电机按指定方式运行，包括：

① 确认存在"停止"输入，否则变频器将无法起动。如果将 I/O 端子 01 用作停止输入，则必须移除 I/O 端子 01 和 11 之间的跳线。

② 确认变频器正在从正确的位置接收速度基准值，且基准值标定正确。

③ 确认变频器正在正确接收起动和停止命令。

④ 确认输入电流平衡。

⑤ 确认电机电流平衡。

5）使用 USB 实用程序保存变频器设置备份。

变频器使用过程中，一定要注意安全。首先要确保接线正确，根据统计资料，变频器使用中出现问题多数情况下都是硬件接线不正确造成的。另外，PowerFlex520 系列变频器包括高压电容，变频器断电后，需等待 3min 以确保直流母线电容器已放电。3min 后，验证交流电压 L1、L2、L3（线路间和线路接地），以确保已断开与主电源的连接。测量 DC - 和 DC + 母线端子间的直流电压，以验证直流母线已放电至 0V。测量 L1、L2、L3、T1、T2、T3、DC - 和 DC + 端子对地的直流电压，并用电压表测量端子间电压，直至电压放电至 0V。放电过程可能需要几分钟才能使电压降至 0V。LED 变暗并不能表示电容器已放电至安全电压水平。

Micro800 系列控制器与 PowerFlex525 变频器用于运动控制的案例见 5.5 节。

3.4.2　Kinetix 3 组件级伺服驱动器及其网络结构

1. Kinetix 3 组件级伺服驱动器概述

Kinetix 3 伺服驱动器是罗克韦尔自动化公司为小型低轴数应用提供的一种经济实用的运动控制解决方案。Kinetix 3 伺服驱动器能够对应用进行适当等级的控制，具有可供下载的配置软件和自动电机识别功能，令运动控制简单易行而又成本低廉。该驱动器是功率小于 1.5kW、瞬时转矩在 12.55N·m 以下的小型机器的合适选择。驱动器外形小巧，功率范围较小，可用于分度台、医疗器械制造、轻工业、实验室自动化设备和半导体加工等领域。

Kinetix 3 伺服驱动器特性有：

1）单轴解决方案，适用于复杂程度较低的运动控制应用，带或不带 PLC。

2）灵活的控制命令接口，包括数字量 I/O、模拟量、预设速度和脉冲串命令。

3）通过串行通信或数字量 I/O 最多可对 64 点执行分度控制。

4）AC 170~264V（200V 级别）单相或三相电源。

5）用户可用 Ultraware 软件对 Series A 类型的 Kinetix 3 驱动器进行配置；用 CCW 软件（V6.0 以上）对 Series B 类型的 Kinetix 3 驱动器（V3.005 及以上版本）进行配置。配置前要用专门的 USB 电缆连接计算机和 Kinetix 3。

6）可与装有 RSLogix500 软件的 MicroLogix1100/1400 控制器配套使用，也可以和装有 CCW 软件的 Micro830/850/870 控制器配套。

2. Kinetix 3 组件级伺服驱动系统典型硬件配置

（1）系统组成

一个完整的 Kinetix 3 伺服驱动系统包含以下必需组件：

1）一个 2071-A××××伺服驱动器；

2）一台旋转电机、直线电机或线性执行机构；

3）一条电机电源和电机反馈电缆；

4）一块 2071-TBMF 分线板（配合散头引线反馈电缆使用）。

Kinetix 3 伺服驱动系统还可搭载以下可选组件：

1）一块 2071-TBIO 分线板，用于控制接口（可接 24 针）；

2）一条 2090-DAIO-D50××分接电缆（可接 50 针）；

3）Bulletin 2090 控制和配置串行电缆；

4）Bulletin 2090-XXLF-TC×××交流线路滤波器。

（2）系统硬件配置

Kinetix 3 伺服驱动器硬件接口和指示灯如图 3-34 所示。用户可以通过面板组态其参数，对其进行基本的功能操作和测试。也可通过其七段码指示了解其状态。

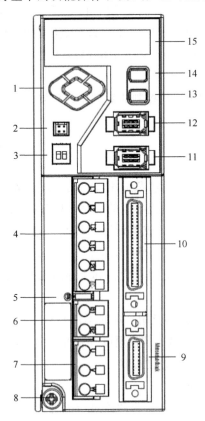

项目	说明
1	左/右与上/下键
2	模拟量输出 (A.out)
3	RS-485 通信终端开关
4	输入电源 (IPD)
5	主电源指示灯
6	旁路电源 (BC)
7	电机电源 (MP)
8	接地接线片
9	电机反馈 (MF)
10	输入/输出 (I/O)
11	串行接口 (Comm0B)（下）
12	串行接口 (Comm0A)（上）
13	回车键
14	模式/设置键
15	7段码状态指示灯

图 3-34　Kinetix 3 伺服驱动器硬件接口和指示灯

采用 Kinetix 3 伺服驱动器可以构建典型的运动控制系统，该系统的典型硬件配置如图 3-35 所示。罗克韦尔自动化有完整的硬件产品、配件和软件支持，以完成复杂度较低的运动控制任务。在设计具体的运动控制系统时，用户需要针对具体的应用需求，选配合适的伺服驱动器、伺服电机、执行机构和配件，完成硬件配置和连接，进行参数设置，编写控制程序。罗克韦尔自动化提供了大量 Kinetix 3 组件类用户自定义功能模块和运动控制指令，十分便于应用软件的开发。

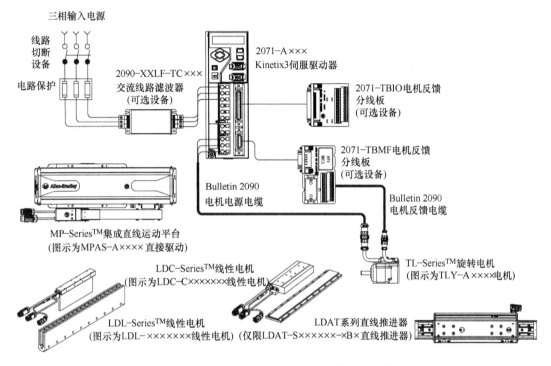

图 3-35　Kinetix 3 伺服驱动系统典型硬件配置图

以采用 CCW 软件配置伺服驱动器为例，其具体配置过程包括：

1）首先通过 Kinetix 3 的面板配置其设备地址（Pr0.07）和串行通信参数（Pr0.09）。这里需组态为 RS485 类型，协议为 Modbus-RTU；用 1203-USB 电缆连接计算机和伺服驱动器，安装 USB 的驱动，生成虚拟串口（假设是 COM3）；在 RSLink Classic 中增加 COM3 串口驱动（假设名称是 AB_DF1-1），并配置串行通信参数与 Kinetix 3 硬件设备中组态的参数一致。检验 RSLink Classic 中是否生成 AB DSI 的驱动；通过名称为 AB_DF1-1 的驱动把 CCW 软件与 Kinetix 3 驱动器连接，成功后会弹出 Kinetix 3 配置窗口。

2）在配置窗口中用向导（Wizards）对伺服驱动器的参数进行配置。在 CCW 中，使用 5 步即可完成轴的生成及配置，在运行中可以监视主要的参数。

3）配置伺服驱动器的 Modbus-RTU 通信参数。

详细的配置过程可以参考相关的手册。

3. Kinetix 3 组件级伺服驱动系统典型通信配置

Kinetix 3 除了可以采用硬接线方式通过 Micro830/850/870 控制器的 PTO 信号进行控制外，还可通过串行通信进行控制。作为低成本的伺服控制器，Kinetix 3 不支持以太网通信，只有串行通信接口。图 3-36 所示为 Micro830/850/870 控制器通过串行通信模块（2080-SE-RIALISOL）与 Kinetix 3 通信的连接方式。若有多台 Kinetix 3，可以利用伺服控制器上的串行接口级联，组成串行通信网络。对于通过 RS485 网络连接的伺服控制器，要对每个伺服控制器设置不同的地址（Pr0.07），并设置同样的 Modbus 通信参数。通过 Modbus-RTU 通信，最多可以实现对 3 个轴执行索引定位控制。

这里要强调的是，CCW 编程软件（V6.0 以上版本）只能对 Series B 类型且版本号是 V3.005 及以上的 Kinetix 3 驱动器进行配置。

关于 Kinetix 3 及其使用的详细知识，读者可以登录罗克韦尔自动化公司网站查阅相关的技术资料和手册。

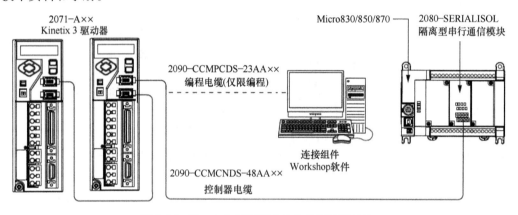

图 3-36　Kinetix 3 伺服驱动系统典型网络结构

3.5　Micro800 系列 PLC 编程软件 CCW

3.5.1　CCW 软件概述

1. CCW 软件介绍

Micro800 系列 PLC 的设计、编程和组态软件是 Connected Components Workbench（CCW）。该软件以成熟的罗克韦尔自动化技术和 Microsoft Visual Studio 平台为基础。CCW 集成了控制器、变频和伺服、人机界面、安全继电器等的设计、编程和组态。为支持用户采用 CCW 开发项目应用，罗克韦尔自动化公司提供免费的标准软件更新以及一定限度的免费支持。在软件的"帮助"菜单中可以连接到官方网站上的官方或第三方参考程序。

虽然罗克韦尔自动化公司认为 CCW 符合控制系统编程软件国际标准 IEC 61131-3，但 CCW 对标准中的部分内容并不支持，如不支持不带输出的自定义功能，不支持自定义功能变量的 VAR_IN_OUT 类型，一些关键字与标准也不同等。

CCW 软件的优势主要体现在：

1）易于组态：单一软件包便于用户进行系统开发。

①简单的运动控制轴组态。

②连接方便，可通过 USB 通信选择设备。

③ 通过拖放操作实现更轻松的组态。

④ Micro800 系列控制器密码增强了安全性和知识产权保护。

2）易于编程：用户自定义功能块可加快机器开发工作。

① 支持符号寻址的结构化文本、梯形图和功能块编辑器。

② 广泛采用 Microsoft 标准、IEC 61131-3 标准和标准 PLCopen 运动控制指令。

3）易于可视化：标签组态和屏幕设计可简化人机界面/图形终端组态工作。

① 在 CCW 软件中集成 PanelView Component（罗克韦尔自动化图形终端，简称 PVC）组态与编程。

② HMI 标签可直接引用 Micro800 系列控制器变量名，降低了复杂度并节省时间。

③ 包括 Unicode 语言切换、报警消息和报警历史记录以及基本配方功能。

CCW 软件兼容的产品有：

① Micro800 系列控制器、PowerFlex 变频器和 PVC 图形终端。

② Kinetix Component 伺服驱动和 Guardmaster 440C 可组态安全继电器。

CCW 软件可运行在 Windows7、Windows10、Windows11 和 Windows Server 等操作系统。推荐的计算机硬件要求是英特尔 i5-3×××或同级别以上处理器和 8GB 以上内存。该软件可以在罗克韦尔自动化公司官方网站注册后免费下载。目前最新的版本是 2023 年发布的 V22 标准版。新版本主要支持一些罗克韦尔自动化公司新推出的 Micro800 系列控制器，其他除了个别操作界面，和老版本功能差别不大。本书以 V12 为准，该版本支持目前主流的 Micro800 系列控制器。

2. CCW 软件版本与控制器固件版本

CCW 软件包括标准版和开发版（需要授权）。开发版提供附加功能来增强用户体验，这些功能包括监视列表、用户自定义数据类型、文档管理和知识产权保护等。CCW V12 以上的标准版和开发版均支持 Micro800 系列 Simulator（模拟器），但标准版模拟器保持运行模式时间仅为 10min（即 10min 后从运行转为编程模式，此时，可以再次切换到运行，模拟器又可以连续运行 10min）。开发版可在 24h 内保持运行模式，具有完整的开发和调试环境。开发版软件如没有安装授权文件，首次运行 7 天后转为标准版使用。

需要注意的是，CCW 软件有不同的版本，而 Micro800 系列控制器的固件也有不同的版本，在下载 CCW 项目时，要保持两个版本的一致性。如果控制器中的固件版本低于 CCW 项目的版本，则需要升级固件版本；若控制器版本高于 CCW 项目，可把控制器固件版本降级或把 CCW 项目版本升级。在刷固件过程（升级或降级）中，要确保不能停电，通信连接正常，减少错误，否则控制器会损坏。因此，刷固件过程要特别小心或请专业人员进行。另外，需要特别说明的是，不要跨越多个版本来给固件升级，这样出问题的概率很高，即使升级成功，但控制器中也可能存在缺陷（Bug），严重影响控制器的使用。除了控制器，2711R 系列触摸屏、440C 安全继电器和 450L 光栅的固件也可刷。

CCW 软件的使用还依赖罗克韦尔自动化公司的 RSLinx 软件，其作用是提供 CCW 软件与 PLC 之间的通信驱动。V12 以上版本还能够通过 FactoryTalk Linx（版本 6.10 或更高，且 Listen on EtherNet/IP encapsulation ports 禁用）下载、上传、搜索应用程序和更新固件。CCW 与控制器连接前都要通过这类驱动软件来建立连接路径。安装 CCW 时会提示安装 RSLinx 软件。

3. CCW 软件 V12 以上版本的新特性

1）对于 Micro870 控制器，支持为较慢的模块（如模拟量模块）配置扫描间隔。通过优化扫描间隔，程序周期时间将会更短。

2）与 Studio 5000 Logix Designer 和 RSLogix 500 共享 CCW 逻辑，支持通过在任一方向上进行复制和粘贴操作来在 CCW 和 Studio 5000 Logix Designer 或 RSLogix 500 之间共享梯形图逻辑这一功能，从而实现 Studio 5000 Logix Designer 或 RSLogix 500 项目向 CCW 项目的逻辑转换。反之亦然。

3）能在 IEC（默认）和 Logix 主题的编程环境之间灵活切换。

4）指令工具栏。它是一个标签式工具栏，显示标签式类别中的指令元素，以及将语言元素（如指令）添加到 LD 语言编辑器工作区的用法。它是对常规工作台工具箱的补充。

5）改进了包含长梯级的梯形图逻辑的视图。与 RSLogix 500 和 Studio 5000 Logix Designer 类似，梯级将单独右对齐，以便长梯级不会影响较短梯级的查看。支持新的梯形图容器属性"适应窗口宽度"。默认情况下，新创建程序的"适应窗口宽度"值为"是"，"线圈对齐"值为"否"（均为建议值）。

6）可以为 Micro820/830/850/870 导出或导入数据日志和配方。

7）提供用于指定发生硬件故障时控制器行为的选项，如停止控制器或重启控制器。

此外，CCW 中集成的人机界面开发软件 PanelView800 DesignStation 功能改进有：

1）通过标签导入（Micro800 系列变量、Logix 标签）到终端中，从而改进控制器集成。

2）可在下载后远程启动应用程序，无须从终端启动应用程序。

3）通过使用标签来确定屏幕上的大小和位置，从而执行简单对象动画。

4）根据控制器标签名称自动更新终端中标签名称。

5）当导入自定义对象的时候提供选项忽略、创建或者重命名重复标签。

3.5.2 CCW 软件编程环境及其设置

学习编程软件首先要了解编程软件的基本组成，了解常用的功能及其实现方式，熟悉编程环境后，就可以逐步编写复杂的控制程序。Micro800 系列控制器配套的 CCW 编程界面如图 3-37 所示。其主要的图形元素见表 3-8。

从其菜单结构看，主要包括文件、编辑、视图、设备、工具、通信、窗口和帮助。现对这些菜单下的二级菜单及其功能做介绍。

1）文件：在该菜单下，具有可以完成项目的新建、打开、关闭、保存和另存为等功能的菜单。此外，还有一个导入设备菜单，可以导入设备文件及 PVC 应用。

2）编辑：和一般软件的编辑功能一样，该菜单主要用于与项目开发有关的编辑功能，包括剪切、复制、粘贴、删除等。

3）视图：该菜单下，主要包括项目组织、设备工具箱、工具箱、错误表单、输出窗口、快速提示、交叉索引浏览、文档概貌、工具条、全屏显示和属性窗口菜单。其中的交叉索引浏览菜单主要用于检索程序中的变量、功能和功能块等。

4）设备：该菜单下主要是用于对程序编译调试、控制器连接与程序下载或上传、控制器固件更新、安全设置及文档生成程序。其中文档生成程序可以生成整个程序或部分程序（通过鼠标选择）的 Word 文档，用于程序打印等。

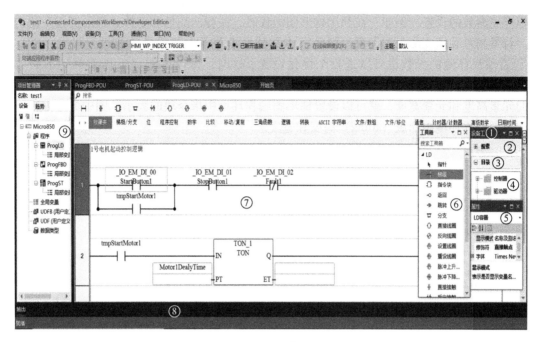

图 3-37 CCW 编程界面

5）工具：该菜单主要包括生成打印的文档、多语言编辑、外部工具、导入和导出设置以及选项菜单。其中选项菜单中有编程环境、项目、CCW 应用、网格、IEC 语言等相关项的参数设置。

6）通信：主要用于编程计算机与 PLC 的通信设置。该通信功能主要依靠罗克韦尔自动化公司的 RSLinx 软件。

表 3-8　CCW 编程界面主要图形元素

序号	名称	说　明
1	设备工具箱	包含"搜索"、"类型"和"工具箱"选项卡
2	搜索	显示由本软件发现的、已连接至计算机的所有设备
3	类型	包含项目的所有控制器和其他设备
4	设备文件夹	每个文件夹都包含该类型的所有可用设备
5	属性页	设置程序中变量、对象等属性
6	工具箱	包含可以添加到 LD、FBD 和 ST 程序的元素。程序类别根据用户当前使用的程序类型进行更改
7	工作区	可用来查看和配置设备以及构建程序。内容由选择的选项卡而定，并在用户向项目中添加设备和程序时添加
8	输出区域	显示程序构建、下载的结果，包含成功或失败信息等
9	项目管理器	包含项目中的所有控制器、设备和程序要素。用鼠标拖动程序下不同组织单元（例如 Prog1、Prog2 等）的上下位置，可以改变程序执行顺序。开发版或 V20 以上标准版还有"趋势"选项，可以用图形显示程序中变量的变化趋势

在使用 CCW 进行控制器程序设计时，首先要进行程序的编辑。在编辑程序时，会涉及编程环境参数的设置。例如，在利用梯形图编程时，注释的颜色和字体、梯形图指令块的大小、背景颜色和填充颜色的设置、别名字体及其大小等不少环境参数要进行设置。FBD 和 ST 语言编程环境的参数也可以进行个性化设置。这时，可以单击"工具菜单"下的"选项"，会出现如图 3-38 所示的窗口，在这个窗口可以对编程环境做各种设置。如图中的①处的元素高度和元素宽度，就可以设置梯形图编程环境中指令块的大小；图中的②处数值对应梯形图编程环境中梯级（Rung）高度和宽度。

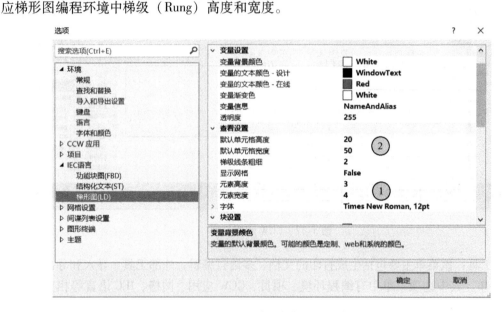

图 3-38　CCW 编程软件的选项窗口

在该选项窗口进行的设置对于先前已经编辑好的程序无效。所以需要在进行程序设计前，首先对编程环境进行设置。另外，在程序编辑过程中，还可以利用对象的属性窗口，来修改指定对象的属性。例如，可以单独为某个指令块设置不同的背景渐变色和背景颜色；为某个梯级的注释设置其他的字体和颜色。

复习思考题

1. 请上网查阅资料，比较罗克韦尔自动化 Micro850、西门子 S7-1200 及三菱 FX5U 的差异。
2. Micro800 系列控制器有何特点，各自的应用场合是什么？
3. Micro800 系列控制器的功能性插件与扩展 I/O 模块相比有何异同。
4. Micro850 控制器支持的通信方式有哪些？什么是符号寻址？
5. 上网查阅 EtherNet/IP 的主要内容是什么？还有哪些工业以太网协议，其各自的主要应用领域是什么？
6. 与主从通信模式相比，CIP 采用的生产者/消费者通信模式有何特点？
7. 什么是隐性报文？什么是显性报文？各用于什么数据的传输？
8. 如何理解 CCW 软件也是一种集成化的软件平台？

第4章　Micro800 系列控制器编程语言与指令集

4.1　PLC 编程语言标准 IEC 61131-3

4.1.1　传统 PLC 编程语言存在的问题及 IEC 61131-3 标准

由于 PLC 的 I/O 点数可以从十几点到几千甚至上万点，因此其应用范围极广。由于市场较大，众多的厂家生产各种类型的 PLC 产品或为之配套，因此 PLC 大量用于从小型设备到大型生产制造过程的控制，成为用量最大的一类通用控制器设备。由于大量的厂商在 PLC 的生产、开发上各自为政，造成 PLC 产品从软件到硬件的兼容性较差，也给 PLC 程序开发与维护带来了困难。传统 PLC 编程语言在规范性、程序可重用性、程序封装、程序执行等方面存在较大不足。由于 PLC 硬件上的不兼容和传统编程语言存在的问题，影响了 PLC 技术的应用和发展。PLCopen 国际组织作为独立于生产商和产品的全球性机构，致力于提高控制软件编程方法、效率、规范，还积极推动 IEC 61131-3 标准在 PLC 市场的应用。

IEC 61131-3 是 IEC 组织制定的 PLC 国际标准 IEC 61131 的第三部分，是第一个为工业自动化控制系统的软件设计提供标准化编程语言的国际标准。该标准得到了包括美国罗克韦尔自动化公司、德国西门子公司等世界知名大公司在内的众多厂家的共同推动和支持，它极大地提高了工业控制系统的编程软件的标准化程度，符合该标准的应用软件的可靠性、可重用性和可读性显著提升，PLC 应用软件的开发效率更高，软件维护更加容易。IEC 61131-3 标准最初主要用于 PLC 的编程系统，但由于其显著的优点，目前在过程控制、运动控制、基于 PC 的控制和 SCADA 系统等领域也得到越来越多的应用。总之，IEC 61131-3 标准的推出，创造了一个控制系统的软件制造商、硬件制造商、系统集成商和最终用户等多赢的局面。

IEC 61131-3 制定的背景是：PLC 在标准的制定过程中正处在其发展和推广应用的鼎盛时期，而编程语言越来越成为其进一步发展和应用的瓶颈之一。此外，PLC 编程语言的使用具有一定的地域特性：在北美和日本，普遍运用梯形图语言编程；在欧洲，则使用功能块图和顺序功能图编程。为了扩展 PLC 的功能，特别是加强它的数据与文字处理以及通信能力，一些 PLC 还允许使用高级语言编程。同时，软件工程的发展也影响到了控制领域。因此，标准的制定要做到兼容并蓄，既要考虑历史的传承，又要把现代软件的概念和现代软件工程的机制应用于新标准中。

4.1.2　IEC 61131-3 标准的特点与优势

IEC 61131-3 允许在同一个 PLC 中使用多种编程语言，允许程序开发人员对每一个特定的任务选择最合适的编程语言，还允许在同一个控制程序中不同的软件模块用不同的编程语言编制，以充分发挥不同编程语言的应用特点。标准中的多语言包容性很好地正视了 PLC

发展历史中形成的编程语言多样化的现实，为 PLC 软件技术的进一步发展提供了足够的技术空间和自由度。

IEC 61131-3 的优势还在于它成功地将现代软件的概念以及现代软件工程的机制和成果用于 PLC 传统的编程语言。IEC 61131-3 的优势具体表现在以下几方面：

1）采用现代软件模块化原则，主要内容包括：

① 编程语言支持模块化，将常用的程序功能划分为若干单元，并加以封装，构成编程的基础。

② 模块化时，只设置必要的、尽可能少的输入和输出参数，尽量减少交互作用和内部数据交换。

③ 模块化接口之间的交互作用均采用显性定义。

④ 将信息隐藏于模块内，对使用者来讲只需了解该模块的外部特性（即功能、输入和输出参数），而无须了解模块内算法的具体实现方法。

2）支持自顶而下（Top Down）和自底而上（Bottom Up）的程序开发方法。自顶而下的开发过程是用户首先进行系统总体设计，将控制任务划分为若干个模块，然后定义变量和进行模块设计，编写各个模块的程序；自底而上的开发过程是用户先从底部开始编程，例如先导出功能和功能块，再按照控制要求编制程序。无论选择何种开发方法，IEC 61131-3 所创建的开发环境均会在整个编程过程中给予强有力的支持。

3）所规范的编程系统独立于任何一个具体的目标系统，它可以最大限度地在不同的 PLC 目标系统中运行。这样不仅创造了一种具有良好开放性的氛围，奠定了 PLC 编程开放性的基础，而且可以有效规避标准与具体目标系统关联而引起的利益纠葛，体现标准的公正性。

4）将现代软件概念浓缩，并加以运用。例如：数据使用 DATA_TYPE 声明机制；功能（函数）使用 FUNCTION 声明机制；数据和功能的组合使用 FUNCTION _BLOCK 声明机制。

在 IEC 61131-3 中，功能块并不只是 FBD 语言的编程机制，它还是面向对象组件的结构基础。一旦完成了某个功能块的编程，并通过调试和验证证明了它能正确执行所规定的功能，那么，就不允许用户再将它打开，改变其算法。即使是一个功能块因为其执行效率有必要再提高，或者是在一定的条件下其功能执行的正确性存在问题，需要重新编程，只要保持该功能块的外部接口（输入/输出定义）不变，仍可照常使用。同时，许多原始设备制造商将他们的专有控制技术压缩在用户自定义的功能块中，既可以保护知识产权，又可以反复使用，不必一再地为同一个目的而编写和调试程序。

5）完善的数据类型定义和运算限制。软件工程师很早就认识到许多编程的错误往往发生在程序的不同部分，其数据的表达和处理不同。IEC 61131-3 从源头上注意防止这类低级的错误，虽然采用的方法可能导致效率降低一点，但换来的价值却是程序的可靠性、可读性和可维护性。IEC 61131-3 采用以下方法防止这些错误：

① 限制功能与功能块之间互联的范围，只允许兼容的数据类型与功能块之间的互联。

② 限制运算，只可在其数据类型已明确定义的变量上进行。

③ 禁止隐含的数据类型变换。比如，实型数不可执行按位运算。若要运算，编程者必须先通过显式变换函数 REAL-TO-WORD，把实型数变换为 WORD 型位串变量。标准中规定了多种标准固定字长的数据类型，包括位串、带符号位和不带符号位的整数型（8、16、32

和 64 位字长）。

6）对程序执行具有完全的控制能力。传统的 PLC 只能按扫描方式顺序执行程序，对程序执行的其他要求，如由事件驱动某一段程序的执行、程序的并行处理等均无能为力。IEC 61131-3 允许程序的不同部分、在不同的条件（包括时间条件）下、以不同的比率并行执行。

7）结构化编程。对于循环执行的程序、中断执行的程序、初始化执行的程序等可以分开设计。此外，循环执行的程序还可以根据执行的周期分开设计。

4.1.3　IEC 61131-3 标准的基本内容

IEC 61131-3 标准分为两个部分：公共元素和编程语言，如图 4-1 所示。

公共元素部分规范了数据类型定义与变量，给出了软件模型及其元素，并引入配置（Configuration）、资源（Resources）、任务（Tasks）和程序（Program）的概念，还规范了程序组织单元（程序、功能、功能块）和顺序功能图。

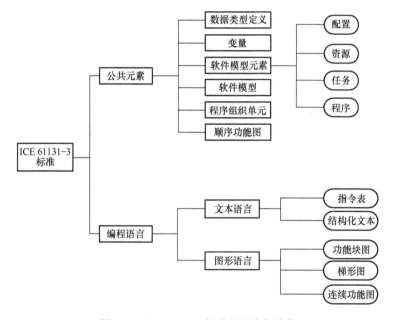

图 4-1　IEC 61131-3 标准的层次与结构

在 IEC 61131-3 中编程语言部分规范了 5 种编程语言，并定义了这些编程语言的语法和句法。这 5 种编程语言是：文本语言 2 种，即指令表（IL）和结构化文本（ST）；图形语言 3 种，即梯形图（LD）、功能块图（FBD）和连续功能图（CFC）。其中 CFC 是 IEC 61131-3 标准修订后新加入的，是西门子的 PCS7 过程控制系统中主要的控制程序组态语言，也是其他一些 DCS 常用的编程语言。由于要求控制设备完整地支持这 5 种语言并非易事，所以标准中允许部分实现，即不一定要求每种 PLC 都要同时具备这些语言。虽然这些语言最初是用于编制 PLC 逻辑控制程序的，但是由于 PLCopen 国际组织及专业化软件公司的努力，这些编程语言也支持对过程控制、运动控制等其他应用系统的控制任务编程。

在 IEC 61131-3 标准中，顺序功能图（SFC）是作为编程语言的公用元素定义的。因此，许多文献也认为 IEC 61131-3 标准中含有 6 种编程语言规范，而 SFC 是其中的第 4 种图形编程语言。实际上，还可以把 SFC 看作是一种顺控程序设计技术。

一般而言，即使是一个很复杂的任务，采用这 6 种编程语言的组合，也是能够编写出满足控制任务功能要求的程序的。因此，IEC 61131-3 标准中的 6 种编程语言充分满足了控制系统应用程序开发的需要。

以往通常中型、大型 PLC 支持比较多的编程语言，而小型、微型 PLC 支持的编程语言相对较少。但目前这种趋势有较大的改变，一些小型、微型 PLC 也能支持较多的编程语言，如三菱 FX5U（C）、施耐德 M2×× 系列控制器等。作为微型控制器的 Micro800 系列支持的编程语言包括 LD、ST 和 FBD。

4.2 Micro800 系列控制器编程语言与实例

4.2.1 梯形图编程语言与实例

1. CCW 中梯形图程序组成元素

梯形图（LD）语言是从继电器-接触器控制基础上发展起来的一种编程语言，其特点是易学易用，历史悠久。特别是对于具有电气控制背景的人而言，LD 可以看作是继电逻辑图的软件延伸和发展。尽管两者的结构非常类似，但 LD 软件的执行过程与继电器硬件逻辑的连接是完全不同的。虽然全球范围内 ST 语言已超越 LD 语言，但是作为最为悠久的控制器编程语言，LD 语言仍然被大量工程师广泛使用，特别是在处理逻辑顺序控制程序上。LD 元素是用于生成 LD 编程的组件，见表 4-1。

表 4-1　CCW 编程环境 LD 语言图形元素

元素	描　　　　　述
梯级	表示导致线圈被激活的一组回路元素
指令块	指令包括运算符、函数和功能块（包括用户定义的功能块）
分支	两个或多个并行指令
线圈	表示输出或内部变量的赋值。在 LD 程序中，线圈表示操作
触点	表示输入或内部变量的值或函数
返回	表示功能块图输出的条件结束
跳转	表示控制梯形图执行的 LD 程序中的条件逻辑和无条件逻辑

CCW 指令集包括符合 IEC 61131-3 标准的指令块。指令块总的来说包括功能块、功能和运算符。可以将指令块的输入和输出连接到变量、触点、线圈或其他指令块的输入和输出。相对而言，LD 语言中支持的指令要多于 ST 和 FBD 语言。

在 CCW 中编辑 LD 程序时，可以从工具箱拖拽需要的指令符号到编辑窗口中使用。LD 程序的组成主要包括：

（1）梯级（Rung）

梯级是 LD 的组成元素，它表示一组电子元件线圈的激活（输出）。梯级示意图如图 4-2 所示。梯级中的电源轨线图形元素也称为母线。它的图形表示是位于 LD 左侧和右侧的两条垂直线。在 LD 中，能流从左侧电源轨线开始向右流动，经过连接元素和其他连接在该梯级的图形元素最终到达右侧电源轨线。

　　每个梯级有梯级号（①）。梯级在 LD 中可以有标签（②），以确定它们在 LD 中的位置。每个梯级上面一行是注释行（③），编辑时可以显示或隐藏（在某个梯级最左侧④处，单击鼠标右键，在弹出的菜单中选择"显示注释"）。标签和跳转（Jumps）指令配合使用，以控制 LD 的执行。

图 4-2　LD 梯级示意图

　　在编辑框的最左侧，单击鼠标右键，在弹出的菜单中选择"添加标签"，输入该梯级的标签 Label1，即完成对该梯级标签的定义。

（2）线圈（Coil）

LD 的线圈也沿用电气逻辑图的线圈术语，用于表示布尔量状态的变化，可以是输出或者内部变量。线圈是将其左侧水平连接元素状态毫无保留地传递到其右侧水平连接元素的 LD 元素。在传递过程中，将左侧连接的有关变量和直接地址的状态存储到合适的布尔量中。线圈的左边必须有布尔元件或者一个指令块的布尔输出。线圈又分为以下几种类型：

1）直接输出（Direct Coil）如图 4-3 所示。

左连接件的状态直接传送到右连接件上，右连接件必须连接到垂直电源轨上，并行线圈除外，因为在并行线圈中只有上层线圈必须连接到垂直电源轨上，如图 4-4 所示。图中 Output1 与 Output2 两个线圈就属于 LD 中的分支。

图 4-3　直接输出　　　　　　　图 4-4　线圈连接示意图

2）反向输出（Reverse Coil）如图 4-5 所示。

左连接件的反状态被传送到右连接件上，同样，右连接件必须连接到垂直电源轨上，除非是并行线圈。

3）边沿输出：边沿输出包括上升沿（正沿）输出（Pulse Rising Edge Coil）和下降沿（负沿）输出（Pulse Falling Edge Coil），如图 4-6 所示。

图 4-5　反向输出

a）上升沿　　　　　　　　　　　　b）下降沿

图 4-6　边沿输出

对上升沿（正沿）输出，当左连接件的布尔状态由假变为真时，右连接件输出变量将被置 1（即为真），其他情况下输出变量将被重置为 0（即为假）。

对下降沿（负沿）输出，当左连接件的布尔状态由真变为假时，右连接件输出变量将被置 1（即为真），其他情况下输出变量将被重置为 0（即为假）。

4）置位输出（Set Coil）与复位输出（Reset Coil）如图 4-7 所示。

对置位指令，当左连接件的布尔状态变为"真"时，输出变量将被置"真"。该输出变量将一直保持该状态直到复位输出发出复位命令，将该变量置"假"。即一旦输出变量被置位后，即使其左连接件的布尔状态由"真"变"假"了，输出变量还是"真"。

图 4-7　置位输出与复位输出

对复位指令，当左连接件的布尔状态变为"真"时，输出变量将被置"假"。该输出变量将一直保持该状态直到置位输出发出置位命令。

（3）触点（Contact）

LD 的触点沿用电气逻辑图的触点术语，用于表示布尔变量（输入或内部变量）的状态变化。触点是向其右侧水平连接元素传递一个状态的梯形元素。按静态特性分，触点可分为常开触点和常闭触点。常开触点在正常工况下触点断开，状态为 OFF；常闭触点在正常工况下触点闭合，其状态为 ON。此外，在处理布尔量的状态变化时，要用到触点的上升沿和下降沿，这也称为触点的动态特性。触点有以下几种连接类型：

1）直接连接（Direct Contact），如图 4-8a 所示。左连接件的输出状态和该连接件（开关）的状态取逻辑与，即为右连接件的状态值。

2）反向连接（Reverse Contact），如图 4-8b 所示。左连接件的输出状态和该连接件（开关）的状态的布尔反状态取逻辑与，即为右连接件的状态值。

图 4-8　触点的连接

（4）指令块（Instruction Block）

指令块包括位操作指令块、功能指令块及功能块指令块，指令块也简称为指令。不管是 LD 语言编程还是用其他编程语言，实际上都是调用指令系统的指令及用户开发的功能或功能块指令来实现控制任务。

（5）返回（Return）与跳转（Jump）程序控制指令

当一段 LD 结束时，可以使用返回元件作为输出。需要注意的是，不能在返回元件的右边连接元件。当左边的元件状态为布尔"真"时，LD 将不执行返回元件之后的指令。当该 LD 为一个功能时，它的名字将被设置为一个输出线圈以设置一个返回值（返回给调用功能使用）。

条件和非条件跳转控制着 LD 程序的执行。需要注意的是，不能在跳转元件的右边再添加连接件，但可以在其左边添加一些连接件。当跳转元件左边的连接件的布尔状态为"真"时，跳转执行，程序跳转至所需标签（Label）处开始执行，直到该部分程序执行到返回时，程序返回到原断点后的一个梯级，并继续往后执行。

关于返回与跳转的使用，可以参考 5.1.4 节。

2. 梯形图的执行过程

LD 采用网络结构，一个 LD 的网络以左电源轨线到右电源轨线为界。梯级是 LD 网络结构中的最小单位。一个梯级包含输入指令和输出指令。

输入指令通常执行一些逻辑操作、数据比较操作等。输出指令检测输入指令的结果，并执行有关操作和功能，例如，使某线圈激励等。通常输入指令与左侧电源轨线连接，输出指令与右侧电源轨线连接。

LD 执行时，从最上层梯级开始执行，从左到右确定各图形元素的状态，并确定其右侧连接元素的状态，逐个向右执行，操作执行的结果由执行控制元素输出，直到右侧电源轨线。然后，进行下一个梯级的执行过程，如图 4-9 所示。

当 LD 中有分支时，同样依据从上到下、从左到右的执行顺序分析各图形元素的状态，对垂直连接元素根据上述有关规则确定其右

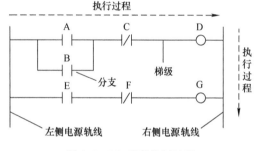

图 4-9　LD 程序执行过程

侧连接元素的状态，从而逐个从左到右、从上到下执行求值过程。

3. 梯形图语言编程示例

在污水处理厂及污水、雨水泵站，有一种设备叫格栅，分为粗格栅和细格栅两种，其作用是滤除漂浮在水面上的漂浮物，粗格栅去除大的漂浮物，细格栅去除小的漂浮物。格栅的控制方式有两种：

1）根据时间来控制，通常是开启一段时间、停止一段时间的脉冲工作方式。

2）根据格栅前后的液位差进行控制。液位差超过某数值时起动，低于某数值时停机。其原理是格栅停机后，污物堆积影响到污水通过，会导致格栅前后液位差增大。

现要求用 CCW 软件编写 LD 程序来控制格栅设备。其中两种运行方式可在中控室操作站上选择；第一种方式工作时开、停的时间可以设置，第二种方式工作时液位差可以设置。

格栅控制 LD 程序如图 4-10 所示。这里没有采用自定义功能块而是直接写程序的，等读者学习了后续内容，掌握了自定义功能块的使用后，可以用功能块来实现。因为一个工厂有多个这样的设备，为了软件的可重用，方便程序的调试，应该用自定义功能块实现。

程序中，梯级 1 是工作方式 1 的工作条件逻辑，梯级 2 是工作方式 2 的工作条件逻辑，梯级 3 是设备总的工作程序。若程序中变量要与上位机通信，需要把这类变量定义为全局变量，而其他变量可以定义为本程序中的局部变量。程序中用全局变量"WorkMode"表示工

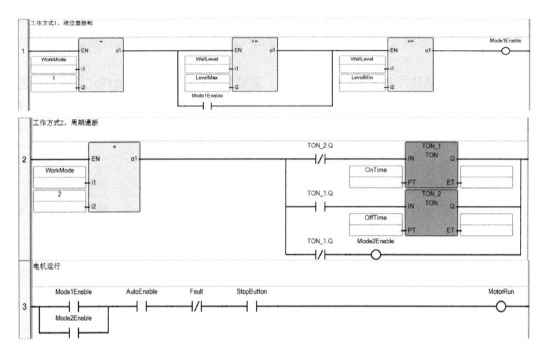

图 4-10　格栅控制 LD 程序

作方式。程序中用了两个 TON 类型的定时器，其 PT 输入参数 OnTime 和 OffTime 都是 TIME 类型，数值可以在上位机中更改。有些上位机组态软件不支持 TIME 类型，因此在 PLC 中要采用 ANY_TO_TIME 功能块进行参数类型转换，转换好的参数给这两个时间类型变量。梯级 3 中 Fault 表示设备故障信号，取热继电器辅助触点的常开触点送入 PLC 的 DI 通道。AutoEnable 表示远控允许信号，手动操作时，现场转换开关不在自动位置，因此该触点断开，置自动位时接通。StopButton 表示停止按钮信号标签，取按钮的常闭触点进 DI 端，所以程序中用常开触点。

4. 梯形图编程中的多线圈输出

某些设备有手动和自动等多种操作模式（通过工作模式转换开关进行选择），设备处于不同模式时其工作条件不同，而且每一个时刻只可能有一种工作模式。用布尔变量 Mode1 和 Mode2 分别表示 2 种不同的工作模式（如手动和自动），假设每种模式该设备的运行逻辑最终可以简化为 Condition1 和 Condition2 这两个布尔类型变量，即 Condition1 和 Condition2 是其他变量的逻辑运算结果。初学者很容易会写出如图 4-11 所示的多线圈输出程序，即一个输出变量反复作为线圈使用。由于 PLC 的扫描工作方式，这样的程序很容易导致运行时出现错误结果。对于双（多）线圈输出，有些型号 PLC 编译系统会报警提示，有些会报错。Micro800 系列的 CCW 编程软件编译系统对于该逻辑的编译是能够通过的，但这并不表示运行结果会是可靠的。

对于 LD 编程，一定要注意同一个线圈只能出现一次（RS 和 SR 等特殊情况除外，SFC 等编程语言也没有这个限制），但作为触点可以使用任意次。为了消除多线圈输出，可以采用图 4-12 所示的方式编程，即把设备工作的所有逻辑归并到一起，这样输出线圈只使用一次。

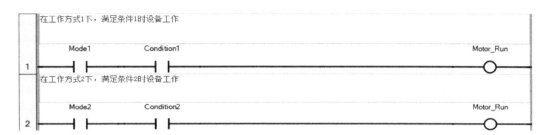

图 4-11　多线圈输出的程序

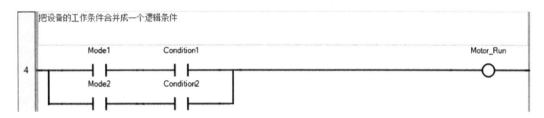

图 4-12　消除多线圈输出的程序

4.2.2　结构化文本编程语言与实例

1. 结构化文本语言介绍

结构化文本（ST）语言是高层编程语言，类似于 PASCAL 编程语言。它可以用来描述功能、功能块和程序的行为，也可以在 SFC 中描述步、动作块和转移的行为。相比较而言，它特别适合于定义复杂的功能块。这是因为它具有很强的编程能力，可方便地对变量赋值、调用功能和功能块，创建表达式，编写条件语句和迭代程序等。ST 语言编写的程序格式自由，可在关键词与标识符之间的任何地方插入制表符、换行符和注释。另外，ST 语言不区分大小写。

ST 语言程序根据"行号"依次从上至下开始顺序执行，每个扫描周期，先执行行号较小的程序行。同一段程序中变量若被赋值两次，第一次的赋值将被覆盖。

用 ST 语言编写的程序是结构化的，具有以下特点：

1）在 ST 语言中，较少用跳转语句（有些 PLC 支持，CCW 不支持），它通过条件语句实现程序的分支。

2）ST 语言中的语句是用";"分割，一个语句的结束用一个分号。因此，一个结构化语句可以分成几行写，也可以将几个语句缩写在一行，只需要在语句结束时用分号分割即可。分号表示一个语句的结束，换行表示在语句中的一个空格。

3）ST 语言的语句可以注释。ST 语言程序注释有三种方式，如图 4-13 所示。注释都是以不同于代码的颜色显示的，注释颜色可由用户设置。此外，一个语句中可以有多个注释，但注释符号不能套用。需要说明的是，对于"//"单行注释，只有 CCW V12 以上版本才支持。

4）ST 语言的基本元素是表达式。

2. CCW 编程环境中的结构化文本语言主要语法

（1）主要语句类型

1）赋值语句：变量：= 表达式；（该功能类似于 MOV 指令）

2）功能调用：Variable _ Name1：= FUNCTION _ NAME（Input1，Input2，…）；

```
 5  //注释的使用方式1，只能单行
 6  (* 注释的使用方式2
 7   可以多行，也可以单行。
 8  *)
 9  /*    注释的使用方式3
10  可以多行，也可以单行。
11  注释符号要是英文输入状态下的符号。
12  */
```

图 4-13 ST 语言程序的注释方式

3）功能块调用：

① 方式 1：

FUNCTION_BLOCK_INSTANCE（Input1，Input2，…）；

Output1：= FUNCTION__BLOCK_INSTANCE. OutputParameter1；

Output2：= FUNCTION_BLOCK_INSTANCE. OutputParameter2；

② 方式 2：

FUNCTION_BLOCK_INSTANCE（InputParameter1：= Input1，InputParameter2：= Input2，…，OutputParameter1⇒Output1，OutputParameter2⇒Output2）；

其中变量名中带"Parameter"字符串的表示是功能块实例的形式参数。罗克韦尔自动化公司认为方式 2 属于正式的语法规范，建议采用该方式，不推荐采用方式 1。不过，目前两种方式都还在使用，特别是一些工程师已经习惯使用前者了。

4）选择语句：IF，THEN，ELSE，CASE...

5）迭代语句：FOR，WHILE，REPEAT...

6）控制语句：RETURN，EXIT...

由于一些 LD 指令并无对应的 ST 指令，例如 LD 的上升沿与下降沿。但有时可以采样变通的方式。例如，利用 LD 的 R_TRIG 功能块指令来实现。假设要获得 Input1 这个布尔变量的上升沿，则可以用以下 ST 程序来实现：

R_TRIG_1（CLK：= Input1，Q => PulseInput1）；

其中 R_TRIG_1 是 R_TRIG 功能块的实例。当 Input1 有上升沿时，PulseInput1 立刻为 ON。

（2）表达式与运算符优先级

ST 表达式由运算符/操作符及其操作数组成。操作数可以是常量（文本）、控制变量或另一个表达式（或子表达式）。对于每个单一表达式（将操作数与一个 ST 运算符合并），操作数类型必须匹配。此单一表达式具有与其操作数相同的数据类型，可以用在更复杂的表达式中。表达式中若操作数类型不匹配，必须进行类型转换。

LD 程序如果没有跳转或子程序调用，所有程序都是按照从上到下、从左到右依次扫描执行，所有的指令没有优先级之分，而 ST 表达式中的运算符是有优先级的，见表 4-2。

例如，用 ST 语言编写起保停逻辑，StartButton、StopButton 和 RunOut 都是布尔变量，以下 3 个不同的 ST 程序的执行结果就不一样。

语句 1：RunOut：= RunOut OR StartButton AND NOT StopButton；

语句 2：RunOut：=（RunOut OR StartButton）AND NOT StopButton；

语句 3：RunOut：= StartButton OR RunOut AND NOT StopButton；

当 StartButton 为 TRUE（暂态信号），则前 2 个语句的 RunOut 都为 TRUE，即理解为点动起动按钮，设备有输出，并且自保了。当接着点动 StopButton 使其为 TRUE（暂态信号）

时，语句 2 的 RunOut 变为 FALSE，但语句 1 的 RunOut 仍然为 TRUE，即不能停止设备。这个现象发生就是因为运算符有优先级。根据表 4-2 所示的运算符优先级顺序，NOT > AND > XOR > OR，因此，语句 1 中一旦 RunOut 为 TRUE，根据优先级，先进行 NOT StopButton 运算，结果为 FALSE，该结果再与 StartButton 进行 AND 运算，结果为 FALSE，再与 RunOut 进行 OR 运算，结果当然仍然为 TRUE。

如果把语句 1 改写成语句 3 的形式，其结果和语句 2 一样，读者可以自行分析。

从这个例子可以看出，在编写具有或逻辑的 ST 程序时，注意多用括号增加运算的优先级，这样也能更好看清其逻辑关系。例如，语句 2 改成 RunOut：= (RunOut OR StartButton) AND (NOT StopButton)；则和 LD 的对应关系就更加明确了，也能防止运算符优先级导致的程序问题。

表 4-2　ST 程序运算符的优先级

类型		运算符	从高到低顺序	示例
表达式计算		( )	1	rA：= (rB + rC) * rD；
结构成员/整数的位成员		.	2	bUDBit5：= UintData. 5；//UintData 第 5 位
数组成员		[ ]	2	bStateBit6：= bState[6]；//数组第 6 个元素
符号的反转		−	3	rDataB：= − rDataA；
逻辑运算	逻辑非	NOT	4	bFlagB：= NOT bFlagA；
四则运算	乘法运算	*	5	rDataC：= rDataA * rDataB；
	除法运算	/	5	rDataC：= rDataA/rDataB；
	加法运算	+	6	rDataC：= rDataA + rDataB；
	减法运算	−	6	rDataC：= rDataA − rDataB；
比较运算	大于、小于	>、<	7	bFlag：= rDataA > rDataB；
	大于等于、小于等于	> =、< =	7	bFlag：= rDataA < = rDataB；
	等于	=	8	bFlag：= rDataA = rDataB；
	不等于	< >	8	bFlag：= rDataA < > rDataB；
逻辑运算	逻辑与	AND	9	bFlag：= bDataA AND bDataB；
	逻辑异或	XOR	10	bFlag：= bDataA XOR bDataB；
	逻辑或	OR	11	bFlag：= bDataA OR bDataB；

注：表中首字母意义：r 表示实数；b 表示布尔类型；UintData 是 32 位无符号整数。

（3）一些编程规范

1）在 ST 编辑器中，项目按颜色显示，例如：

基本代码：黑色；关键字：粉色；数字和文本字符串：灰色；注释：绿色

2）在活动分隔符、文本和标识符之间使用不活动分隔符可增加 ST 程序的可读性。ST 不活动分隔符为：空格、制表符、行结束符（可以放在程序中的任何位置）。

3）使用不活动分隔符时的准则：

① 每行编写的语句不能多于一条。

② 使用 Tab 来缩进复杂语句。

③ 插入注释以提高行或段落的可读性。

4）在编写 ST 程序时，要特别注意中英文符号不能混，建议用英文输入法的英文半角，中文输入法要用半角和英文标点。例如语句结束的 ";" 若写成中文标点 "；"，则编译时会报多个错误。

3. 结构化文本语言编程示例

（1）用 ST 语言编写产生随机数程序

在工程应用中常要使用随机数，线性同余法是最常用的产生随机数的方法，其公式为：

$$r_k = (\text{multiplier} * r_{k-1} + \text{increment}) \% \text{modulus}$$

可以看出，要产生随机数，首先要给定一个初始值，该初始值称作种子。而 multiplier、increment 和 modulus 都是产生随机数需要设定的常数，这里取这三个数分别为 25173、13849、65536，则可产生 65536 个各不相同的整型随机数。编写一个产生随机数的自定义功能 RandFC，其输入为种子 iSeed。并把产生的整形随机数变换到 0~1 之间。

首先进行功能的变量定义，然后用 ST 语言编写功能代码，如图 4-14 所示。与 LD 语言相比，在进行数学运算时，ST 语言的优势明显。

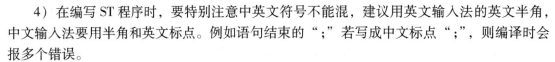

名称	别名	数据类型	方向	维度	初始值
RandFC		REAL	VarOutput		
iSeed		INT	VarInput		
dtmp		DINT	Var		

```
1  dtmp:=MOD(25173 *  ANY_TO_DINT(iSeed)+13849,65536);
2  RandFC:=ANY_TO_REAL(dtmp)/65536.0;//把随机数转换到0-1之间
```

图 4-14 用 ST 语言编写用户自定义功能块

（2）ST 语言中的循环控制语句

熟悉高级编程语言的工程师会喜欢用 ST 语言，用该语言编写的程序比 LD 程序更加简捷。以下说明采用 ST 语言编写的求 1~100 的和及阶乘的程序。首先定义变量，这里在变量定义时给变量赋了初值，如图 4-15a 所示。变量定义好后编辑代码。这里代码可以用 IF 语句实现，如图 4-15b 所示，也可以用 WHILE 语句及 FOR 循环实现，如图 4-15c 所示。用 WHILE 语句时，编译系统会提示："危险语句，可能会阻止 PLC 循环"。然后进行程序的编译、下载和运行。读者有兴趣的话可以尝试用 LD 语言来实现上述功能，然后将两者比较，就会对不同的编程语言有更加深刻的认识，从而学会根据任务的要求选择最合适的编程语言，以简化程序的编写。

（3）ST 语言的选用

ST 语言虽然有一定的灵活性，但在使用时还是要正确使用，例如，对于起保停逻辑，可以用 ST 语言分别采用如图 4-16 所示的两种方式实现。

显然，相比较而言，用 ST 语言的实现方式 2 最繁琐，而且初学者很容易把 ELSE 后面的语句漏掉。就起保停这种逻辑关系而言，梯形图（LD）程序的表达方式实际上是最直接的，可读性最强。若上述起动和停止按钮不是点动的，在 LD 程序中可用边沿触点。这时如用 ST 语言编写，程序会更加麻烦。因此，在编写 PLC 程序时，还是要结合实际问题，选择最合适的编程语言。从产生随机数的例子、n 个数求和及阶乘例子也可以看出，ST 语言最大的优势还是数学运算。

名称	别名	数据类型	维度	项目值	初始值	注释
J		INT			0	临时变量
SUM		INT	▾		0	累加和
FACTORIAL		INT	▾		1	阶乘值

a) 变量定义

```
1   (* 求1到100的累加和以及100阶乘的例子*)
2   IF J<100 THEN
3       J:=J+1;
4       SUM:=SUM + J; (* 计算和 *)
5       (* 计算阶乘 *)
6       FACTORIAL:= FACTORIAL*J;
7   END_IF;
```

b) 用IF语句实现的代码

```
1   //用WHILE语句
2   WHILE J<100 DO
3       J:=J+1;
4       SUM:=SUM+J;
5       FACTORIAL:=FACTORIAL*J;
6   END_WHILE;
7   //用FOR 循环语句
8   FOR J:=1 TO 100 BY 1 DO
9       SUM:=SUM+J;
10      FACTORIAL:=FACTORIAL*J;
11  END_FOR;
```

c) 用WHILE语句及FOR循环实现的代码

图 4-15　结构化编程语言程序示意

```
1   //起保停实现方式1
2   RunOut:=(RunOut OR StartButton) AND (NOT StopButton);
3   //起保停实现方式2
4   IF((RunOut OR StartButton) AND (NOT StopButton)) THEN
5       RunOut:=True;//起动
6   ELSE
7       RunOut:=False; //停止
8   END_IF;
```

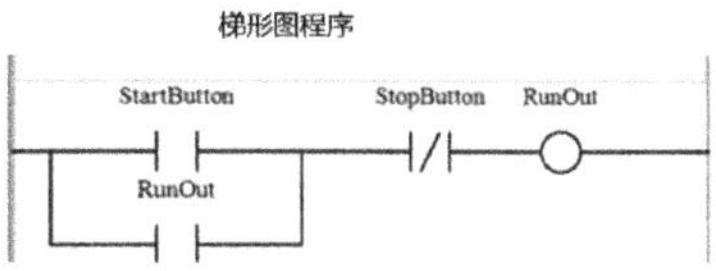

图 4-16　用不同编程语言编写起保停控制程序

4.2.3　功能块图编程语言与实例

1. 功能块图语言介绍

功能块图（Function Block Diagram，FBD）语言源于信号处理领域，它是在 IEC 61499 标准基础上诞生的。该语言用类似与门、或门的方框来表示逻辑运算关系，方框的左侧为逻辑运算的输入变量，右侧为输出变量；信号也是由左向右流动的，各个功能方框之间可以串联，也可以插入中间信号。在每个最后输出的方框前面逻辑操作方框数是有限的。FBD 经过扩展，不但可以表示各种简单的逻辑操作，并且也可以表示复杂的运算、操作功能。FBD 程序逻辑比较直观清晰，易于理解。

FBD 语言在欧洲比较流行，西门子公司的"LOGO！"微型逻辑控制器就使用该语言。在国内，PLC 的编程中较少使用 FBD 语言。但在全世界范围内，各类安全仪表系统的编程语言主要使用 FBD，较少使用其他的 PLC 编程语言。DCS 进行控制程序组态时也大量使用 FBD 语言。

2. 功能块图程序的组成与执行

（1）功能块图网络结构

FBD 由功能、功能块、执行控制元素、连接元素和连接组成。功能和功能块用矩形框图图形符号表示。连接元素的图形符号是水平或垂直的连接线。连接线用于将功能或功能块的输入和输出连接起来，也用于将变量与功能、功能块的输入、输出连接起来。执行元素用于控制程序的执行次序。功能和功能块输入和输出的显示位置不影响其连接。

（2）功能块图的编程和执行

FBD 语言中，采用功能和功能块编程，要求能把控制需求分解为各自独立的功能或功能块，并明确它们之间的逻辑关系，然后用连接元素和连接将它们连接起来，实现所需的控制功能。

FBD 语言中的执行控制元素有跳转、返回和反馈等类型。跳转和返回分为条件跳转或返回及无条件跳转或返回。反馈并不改变执行控制的流向，但它影响下次求值中的输入变量。标号在网络中应该是唯一的，标号不能再作为网络中的变量使用。在编程系统中，由于受到显示屏幕的限制，当网络较大时，显示屏的一个行内不能显示多个有连接的功能或功能块，这时，可以采用连接符连接，连接符与标号不同，它仅表示网络的接续关系。

3. 功能块图语言编程示例

安全仪表系统常采用信号冗余的方式以实现规定的安全完整性等级。例如，对于数字量信号，采用 3 取 2 这样的表决方式来确定某测点的准确状态。由于安全仪表系统设计采用安全失效原则，因此，正常状态下，输入信号为 ON，当发生故障时，输入信号为 OFF。3 取 2 的原则是当输入中有 2 个以上（包含 2 个）为 OFF 时，说明发生故障，应该输出 OFF。这里采用 FBD 语言编写一个功能块"FB_2oo3"。图 4-17a 是该功能块的变量定义，有 3 个布尔输入和一个布尔输出类型变量；图 4-17b 是功能块本体的代码部分；图 4-17c 是用 ST 语言调用该功能块实例进行 3 取 2 操作的程序（实际安全仪表系统编程一般用 FBD 语言），其中 LevelSW1_* 是对同一个液位上限采用 3 个液位开关检测的结果，LevelSW1 是 3 取 2 后的布尔值。正常情况时 LevelSW1 为 ON，当有 2 个输入为 OFF 时，LevelSW1 为 OFF，可能触发液体进料阀关闭或出料阀打开联锁。ST 程序中的 FB_2oo3_1 是自定义功能块 FB_2oo3 的一个实例。

名称	别名	数据类型	方向	维度
DIA		BOOL	VarInput	
DIB		BOOL	VarInput	
DIC		BOOL	VarInput	
Out2oo3		BOOL	VarOutpu	

a) 功能块局部变量定义

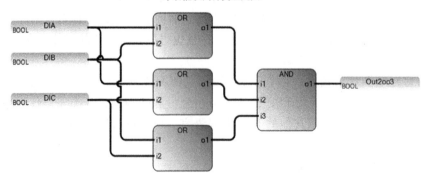

b) 功能块本体代码部分

FB_2oo3_1（DIA:=LevelSW1_A,DIB:= LevelSW1_B,DIC:= LevelSW1_C,Out2oo3=> LevelSW1）；

c) 用ST语言调用功能块

图 4-17　FBD 编程实例

4.2.4　顺序功能图及其程序转换

1. 顺序功能图基本概念

顺序功能图（Sequence Function Chart，SFC）最早由法国国家自动化促进会提出。它是一种强大的描述控制程序的顺序行为特征的图形化语言，可对复杂的过程或操作由顶到底地进行辅助开发，允许一个复杂的问题逐层地分解为步和较小的能够被详细分析的顺序，具有精确且严密的特点。因此，SFC 不仅是一种编程语言，还可以看作是一种系统化的 PLC 程序设计方法。顺控编程需求不仅在离散行业大量存在，在流程工业的开停车、间歇过程的生产中也广泛存在，因此，掌握该语言还是很有必要的。

SFC 把一个程序的内部组织加以结构化，在保持其总貌的前提下将一个控制问题分解为若干可管理的部分。它由 3 个基本要素构成：步（Steps）、动作块（Action Blocks）和转换（Transitions）。每一步表示被控系统的一个特定状态，它与动作块和转移相联系。转换与某个条件（或条件组合）相关联，当条件成立时，转换前的上一步便处于非激活状态，而转换至的那一步则处于激活状态。与被激活的步相联系的动作块，则执行一定的控制动作。步、转换和动作块这三个要素可由任意一种 IEC 编程语言编程，包括 SFC 本身。

（1）步

用 SFC 设计程序时，需要将被控对象的工作循环过程分解成若干个顺序相连的阶段，这些阶段就称之为"步"。例如：在机械工程中，每一步就表示一个特定的机械状态。步用矩形框表示，描述了被控系统的每一特殊状态。SFC 中的每一步的名字应当是唯一的并且应当在 SFC 中仅仅出现一次。一个步可以是活动的，也可以是非活动的。只有当步处于活动状态时，与之相应的动作才会被执行；而非活动步不能执行相应的命令或动作（但是当步活动时，若执行的动作用动作限定符来保持，则当该步非活动时，这类动作仍然持续，具体见动作限定符）。每个步都会与一个或多个动作或命令有联系。一个步如果没有连接动作或命令称为空步。它表示该步处于等待状态，等待后级转换条件为真。至于一个步是否处于活动状态，则取决于上一步及其转移条件是否满足。

（2）动作块

动作或命令在状态框的旁边，用文字来说明与状态相对应的步的内容也就是动作或命令，用矩形框围起来，以短线与状态框相连。动作与命令旁边往往也标出实现该动作或命令的电器执行元件的名称或给动作编号。一个动作可以是一个布尔变量、LD 语言中的一组梯级、SFC 语言中的一个 SFC、FBD 语言中的一组网络、ST 语言中的一组语句或 IL 语言中的一组指令。在动作中可以完成变量置位或复位、变量赋值、起动定时器或计算器、执行一组逻辑功能等。

动作控制功能由限定符、动作名、布尔指示器变量和动作本体组成。动作控制功能块中的限定符作用很重要，它限定了动作控制功能的处理方法。表 4-3 所示为可用的动作控制功能块限定符。当限定符是 L、D、SD、DS 和 SL 时，需要一个 TIME 类型的持续时间。需要注意的是所谓非存储是指该动作只在该步活动时有效；存储是指该动作在该步非活动时仍然有效。例如，在动作是存储的起动定时器时，则即使该步非活动了，该定时器仍然在工作；若是非存储的起动定时器，则一旦该步非活动了，该定时器就被初始化。

L 限定符用于说明动作或命令执行时间的长短。例如，动作冷却水进水阀打开 30s，表示该阀门打开的时间是30s。

D 限定符用于说明动作或命令在获得执行信号到执行操作之间的时间延迟，即所谓的时滞时间。

表 4-3 动作控制功能块的限定符及其含义

序号	限定符	功能说明（中文）	功能说明（英文）
1	N	非存储	Non-Stored
2	R	复位优先	Overriding Reset
3	S	置位（存储）	Set Stored
4	L	时限	Time Limited
5	D	延迟	Time Delayed
6	P	脉冲	Pulse
7	SD	存储和时延	Stored and Time Delayed
8	DS	时延和存储	Delayed and Stored
9	SL	存储和时限	Stored and Time Limited
10	P1	脉冲（上升沿）	Pulse Rising Edge
11	P0	脉冲（下降沿）	Pulse Falling Edge

（3）转换

步的转换用有向线段表示。在两个步之间必须用转换线段相连接，即在两相邻步之间必须用一个转移线段隔开，不能直接相连。转换条件用于转换线段垂直的短划线表示。每个转换线段上必须有一个转换条件短划线。在短划线旁，可以用文字或图形符号或逻辑表达式注明转换条件的具体内容，当相邻两步之间的转换条件满足时，两步之间的转换得以实现。

（4）有向连线

有向连线是水平或垂直的直线，在 SFC 中，起到连接步与步的作用。有向连线连接到相应转换符号的前级步是活动步时，该转换是使能转换。当转换是使能转换时，相应的转换条件为真时，发生转换清除或实现转换。

当程序在复杂的图中或在几张图中表示时会导致有向连线中断，应在中断点处指出下一步名称和该步所在的页号或来自上一步的步名称和步所在的页号。

2. 顺序功能图的结构形式与结构转换

（1）顺序功能图的结构形式

按照结构的不同，顺序功能流程图可分为以下几种形式：单序列、选择性序列、并行序列和混合结构序列等。

1）单序列：单流程结构是顺序控制中最常见的一种流程结构，其结构特点是程序顺着工序步，步步为序地向后执行，中间没有任何的分支，如图 4-18 所示。单序列是 SFC 编程基础。

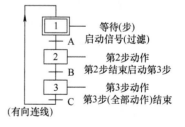

图 4-18 单序列顺序功能流程图

2）选择性序列：选择性序列表示如果从多个分支状态或分支状态序列中只选择执行某一个分支状态或分支状态序列，则称为选择性分支，如图 4-19a 所示。选择性分枝的转移条件短划线画在水平单线之下的分支上。每个分支上必须具有一个或一个以上的转移条件。

　　在这些分支中，如果某一个分支后的状态或状态序列被选中，当转换条件满足时会发生状态的转换。而没有被选中的分支，即使转换条件已满足，也不会发生状态的转换。需要注意的是，如果只选择一个序列，则在同一时刻与若干个序列相关的转换条件中只有一个为真，应用时应防止发生冲突。对序列进行选择的优先次序可在注明转换条件时规定。

　　选择性分支汇合于水平线。在水平单线以上的分支上，必须有一个或一个以上的转移条件，而在水平单线以下的干支上则不再有转移条件。在选择性分支中，会有跳过某些中间状态不执行而执行后边的某状态，这种转移称为跳步。跳步是选择性分支的一种特殊情况。在完整的 SFC 中，会有依一定条件在几个连续状态之间的局部重复循环运行。局部循环也是选择性分支的一种特殊情况。

　　3）并行序列：当转换条件成立导致几个序列同时激活时，这些序列称为并行序列，如图 4-19b 所示。它们被同时激活后，每个序列活动步的进展是独立的。并行性分支画在水平双线之下。在水平双线之上的干支上必须有一个或一个以上的转换条件。当干支上的转换条件满足时，允许各分支的转换得以实现。干支上的转换条件称为公共转换条件。在水平双线之下的分支上，也可以有各自分支自己的转换条件。在这种情况下，表示某分支转换得以实现除了公共转换条件之外，还必须满足分支转换条件。

　　并行性分支汇合于水平双线。转换条件短划线画在水平双线以下的干支上，而在水平双线以上的分支上则不再有转换条件。此外，还有混合结构顺序流程图，即把通常的单序、选择、并行等几种形式的流程图结合起来的情况，如图 4-19c 所示。

　　在用 SFC 编程时，要防止出现不安全序列或不可达序列结构。在不安全序列结构中，会在同步序列外出现不可控和不能协调的步调。在不可达序列结构中，可能包含始终不能激活的步。

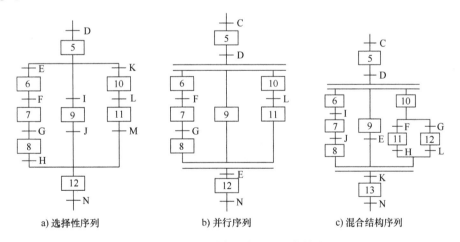

a) 选择性序列　　　　b) 并行序列　　　　c) 混合结构序列

图 4-19　几种不同序列类型的状态转移图

（2）顺序功能图的结构转换

　　在用 SFC 初步分析控制流程时，可能会出现如图 4-20 所示的情况，前面的状态连续地直接从汇合线转移到下一个分支线，而没有中间状态。这样的流程组合既不能直接编程，又不能采用以转换为中心的编程方法。此时，可以在流程图中插入不存在的虚设状态，如图 4-21 所示（4 个图分别与图 4-20 的 4 个图一一对应），使得 SFC 规范化。这个状态并不影响原来的流程，但加入之后就符合 SFC 的规范要求，便于编程了。具体编程时，在这个虚设状态不完成任何动作。第 5 章的应用实例可以看到相关的内容。

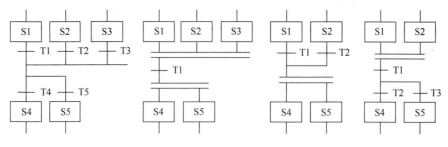

图 4-20　非典型 SFC 结构形式

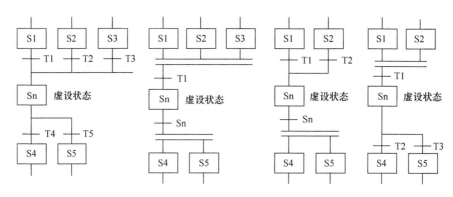

图 4-21　加入虚设状态的 SFC

3. 顺序功能图程序与梯形图程序的转换

有些 PLC，特别是一些小型 PLC 不支持 SFC 编程，但在程序设计时，以 SFC 的思路进行了分析，然后采用 LD 语言实现 SFC 的逻辑。这种根据系统的 SFC 设计出 LD 的方法，有时也称为顺序控制梯形图的编程方法。

图 4-22 所示为采用以转换为中心的编程方式把 SFC 程序转换为 LD 程序的基本原理。在该程序中，有 3 个步（状态）、3 个转换条件和 3 个动作。在 LD 中，读者可以看到这种转换实现方式是一致的，即当每一步状态为 ON 并且向下一步转换的条件满足时，通过对本步复位和对下一步置位实现状态向下一步转换。同时在每一步激活时执行所要求的动作（包含激活定时器或计数器等，也可以不做动作）。为了避免多线圈输出，在 State. 0 和 State. 2 状态都要求 Action1 接通，因此，第四个梯级把 State. 0 和 State. 2 并联作为激活 Action1 的逻辑条件。

此外，还可以采用"起保停"逻辑来实现 SFC 程序与 LD 程序的转换。也可以采用 ST 语言编写专门的状态转移功能块，再用 LD 等语言调用该功能块，来实现顺控功能。这部分内容在本书的第 5 章有详细介绍。

由于 CCW 不支持 SFC 语言编程，这里就无法给出具体的 SFC 编程例子了。但需要强调的是，即使在 CCW 中编程，利用 SFC 的思想设计顺控程序也是非常有帮助的，这也是本书在这里重点介绍 SFC 的原因。第 5 章的复杂顺控编程实例，也都是采用 SFC 来进行程序分析和设计，最终都使用 LD 语言来编程的。

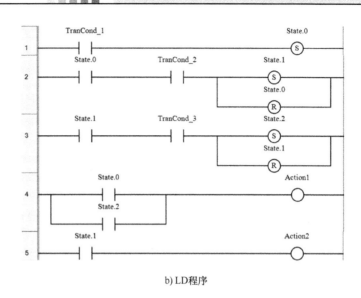

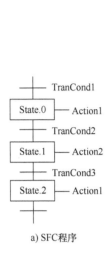

a) SFC程序   b) LD程序

图 4-22   以转换为中心的编程方式

4.3   Micro800 系列控制器指令集

4.3.1   Micro800 系列控制器指令集概述

1. 指令集种类

Micro800 系列控制器指令集包括适用于 Micro800 系列控制器的、符合 IEC 61131-3 标准的指令块,主要包括运算符(Operator)指令、功能(Function)指令和功能块(Function Block)指令三种类型。一个指令块由单个矩形表示,并且具有固定数量的输入连接点和输出连接点。一个基本指令块执行一个动作,完成一定的任务,或实现期望的功能。从简洁考虑,除了本章介绍指令,后续章节功能和功能块后的“指令”2 字会进行省略。

这三种类型指令各有不同,运算符指令完成诸如算术运算、布尔运算、比较运算或数据转换等基本逻辑操作。功能具有一个或多个输入参数及一个输出参数,但功能没有实例,这意味着它不会存储本地数据,因此本地数据通常无法在两次调用之间保存。功能可以由程序、功能或功能块加以调用。功能不能调用功能块。功能块是一个具有输入和输出参数(可以是多个)并且处理内部数据的指令块,在 CCW 中,它可以用 ST、LD 或 FBD 语言编写。功能块可以由程序或其他功能块加以调用。必须使用功能块的每个调用(输入)参数或返回(输出)参数的类型或唯一名称,来显式定义该功能块的接口。功能块返回参数的值因各种不同编程语言(FBD、LD、ST)而异。功能块名称和功能块参数名称最多可包含 128 个字符。功能块参数名称可用字母或下划线字符开头,后跟字母、数字和单个下划线字符。

Micro800 系列控制器的指令集种类及说明见表 4-4。由于一些指令参数众多,限于篇幅,本书不能把指令相关的数据结构、错误代码等全部列出,读者在编程时,随时可以利用 CCW 帮助系统来查看指令的详细说明和例程。

表 4-4 Micro800 系列控制器的指令集

种类	描述
报警（Alarms）	超过限制值时报警
布尔运算（Boolean Operations）	对信号上升下降沿及设置或重置操作
通信（Communications）	部件间的通信操作
计时器（Timer）	计时
计数器（Counter）	计数
数据操作（Data Manipulation）	取平均，最大最小值
输入/输出（Input/Output）	控制器与模块之间的输入输出操作
中断（Interrupt）	管理中断
过程控制（Process Control）	PID 操作及堆栈
套接字（Socket）	用于套接字
程序控制（Program Control）	主要是延迟指令功能块
运动控制（Motion Control）	对特定轴的运动进行编程和设计

2. 指令块（Instruction Block）**介绍**

块（Block）元素指的是指令块，也可以是位操作指令块、功能指令块或者是功能块指令块。功能指令和功能块指令由一个显示指令名称和参数短名称的框表示。对于功能块指令，还会有实例名称显示在功能块名称的上方，而功能指令则没有实例，这也是区分某个指令是功能块还是功能的一个方法。在梯形图（LD）编辑中，可以添加指令块到布尔梯级中。加到梯级后可以随时用指令块选择器设置指令块的类型，随后相关参数将会自动陈列出来。在使用指令块时须牢记以下两点：

1）当一个指令块添加到 LD 中后，EN 和 ENO 参数将会添加到某些指令块的接口列表中。

2）当指令块是单布尔变量输入、单布尔变量输出或是无布尔变量输入、无布尔变量输出时，可以强制 EN 和 ENO 参数。可以在 LD 操作中激活允许 EN 和 ENO 参数。

从工具箱中拖出块元素放到 LD 的梯级中后，指令块选择器将会陈列出来，为了缩小指令块的选择范围，可以使用分类或者过滤指令块列表，或者使用快捷键。

EN 输入：一些指令块的第一输入不是布尔数据类型，由于第一输入总是连接到梯级上的，在这种情况下一种 EN 的输入会自动添加到第一输入的位置。仅当 EN 输入为真时，指令块才执行。

ENO 输出：由于第一输出另一端总是连接到梯级上，所以对于第一输出不是布尔型输出的指令块，这时一种 ENO 的输出自动添加到了第一输出的位置。ENO 输出的状态总是与该指令块的第一输入的状态一致。

EN 和 ENO 参数：在一些情况下，EN 和 ENO 参数都需要，如在逻辑运算"AND"操作指令块以及加、减、乘和除等数学运算指令中。图 4-23 所示是一个带 EN 和 ENO 参数的"AND"运算符指令的例子。

指令块使能（Enable）参数：在指令块都需要执行的情况下，需要添加使能参数。图 4-24 所示在"UID"功能块指令块中增加了功能块使能参数。

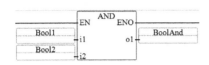

图 4-23　"AND"运算符指令块

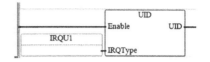

图 4-24　"UID"功能块指令块

4.3.2　Micro800 系列控制器主要功能块指令

1. 报警（Alarms）

（1）指令概述

报警类功能块指令只有限位报警一种，如图 4-25a 所示。其详细功能说明如下。所有的功能块指令在使用时都要定义实例，如这里的 LIM_ALRM_1 就是一个属于 LIM_ALRM 类型的实例。该功能块指令用高限位和低限位限制一个实数变量。限位报警使用的高限位和低限位是 EPS 参数的一半。其参数列表见表 4-5。

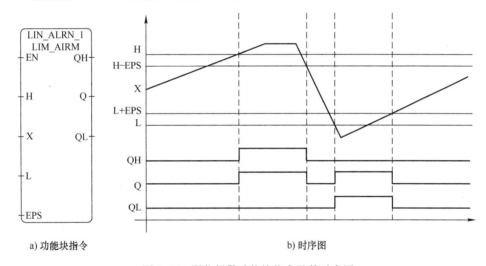

a) 功能块指令　　　　　　　　　　　　　　　b) 时序图

图 4-25　限位报警功能块指令及其时序图

下面简单介绍限位报警功能块指令的用法。限位报警的主要作用就是限制输入，当输入超过或者低于预置的限位安全值时，输出报警信号。在本功能块中 X 端接的是实际要限制的输入，其他参数的意义可以参考表 4-5。当 X 的值达到高限位值 H 时，功能块指令将输出高位报警（QH）和报警（Q），即高位报警和报警，而要解除该报警，需要输入的值小于高限位的滞后值（H-EPS），这样就拓宽了报警的范围，使输入值能较快地回到一个比较安全的范围值内，起到保护机器的作用。对于低位报警，功能块指令的工作方式很类似。当输入低于低限位值 L 时，功能块指令输出低位报警（QL）和报警（Q），而要解除报警，则需输入回到低限位的滞后值（L + EPS）。可见报警 Q 的输出综合了高位报警和低位报警。使用时可以留意该输出。该功能块指令时序图如图 4-25b 所示。

表 4-5　限位报警功能块指令参数列表

参数	参数类型	数据类型	描述
EN	Input	BOOL	功能块使能。为真时，执行功能块；为假时，不执行功能块
H	Input	REAL	高限位值
X	Input	REAL	输入：任意实数
L	Input	REAL	低限位值
EPS	Input	REAL	滞后值（须大于零）
QH	Output	BOOL	高位报警：如果 X 大于高限位值 H 时为真
Q	Output	BOOL	报警：如果 X 超过限位值时为真
QL	Output	BOOL	低位报警：如果 X 小于低限位值 L 时为真

（2）功能块指令调用

对报警指令在功能块图（FBD）编程语言编写的主程序、梯形图（LD）编程语言编写的主程序和结构化文本（ST）语言编写的主程序中的调用方式如图 4-26 所示。

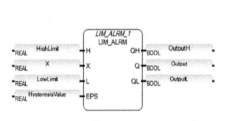
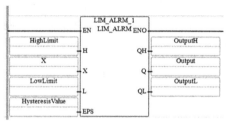

a) FBD语言程序调用LIM_ALRM实例　　　　　　b) LD语言程序调用LIM_ALRM实例

```
1   HighLimit := 10.0;
2   X := 15.0;
3   LowLimit := 5.0;
4   HysteresisValue := 2.0;
5   LIM_ALRM_1(HighLimit, X, LowLimit, HysteresisValue);
6   OutputH := LIM_ALRM_1.QH;
7   OutputL := LIM_ALRM_1.QL;
8   output := LIM_ALRM_1.Q;
```

c) ST语言程序调用LIM_ALRM实例

图 4-26　程序组织单元调用 LIM_ALRM 实例

2. 布尔操作（Boolean Operations）

布尔操作功能块指令主要有 4 种，其用途见表 4-6。

表 4-6　布尔操作功能块指令用途

功能块	描述
F_TRIG（下降沿触发）	下降沿侦测，下降沿时为真
RS（重置）	重置优先/复位优先
R_TRIG（上升沿触发）	上升沿侦测，上升沿时为真
SR（设置）	设置优先/置位优先

下面详细说明下降沿触发以及重置功能块指令的使用。

1）下降沿触发（F_TRIG），如图 4-27 所示。该功能块用于检测布尔变量的下降沿，其参数列表见表 4-7。

　　边沿触发在一些应用中十分有利编程，但一般来说，在程序中不要使用太多的边沿触发功能块。特别是若某些信号变化很快，而扫描周期比较长时，信号的上升或下降沿不会被扫描到，从而使程序的执行结果偏离设计意图。

图 4-27　下降沿触发功能块指令

表 4-7　下降沿触发功能块指令参数列表

参数	参数类型	数据类型	描述
CLK	Input	BOOL	任意布尔变量
Q	Output	BOOL	当 CLK 从真变为假时，为真。其他情况为假

　　2）重置（RS），如图 4-28 所示。重置优先，其参数列表见表 4-8。

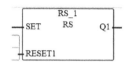

图 4-28　重置功能块指令

表 4-8　重置功能块指令参数列表

参数	参数类型	数据类型	描述
SET	Input	BOOL	如果为真，则置 Q1 为真
RESET1	Input	BOOL	如果为真，则置 Q1 为假（优先）
Q1	Output	BOOL	存储的布尔状态

3. 通信（Communications）

　　通信功能块指令主要负责与外部设备通信，以及自身各部件之间的联系，它包含的主要指令用途见表 4-9。

表 4-9　通信功能块指令用途

功能块	描述
ABL（测试缓冲区数据列）	统计缓冲区中的字符个数（直到并且包括结束字符）
ACB（缓冲区字符数）	统计缓冲区中的总字符个数（不包括终止字符）
ACL（ASCII 清除缓存寄存器）	清除接收，传输缓冲区内容
AHL（ASCII 握手数据列）	设置或重置调制解调器的握手信号
ARD（ASCII 字符读）	从输入缓冲区中读取字符并把它们放到某个字符串中
ARL（ASCII 数据行读）	从输入缓冲区中读取一行字符并把它们放到某个字符串中，包括终止字符
AWA（ASCII 带附加字符写）	写一个带用户配置字符的字符串到外部设备中
AWT（ASCII 字符写）	从源字符串中写一个字符到外部设备中
MSG_MODBUS（网络通信协议信息传输）	发送 Modbus 信息

4. 计数器（Counter）

计数器功能块指令主要用于增减计数，其主要指令用途见表 4-10。

表 4-10　计数器功能块指令用途

功能块	描述
CTD（减计数）	减计数
CTU（增计数）	增计数
CTUD（给定加减计数）	增减计数

下面主要介绍给定加减计数（CTUD）功能块指令，如图 4-29 所示。

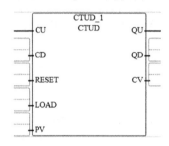

图 4-29　给定加减计数功能块指令

从 0 开始加计数至给定值，或者从给定值开始减计数至 0。其参数列表见表 4-11。

表 4-11　给定加减计数功能块指令参数列表

参数	参数类型	数据类型	描述
CU	Input	BOOL	加计数（当 CU 是上升沿时，开始计数）
CD	Input	BOOL	减计数（当 CD 是上升沿时，减计数）
RESET	Input	BOOL	重置命令（高级）（当 RESET 为真时 CV = 0）
LOAD	Input	BOOL	加载命令（高级）（当 LOAD 为真时 CV = PV）
PV	Input	DINT	程序最大值
QU	Output	BOOL	上限，当 CV > = PV 时为真
QD	Output	BOOL	上限，当 CV < = 0 时为真
CV	Output	DINT	计数结果

5. 计时器（Timer）

计时器功能块指令主要有 4 种，其用途见表 4-12。

表 4-12　计时器功能块指令用途

功能块	描述
TOF（延时断增计时）	延时断计时
TON（延时通增计时）	延时通计时
TONOFF（延时通延时断）	在为真的梯级延时通，在为假的梯级延时断
TP（上升沿计时）	脉冲计时

这几个指令很常用，下面详细介绍。

1）延时断增计时（TOF），如图4-30所示，增大内部计时器至给定值。其参数列表见表4-13。

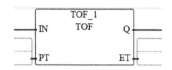

图4-30 延时断增计时功能块指令

表4-13 延时断增计时功能块指令参数列表

参数	参数类型	数据类型	描述
IN	Input	BOOL	下降沿，开始增大内部计时器；上升沿，停止且复位内部计时器
PT	Input	TIME	最大编程时间，见Time数据类型
Q	Output	BOOL	真：编程的时间没有消耗完
ET	Output	TIME	已消耗的时间，范围为0ms～1193h2m47s294ms。注：如果在该功能块使用EN参数，当EN置真时，计时器开始增时，且一直持续下去（即使EN变为假）

该功能块指令时序图如图4-31所示。从时序图可以看出，延时断增计时功能块指令其本质就是输入断开（即下降沿）一段时间（达到计时值）后，功能块指令输出（即Q）才从原来的通状态（1）变为断状态（0），即延时断。从图中可以看出梯级条件IN的下降沿才能触发计时器工作，且当计时未达到预置值（PT）时，如果IN又有下降沿，计时器将重新开始计时。参数ET表示的是已消耗的时间，即从计时开始到目前为止计时器统计的时间，可以看出，ET的取值范围是0～PT的设置值。输出Q的状态由两个条件控制，从时序图中可以看出：当IN为上升沿时，Q开始从0变为1，前提是原来的状态是0，如果原来的状态是1，即上次计时没有完成，则如果又碰到IN的上升沿，Q保持原来的1的状态；当计时器完成计时时，Q才回复到0状态。所以Q由IN的状态和计时器完成情况共同控制。

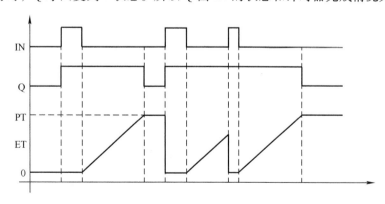

图4-31 延时断增计时功能块指令时序图

2）延时通增计时（TON），如图4-32所示，增大内部计时器至给定值。其参数列表见表4-14。

该功能块指令时序图如图 4-33 所示。从时序图可以看出，延时通增计时功能块指令的实质是输入 IN 导通后，输出 Q 延时导通。从图中可以看出梯级条件 IN 的上升沿触发计时器工作，IN 的下降沿能直接停止计时器计时。参数 ET 表示的是已消耗的时间，即从计时开始到目前为止计时器统计的时间，明显可以看出，ET 的取值范围是

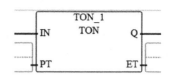

图 4-32　延时通增计时功能块指令

0~PT 的设置值。输出 Q 的状态也是由两个条件控制。从时序图中可以看出：当 IN 为上升沿时，计时器开始计时，达到计时时间 PT 后 Q 开始从 0 变为 1；直到 IN 变为下降沿时，Q 才跟着变为 0；当计时器未完成计时时，即 IN 的导通时间小于预置的计时时间，Q 将仍然保持原来的 0 状态。

表 4-14　延时通增计时功能块指令参数列表

参数	参数类型	数据类型	描述
IN	Input	BOOL	上升沿，开始增大内部计时器；下降沿，停止且重置内部计时器
PT	Input	TIME	最大编程时间，见 Time 数据类型
Q	Output	BOOL	真：编程的时间已消耗完
ET	Output	TIME	已消耗的时间。同表 4-13 中的 ET 说明

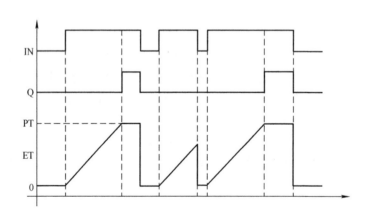

图 4-33　延时通增计时功能块时序图

3）延时通延时断（TONOFF），如图 4-34 所示。该功能块指令用于在输出为真的梯级中延时通，在为假的梯级中延时断开。其参数列表见表 4-15。

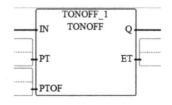

图 4-34　延时通延时断功能块指令

表 4-15   延时通延时断功能块指令参数列表

参数	参数类型	数据类型	描述
IN	Input	BOOL	若 IN 是上升沿，延时通计时器开始计时。如果程序设定的延时通时间消耗完毕，且 IN 是下降沿（从 1 到 0），延时断计时器开始计时，且重置已用时间（ET）。若程序延时通时间没有消耗完毕，且处于上升沿，继续开启延时通计时器
PT	Input	TIME	延时通时间设置
PTOF	Input	TIME	延时断时间设置
Q	Output	BOOL	真：程序延时通时间消耗完毕，程序延时断时间没有消耗完毕
ET	Output	TIME	当前消耗时间。允许值：0ms ~ 1193h2m47s294ms。如果程序延时通时间消耗完毕且延时断计时器没有开启，消耗时间保持在延时通时间（PT）值 如果设定的延时断时间已过，且延时断计时器未起动，则上升沿再次出现之前，消耗时间仍为延时断时间（PTOF）值 如果延时断时间消耗完毕，且延时通计时器没有开启，则消耗时间保持与延时断时间（PTOF）值一致，直到上升沿再次出现为止 注：如果在该功能块使用 EN 参数，当 EN 为真时，计时器开始增计时，且持续下去（即使 EN 被置为假）

4）上升沿计时（TP），如图 4-35 所示。在上升沿，内部计时器增计时至给定值，若计时时间达到，则重置内部计时器。其参数列表见表 4-16。

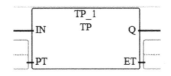

图 4-35   上升沿计时功能块指令

表 4-16   上升沿计时功能块指令参数列表

参数	参数类型	数据类型	描述
IN	Input	BOOL	若 IN 是上升沿，内部计时器开始增计时（如果没有开始增计时） 若 IN 为假且计时时间到，重置内部计时器。在计时期间任何改变将无效
PT	Input	TIME	最大编程时间
Q	Output	BOOL	真：计时器正在计时
ET	Output	TIME	当前消耗时间。同表 4-13 中的 ET 说明

该功能块指令时序图如图 4-36 所示。从时序图可以看出，上升沿计时功能块指令与其他功能块指令明显的不同是其消耗时间（ET）总是与预置值（PT）相等。可以看出，输入 IN 的上升沿触发计时器开始计时，当计时器开始工作后，就不受 IN 干扰，直至计时完成。计时器完成计时后才接受 IN 的控制，即计时器的输出值保持住当前的计时值，直至 IN 变为 0 状态时，计时器才回到 0 状态。此外，输出 Q 也与之前的计时器不同，计时器开始计时时，Q 由 0 变为 1，计时结束后，再由 1 变为 0。所以 Q 可以表示计时器是否在计时状态。

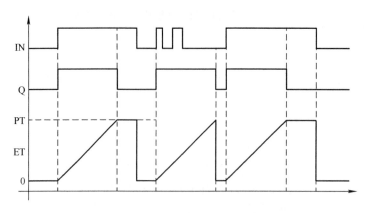

图 4-36　上升沿计时功能块时序图

6. 数据操作（Data Manipulation）

数据操作功能块指令主要有最大值和最小值等，其指令用途见表 4-17。

表 4-17　数据操作功能块指令用途

功能块	描述
AVERAGE（平均）	取存储数据的平均
MAX（最大值）	比较产生两个输入整数中的最大值
MIN（最小值）	计算两个整数输入中最小的数

这里对 AVERAGE 功能块的使用做个说明，并给出例子，因为帮助系统对于该指令的说明是"计算若干定义的示例上的运行平均值，并在每次循环时存储值"，该说明十分含糊。该功能块的输入有布尔型的允许（RUN）、实型的输入变量 XIN、DINT 型的示例数量 N，输出是实型 XOUT。程序示例如下，其作用是对 5 个变量求平均，且每隔 4s 输入数据的数组移位。

```
1   //AVERAGE功能块指令的Index类型转换为DINT
2   Element:=ANY_TO_DINT(Average_1.Index);
3   XIn:=Input[Element];   //把要平均的数分别移入Xin
4   //调用功能块，平均值在XOut中
5   Average_1(RUN:=ProgCon,XIN:=XIn,N:=AveNum,XOUT=>XOut);
6   //每4秒（可自定义）数据加10，数组移位，最低位放入新数据
7   TON_1(NOT TON_1.Q,T#4S);
8   IF( ProgCon & TON_1.Q ) THEN
9     FOR LoopI:=(AveNum-2) TO 0 BY -1 DO
10      Input[LoopI+1]:=Input[LoopI];
11    END_FOR;
12    Input[0]:=Input[0]+10.0;//实际应用可以是新的采样值
13  END_IF;
```

上述程序中，Input 是维度为 5（0…4）的实型数组，LoopI、AveNum、Element 是 DINT 型整数，AveNum 初始化为 5。TON_1 和 Average_1 分别是 TON 和 AVERAGE 功能块的实例。ProgCon 是布尔类型变量，若其数值为 FALSE，则 XOut 就等于 XIn。

7. 输入/输出（Input/Output）

输入/输出功能块指令主要用于管理控制器与外设之间的输入和输出数据，详细描述见表 4-18。

表4-18 输入/输出功能块指令用途

功能块	描述
HSC（高速计数器）	设置要应用到高速计数器上的高和低预设值以及输出源
HSC_SET_STS（HSC状态设置）	手动设置/重置高速计数器状态
IIM（立即输入）	在正常输出扫描之前更新输入
IOM（立即输出）	在正常输出扫描之前更新输出
KEY_READ（键状态读取）	读取可选LCD模块中的键的状态（只限于Micro810）
MM_INFO（存储模块信息）	读取存储模块的标题信息
PLUGIN_INFO（嵌入型模块信息）	获取嵌入型模块信息（存储模块除外）
PLUGIN_READ（嵌入型模块数据读取）	从嵌入型模块中读取信息
PLUGIN_RESET（嵌入型模块重置）	重置一个嵌入型模块（硬件重置）
PLUGIN_WRITE（写嵌入型模块）	向嵌入型模块中写入数据
RTC_READ（读RTC）	读取实时时钟（RTC）模块的信息
RTC_SET（写RTC）	向实时时钟模块设置实时时钟数据
SYS_INFO（系统信息）	读取Micro800系统状态
TRIMPOT_READ（微调电位器）	从特定的微调电位模块中读取微调电位值
LCD（显示）	显示字符串和数据（只限于Micro810）
RHC（读高速时钟的值）	读取高速时钟的值
RPC（读校验和）	读取用户程序校验和

8. 过程控制（Process Control）

过程控制功能块指令用途见表4-19。

表4-19 过程控制功能块指令用途

功能块	描述
DERIVATE（微分）	一个实数的微分
HYSTER（迟滞）	不同实值上的布尔迟滞
INTEGRAL（积分）	积分
IPIDCONTROLLER（PID）	比例、积分、微分
SCALER（缩放）	鉴于输出范围缩放输入值
STACKINT（整数堆栈）	整数堆栈

其中迟滞（HYSTER）功能块指令如图4-37所示。

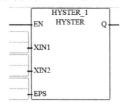

图4-37 迟滞功能块指令

迟滞功能块指令用于上限实值滞后。其参数列表见表 4-20。

表 4-20 迟滞功能块指令参数列表

参数	参数类型	数据类型	描述
XIN1	Input	REAL	任意实数
XIN2	Input	REAL	测试 XIN1 是否超过 XIN2 + EPS
EPS	Input	REAL	滞后值（须大于零）
Q	Output	BOOL	当 XIN1 超过 XIN2 + EPS 且不小于 XIN2 - EPS 时为真

该功能块指令的时序图如图 4-38 所示。从其时序图可以看出当功能块指令输入 XIN1 没有达到功能块指令的高预置值时（即 XIN2 + EPS），功能块指令的输出 Q 始终保持 0 状态，当输入超过高预置值时，输出才跳转为 1 状态。输出变为 1 状态后，如果输入值没有小于低预置值（XIN2 - EPS），输出将一直保持 1 状态，如此往复。可见迟滞功能块指令是把该指令的输出 1 的条件提高了，又把输出 0 的条件降低了。这样的提高起动条件、降低停机条件在实际的应用场合中能起到保护机器的作用。

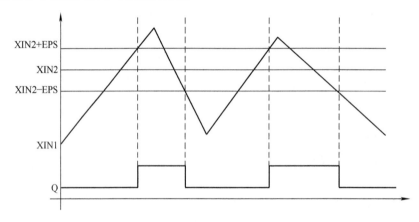

图 4-38 迟滞功能块指令的时序图

9. 套接字（Socket）

对不支持 Modbus TCP 的设备使用套接字协议进行以太网通信。套接字支持客户端、服务器、传输控制协议（TCP）和用户数据报协议（UDP）。典型应用包括与打印机、条形码读取器和个人计算机的通信。

套接字功能块指令包括 SOCKET_ACCEPT、SOCKET_CREATE、SOCKET_DELETE、SOCKET_DELETEALL、SOCKET_INFO、SOCKET_OPEN、SOCKET_READ、SOCKET_WRITE等，为了支持套接字通信，系统还定义了 SOCKADDR_CFG 数据类型和 SOCK_STATUS 数据类型。

由于套接字功能块指令参数较多，感兴趣的读者可以查看相关的技术手册。

10. 程序控制（Program Control）

程序控制功能块指令主要有暂停和限幅以及停止并重启等指令，部分说明如下：

1）暂停（SUS），如图 4-39 所示。

该功能块指令用于暂停执行 Micro800 系列控制器，其参数列表见表 4-21。

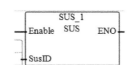

图4-39 暂停功能块指令

表4-21 暂停功能块指令参数列表

参数	参数类型	数据类型	描述
SusID	Input	UINT	暂停控制器的 ID
ENO	Output	BOOL	使能输出

2）停止并重启（TND），如图4-40所示。

该功能块指令用于停止当前用户程序扫描。并在输出扫描、输入扫描和内部处理后，用户程序将从第一个子程序开始重新执行。输出参数 TND 如果为真，表示该功能块动作成功。

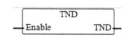

图4-40 停止并重启功能块指令

11. 运动控制（Motion Control）

运动控制指令对特定轴的运动进行编程和设计。Micro800系列控制器的运动控制功能块的一般规则遵从 PLCopen 运动控制规范。运动控制指令属于功能块类型，见表4-22。

表4-22 运动控制功能块指令

指令名称	指令含义
管理类指令	
MC_AbortTrigger	中止连接到触发事件的运动功能块
MC_Power	控制功率（打开或关闭）
MC_ReadAxisError	读取与运动控制指令块无关的轴错误
MC_ReadBoolParameter	返回特定于供应商的类型为 BOOL 的参数的值
MC_ReadParameter	返回特定于供应商的类型为实型的参数的值
MC_ReadStatus	返回与当前正在进行中的运动相关的轴的状态
MC_Reset	通过复位所有内部轴相关错误将轴状态从 ErrorStop 转换为 StandStill
MC_SetPosition	通过控制实际位置来转移轴坐标系统
MC_TouchProbe	在触发事件中记录轴位置
MC_WriteBoolParameter	修改特定于供应商的类型为 BOOL 的参数的值
MC_WriteParameter	修改特定于供应商的类型为 REAL 的参数的值
控制类指令	
MC_Halt	命令受控制的运动在正常操作条件下停止
MC_Home	命令轴执行 < search home > 序列
MC_MoveAbsolute	命令受控制的运动到指定的绝对位置
MC_MoveRelative	控制伺服以相对值运动
MC_MoveVelocity	控制伺服以速度值运动
MC_ReadActualPosition	返回反馈轴的实际位置
MC_ReadActualVelocity	返回反馈轴的实际速度
MC_Stop	命令受控制的运动停止并将轴状态转为 Stopping

4.3.3 Micro800 系列控制器的指令块

1. 常用的指令块

Micro800 系列控制器常用的指令块包括算术、二进制操作、布尔运算、字符串操作、时间等。这些指令块分别属于功能或运算符类型，见表 4-23。

表 4-23　常用指令块分类及用途

种类	描述
算术（Arithmetic）	数学算术运算
二进制操作（Binary Operations）	将变量进行二进制运算
布尔运算（Boolean）	布尔运算
字符串操作（String Manipulation）	转换提取字符
时间（Time）	确定实时时钟的时间范围，计算时间差

（1）算术（Arithmetic）

算术指令块主要用于实现算术函数关系，如三角函数、指数幂、对数等。该类指令块具体描述见表 4-24。

表 4-24　算术指令块集

指令块	描述	指令类型
ABS（绝对值）	取一个实数的绝对值	功能
ACOS（反余弦）	取一个实数的反余弦	功能
ACOS_LREAL（长实数反余弦）	取一个 64 位长实数的反余弦	功能
ASIN（反正弦）	取一个实数的反正弦	功能
ASIN_LREAL（长实数反正弦）	取一个 64 位长实数的反正弦	功能
ATAN（反正切）	取一个实数的反正切	功能
ATAN_LREAL（长实数反正切）	取一个 64 位长实数的反正切	功能
COS（余弦）	取一个实数的余弦	功能
COS_LREAL（长实数余弦）	取一个 64 位长实数的余弦	功能
EXPT（整数指数幂）	取一个实数的整数指数幂	功能
LOG（对数）	取一个实数的对数（以 10 为底）	功能
MOD（除法余数）	取模数	功能
POW（实数指数幂）	取一个实数的实数指数幂	功能
RAND（随机数）	随机值	功能
SIN（正弦）	取一个实数的正弦	功能
SIN_LREAL（长实数正弦）	取一个 64 位长实数的正弦	功能
SQRT（平方根）	取一个实数的平方根	功能
TAN（正切）	取一个实数的正切	功能
TAN_LREAL（长实数正切）	取一个 64 位长实数的正切	功能
TRUNC（取整）	把一个实数的小数部分截掉（取整）	功能

（续）

指令块	描述	指令类型
Multiplication（乘法指令）	两个或两个以上变量相乘	运算符
Addition（加法指令）	两个或两个以上变量相加	运算符
Subtraction（减法指令）	两个变量相减	运算符
Division（除法指令）	两变量相除	运算符
MOV（直接传送）	把一个变量分配到另一个中	运算符
Neg（取反）	整数取反	运算符

（2）二进制操作（Binary Operations）

二进制操作指令块主要用于二进制数之间的与或非运算，以及实现屏蔽、位移等功能。该类指令块具体描述见表 4-25。

表 4-25　二进制操作指令块集

指令块	描述	类型
AND_MASK（与屏蔽）	整数位到位的与屏蔽	功能
NOT_MASK（非屏蔽）	整数位到位的取反	功能
OR_MASK（或屏蔽）	整数位到位的或屏蔽	功能
ROL（左循环）	将一个整数值左循环	功能
ROR（右循环）	将一个整数值右循环	功能
SHL（左移）	将整数值左移	功能
SHR（右移）	将整数值右移	功能
XOR_MASK（异或屏蔽）	整数位到位的异或屏蔽	功能
AND（逻辑与）	布尔与	运算符
NOT（逻辑非）	布尔非	运算符
OR（逻辑或）	布尔或	运算符
XOR（逻辑异或）	布尔异或	运算符

（3）布尔运算（Boolean）

布尔运算指令块具体描述见表 4-26。

表 4-26　布尔运算指令块集

指令块	描述
MUX4B	与 MUX4 类似，但是能接受布尔类型的输入且能输出布尔类型的值
MUX8B	与 MUX8 类似，但是能接受布尔类型的输入且能输出布尔类型的值
TTABLE	通过输入组合，输出相应的值

（4）字符串操作（String Manipulation）

字符串操作指令块主要用于字符串的转换和编辑，其具体描述见表 4-27。这些指令块都属于功能类型。

表 4-27　字符串操作指令块集

指令块	描述
ASCII（ASCII 码转换）	把字符转换成 ASCII 码
CHAR（字符转换）	把 ASCII 码转换成字符
DELETE（删除）	删除子字符串
FIND（搜索）	搜索子字符串
INSERT（嵌入）	嵌入子字符串
LEFT（左提取）	提取一个字符串的左边部分
MID（中间提取）	提取一个字符串的中间部分
MLEN（字符串长度）	获取字符串长度
REPLACE（替代）	替换子字符串
RIGHT（右提取）	提取一个字符串的右边部分

（5）时间（Time）

时间指令块主要用于确定实时时钟的年限和星期范围，以及计算时间差，其具体描述见表 4-28。

表 4-28　时间指令块集

指令块	描述
DOY（年份匹配）	如果实时时钟在年设置范围内，则置输出为真
TDF（时间差）	计算时间差
TOW（星期匹配）	如果实时时钟在星期设置范围内，则置输出为真

2. 运算符指令块

运算符指令块也是 Micro800 系列控制器的主要指令块类，该大类指令块主要用于转换数据类型以及比较，是编程中很常用的指令块，需要熟练使用。运算符指令块包括数据转换（Data Conversion）和比较（Comparators）两大类。

（1）数据转换（Data Conversion）

数据转换指令块主要用于将源数据类型转换为目标数据类型，在整型、时间类型、字符串类型的数据转换时有限制条件，使用时须注意。该类指令块具体描述见表 4-29。

表 4-29　数据转换指令块集

指令块	描述
ANY_TO_BOOL（布尔转换）	转换为布尔型变量
ANY_TO_BYTE（字节转换）	转换为字节型变量
ANY_TO_DATE（日期转换）	转换为日期型变量
ANY_TO_DINT（双整型转换）	转换为双整型变量
ANY_TO_DWORD（双字转换）	转换为双字型变量
ANY_TO_INT（整型转换）	转换为整型变量
ANY_TO_LINT（长整型转换）	转换为长整型变量

（续）

指令块	描述
ANY_TO_LREAL（长实型转换）	转换为长实数型变量
ANY_TO_LWORD（长字转换）	转换为长字型变量
ANY_TO_REAL（实型转换）	转换为实数型变量
ANY_TO_SINT（短整型转换）	转换为短整型变量
ANY_TO_STRING（字符串转换）	转换为字符串型变量
ANY_TO_TIME（时间转换）	转换为时间型变量
ANY_TO_UDINT（无符号双整型转换）	转换为无符号双整型变量
ANY_TO_UINT（无符号整型转换）	转换为无符号整型变量
ANY_TO_ULINT（无符号长整型转换）	转换为无符号长整型变量
ANY_TO_USINT（无符号短整型转换）	转换为无符号短整型变量
ANY_TO_WORD（字转换）	转换为字变量

下面举例说明该类指令块的应用：

1）布尔变量转换（ANY_TO_BOOL）指令，如图 4-41 所示，将变量转换成布尔变量。其参数描述见表 4-30。

图 4-41　转换成布尔变量指令

表 4-30　转换成布尔变量指令参数列表

参数	参数类型	数据类型	描述
i1	Input	SINT-USINT-BYTE-INT-UINT-WORD-DINT-UDINT-DWORD-LINT-ULINT-LWORD-REAL-LREAL-TIME-DATE-STRING	任何非布尔值
o1	Output	BOOL	布尔值

例如，用 ST 语言调用该指令时，其输出见程序注释。

ares：= ANY_TO_BOOL（10）；//ares 为 True

tres：= ANY_TO_BOOL（t#0s）；//tres 为 False

2）短整型转换（ANY_TO_SINT）指令，如图 4-42 所示，把输入变量转换为 8 位短整型变量。其参数描述见表 4-31。

图 4-42　转换成短整型指令

表 4-31　转换成短整型指令参数列表

参数	参数类型	数据类型	描述
i1	Input	非短整型	任何非短整型值
o1	Output	SINT	短整型值
ENO	Output	BOOL	使能信号输出

例如，以下 ST 语言程序调用了该指令，其输出见程序注释。

bres：= ANY_TO_SINT（true）；（* bres 为 1 *）

3）时间转换（ANY_TO_TIME）指令，把输入变量（除了时间和日期变量）转换为时间变量，其参数描述见表 4-32。

表 4-32 转换成时间指令参数列表

参数	参数类型	数据类型	描述
i1	Input	见描述	任何非时间和日期变量。IN（当 IN 为实数时，取整数部分）是以毫秒为单位的数；STRING（毫秒数），例如 300032 代表 3min32ms
o1	Output	TIME	代表 IN 的时间值，1193h2m47s295ms 表示无效输入
ENO	Output	BOOL	使能信号输出

（2）比较（Comparators）

比较指令块属于运算符（Operator）类型指令块，主要用于数据之间的大小、等于比较，是编程中的一种简单有效的指令块。比较指令块具体描述见表 4-33。

表 4-33 比较指令块集

指令块	描述
Equal（等于）	比较两数是否相等
Greater Than（大于）	比较两数是否一个大于另一个
Greater Than or Equal（大于或等于）	比较两数是否其中一个大于或等于另一个
Less Than（小于）	比较两数是否其中一个小于另一个
Less Than or Equal（小于或等于）	比较两数是否其中一个小于或等于另一个

4.3.4 高速计数器（HSC）功能块指令

所有的 Micro820/830/850/870 控制器都支持高速计数器（High-Speed Counter，HSC）功能，最多支持 6 个 HSC。CCW 中 HSC 被分为两个部分，即高速计数部分和用户接口部分。这两部分是结合使用的。本小节主要介绍高速计数部分。用户接口部分可采用中断机制驱动，用于在 HSC 到达设定条件时驱动执行指定的用户中断程序。

1. HSC 功能块指令

该功能块指令用于启/停高速计数，刷新 HSC 的状态，重载 HSC 的设置，以及重置 HSC 的累加值，如图 4-43 所示。该功能块指令的参数见表 4-34。

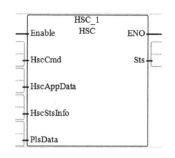

图 4-43 HSC 功能块指令

表 4-34 HSC 功能块指令参数列表

参数	参数类型	数据类型	描述
HscCmd	Input	USINT	功能块执行、刷新等控制命令
HscAppData	Input	HSCAPP	HSC 应用配置。通常只需配置一次
HscStsInfo	Input	HSCSTS	HSC 动态状态。通常在 HSC 执行周期里该状态信息会持续更新

（续）

参数	参数类型	数据类型	描述
PlsData	Input	PLS	可编程限位开关（Programmable Limit Switch，PLS）数据，用于设置 HSC 的附加高低及溢出设定值
Sts	Output	UINT	HSC 功能块执行状态，状态代码如下： 0x00-未采取行动（未启用）；0x01-HSC 执行成功 0x02-HSC 命令无效；0x03-HSC ID 超出范围 0x04-HSC 配置错误

HSC 命令参数（HscCmd）见表 4-35。

表 4-35　HSC 命令参数

HSC 命令（十六进制）	描述
0x00	保留，未使用
0x01	HSC 运行 ● 启动 HSC（如果 HSC 处于闲置模式，且梯级使能） ● 仅更新 HSC 状态信息（如果 HSC 处于运行模式，且梯级使能）
0x02	HSC 停止：停止 HSC 计数（如果 HSC 处于运行模式，且梯级使能）
0x03	上载或设置 HSC 应用数据配置信息（如果梯级使能）
0x04	重置 HSC 累加值（如果梯级使能）

HSCAPP 数据类型（HscAppData）见表 4-36。

表 4-36　HSCAPP 数据类型

参数	数据类型	描述
PLSEnable	BOOL	使能或停止可编程限位开关（PLS）
HscID	UINT	要驱动的 HSC 编号，见 HSC ID 定义
HscMode	UINT	要使用的 HSC 计数模式，见 HSC 模式
Accumulator	DINT	设置计数器的计数初始值
HPSetting	DINT	高预设值
LPSetting	DINT	低预设值
OFSetting	DINT	溢出设置值
UFSetting	DINT	下溢设置值
OutputMask	UDINT	设置输出掩码
HPOutput	UDINT	高预设值的 32 位输出值
LPOutput	UDINT	低预设值的 32 位输出值

说明：OutputMask 指令的作用是屏蔽 HSC 输出的数据中的某几位，以获取期望的数据输出位。例如，对于 24 点的 Micro830 控制器，有 9 点本地（控制器自带）输出点用于输出

数据，当无须输出第 0 位的数据时，可以把 OutputMask 中的第 0 位置 0 即可。这样即使输出数据上的第 0 位为 1，也不会输出。

HscID、HscMode、HPSetting、LPSetting、OFSetting、UFSetting 六个参数必须设置，否则将提示 HSC 配置信息错误。上溢值最大为 +2147483647，下溢值最小为 −2147483647，预设值大小须对应，即高预设值不能比上溢值大，低预设值不能比下溢值小。当 HSC 计数值达到上溢值时，会将计数值置为下溢值继续计数；达到下溢值时类似。

HSC 应用数据是 HSC 组态数据，它需要在启动 HSC 前组态完毕。在 HSC 计数期间，该数据不能改变，除非需要重载 HSC 组态信息（在 HscCmd 中写 03 命令）。但是，在 HSC 计数期间的 HSC 应用数据改变请求将被忽略。

HSC ID 定义见表 4-37。

表 4-37　HSC ID 定义

位	描述
15 ~ 13	HSC 的模块类型：0x00—本地；0x01—扩展式；0x02—嵌入式
12 ~ 8	模块的插槽 ID：0x00—本地；0x01 ~ 0x1F—扩展模块的 ID；0x01 ~ 0x05—插件端口的 ID
7 ~ 0	模块内部的 HSC ID：0x00 ~ 0x0F—本地；0x00 ~ 0x07—扩展模块的 ID；0x00 ~ 0x07—插件端口的 ID 注意：对于初始版本的 CCW 只支持 0x00 ~ 0x05 范围的 ID

使用说明：将表中各位上符合实际要使用的 HSC 的信息数据组合为一个无符号整数，写到 HscAppData 的 HscID 位置上即可。例如，选择控制器自带的第一个 HSC 接口，即 15 ~ 13 位为 0，表示本地的 I/O；12 ~ 8 位为 0，表示本地的通道，非扩展或嵌入模块；7 ~ 0 位为 0，表示选择第 0 个 HSC，这样最终就在定义的 HscAppData 的 HscID 位置上写入 0 即可。

HSC 模式（HscMode）见表 4-38。

表 4-38　HSC 模式

模式	功能	模式	功能
0	递增计数	5	有"重置"和"保持"控制信号的两输入计数
1	有外部"重置"和"保持"控制信号递增计数	6	正交计数（编码形式，有 A、B 两相脉冲）
2	双向计数，并带有"外部方向"控制信号	7	有"重置"和"保持"控制信号的正交计数
3	有"重置"和"保持"，且带"外部方向"控制信号的双向计数	8	Quad X4 计数器
4	两输入计数（一个加法计数输入信号，一个减法计数输入信号）	9	有"重置"和"保持"控制信号的 Quad X4 计数器

注意：HSC3、HSC4 和 HSC5 只支持模式 0、2、4、6 和 8。HSC0、HSC1 和 HSC2 支持所有模式。

HSCSTS 数据结构（HscStsInfo）类型参数可以显示 HSC 的各种状态，大多是只读数据。其中的一些标志可以用于逻辑编程。详细信息可参考相关编程手册。

在 HSC 指令执行的周期里，HSC 功能块在"0x01"（HscCmd）命令下时，HSCSTS 状态将会持续更新。在 HSC 执行周期里，如果发生错误，错误检测标志将会打开，可以根据错误代码提示来修改程序或参数配置。

2. HSC 状态设置

HSC 状态设置功能块指令用于改变 HSC 计数状态，如图 4-44 所示。注意：当 HSC 功能块不计数时（停止）才能调用该设置功能块，否则输入参数将会持续更新且任何 HSC_SET_STS 功能块做出的设置都会被忽略。

该功能块指令的参数见表 4-39。

图 4-44　HSC 状态设置功能块指令

表 4-39　HSC 状态设置功能块指令参数列表

参数	参数类型	数据类型	描述
HscID	Input	UINT	欲设置的 HSC 状态
Mode1Done	Input	BOOL	计数模式 1A 或 1B 已完成
HPReached	Input	BOOL	达到高预设值，当 HSC 不计数时，该位可重置为假
LPReached	Input	BOOL	达到低预设值，当 HSC 不计数时，该位可重置为假
OFOccurred	Input	BOOL	发生上溢，当需要时，该位可置为假
UFOccurred	Input	BOOL	发生下溢，当需要时，该位可置为假
Sts	Output	UINT	见 HSC 状态值
ENO	Output	BOOL	使能输出

4.4　CCW 编程平台项目建立、仿真与调试

4.4.1　用 CCW 创建项目的步骤与实例

1. 用 CCW 创建项目的步骤

用 CCW 创建 Micro800 项目的步骤如下：

1）创建新的项目（Project，也称工程），在项目中添加合适的控制器型号，在控制器中增加插件（Plug-in）模块和扩展（Expansion）模块，还可以增加变频、伺服、终端等设备。然后根据需求对这些硬件进行相应的组态。相关内容在本书的第 3 章中已做详细介绍。

2）定义变量：变量主要包括全局变量和局部变量。通常首先要定义全局 I/O 变量，给 I/O 变量设置别名（Alias）。别名和其他编程环境中的标签类似。由于 PLC 中地址很多，而具体的 I/O 点等又不容易记忆，而且 I/O 点又和现场的各种设备是关联的，因此，用别名编程容易记忆，程序的可读性也强，且便于调试。除了 I/O 变量，还可以定义其他的全局变量。定义变量包括变量名称、别名、数据类型、维度、初始值、读写属性和注释等。

3）针对应用需求和特点，选择合适的程序设计方法和合适的编程语言进行项目开发。项目开发中，要注意多使用系统提供的功能和功能块，同时建议多使用用户自定义功能块，减少非结构化的程序，从而使程序结构上更明晰，且提高了程序的可重用性。编程时要多加注释，以便于后续调试、修改等。

4）项目的生成、下载和调试。该过程通常是一个反复的过程。项目的生成可以发现语法上等错误，这类错误一般比较容易修改。项目的调试主要用于发现项目中是否有逻辑错误，以及系统要求的功能是否能准确、完整地实现。有些隐藏的错误在特定条件下才会出现，因此，一定要制定充分的测试方案，尽可能遍历充分多的状态。为了减少现场调试工作量，建议在项目开发过程中，对于用户定义的功能、程序等多采用 CCW 的仿真器（Simulator，也译为模拟器）进行调试，仿真通过后再把项目下载到实物控制器中，和外部设备连接好，进行系统联调。

2. 用 CCW 创建项目的实例

现以一台水泵的起停控制为例，说明如何在 CCW 中开发 Micro850 项目。这只是一个最简单的程序，但通过该过程，可以初步熟悉 CCW 编程软件和项目开发的一般步骤。

水泵或各种电机设备在工业、楼宇等领域大量使用。考虑一个可以直接起动的水泵设备，该设备有一个点动的起动按钮和一个点动的停止按钮，电机由热继电器进行保护。假设按下起动按钮后延迟 3s 再起动电机，且起动、停止和热继电器都使用常开触点。

（1）新建项目

首先在 CCW 中新建项目，然后从设备文件夹中选择设备，如图 4-45 所示。CCW 支持多种罗克韦尔自动化设备，这里选用 2080-LC50-48QWB，这是 Micro850 控制器。设备添加好后，可以在项目管理器中看到该设备，在项目下还可以看到程序、全局变量、用户定义的功能块、用户定义的函数、数据类型等几个子项目，这些是添加控制器后软件自动生成的最基础的程序设计文件，如图 4-46 所示。用户的编程都围绕着该项目下的这几个程序文件而展开。例如在程序下用户可以增加 LD、ST 或 FBD 程序，在全局变量中定义全局变量，用 LD、ST 或 FBD 语言定义用户自己的功能块以及定义新的数据类型等。

图 4-45 CCW 目录中的设备列表

图 4-46 CCW 项目管理器中的设备列表

双击图 4-46 中的 Micro850，弹出如图 4-47 所示的窗口。可以在该窗口中进行硬件增加和配置，可以完成的设置包括：

图 4-47　Micro850 设备窗口

1）控制器通用属性设置：主要是其名称和描述。

2）存储器使用：可以看到使用了多少存储空间，还有多少存储空间可用。这里的存储空间包括程序和数据。

3）包括通用设置和与协议有关的设置：在进行程序下载等操作时要在这里进行设置。Micro850 支持 CIP 串行、Modbus RTU 和 Modbus ASCII 通信。

4）USB 端口属性观察（如果有 USB 口）

5）以太网设置：设置以太网地址等一系列与以太网通信有关的属性。

6）日期和时间设置：对于一些与时间有关的应用，要在这里进行设置。

7）中断设置：可以增加中断，设置中断类型及中断处理程序等。

8）起动/故障设置：设置控制器起动选项以及故障时的处理方式。

9）Modbus 地址映射：当采用 Modbus 通信时，需要进行地址的映射，以实现外围软、硬件与 PLC 的正确通信。

10）硬件编辑：可以增加功能性插件（Plug-in）模块和扩展（Expansion）模块，设置模块的参数，进行硬件组态。具体操作可参考本书的第 3 章。

11）进行 PLC 连接、程序下载，控制程序运行等调试操作。

（2）定义变量

编程中要用到很多变量，一般首先要定义 I/O 变量、用户自定义的数据结构及可以预先确定的变量。编程中要用的其他变量可以随时定义。这里定义了 5 个 I/O 变量及其别名，分别为：

1）Run_out 用于电机控制输出，对应 PLC 的第 20 路 DO 信号。

2）Start 用于起动电机，对应 PLC 的第 1 路 DI；点动常开信号类型。

3）Stop 用于停止电机，对应 PLC 的第 2 路 DI；点动常开信号类型。

4）Fault_sta 表示从热继电器来的故障信号，对应 PLC 的第 3 路 DI；常开信号类型。

5）Run_sta 表示从接触器辅助触点来的电机的运行状态反馈信号，对应 PLC 的第 4 路 DI；常开信号类型。

进行地址映射时需要注意的是一般起始地址都从"00"开始编号。定义好的变量如

图 4-48 所示。变量定义过程中，可以设置别名、数据类型、维度、项目值及初始值等。为了增强程序的可读性和可维护性，建议变量别名有一定的含义，并且添加变量的注释。变量定义时，建议多用数组类型，不仅可以减少变量数量，而且便于采用循环等语句来编写程序。

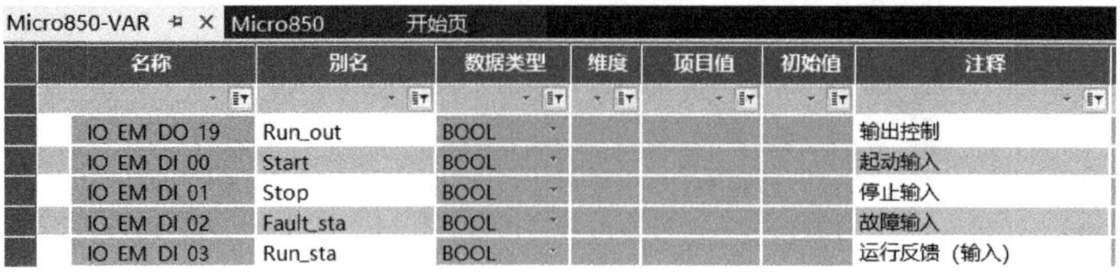

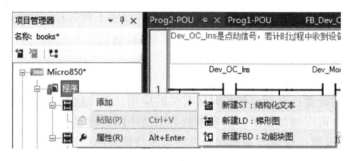

	名称	别名	数据类型	维度	项目值	初始值	注释
	· ▾ ⅲⷮ	· ▾ ⅲⷮ	▾ ⅲⷮ	▾ ⅲⷮ	· ▾ ⅲⷮ	· ▾ ⅲⷮ	· ▾ ⅲⷮ
	IO EM DO 19	Run_out	BOOL				输出控制
	IO EM DI 00	Start	BOOL				起动输入
	IO EM DI 01	Stop	BOOL				停止输入
	IO EM DI 02	Fault_sta	BOOL				故障输入
	IO EM DI 03	Run_sta	BOOL				运行反馈（输入）

图 4-48 全局变量定义

（3）程序设计

这里由于程序功能比较简单，可采用经验法编程，编程语言选择 LD 语言。

在项目窗口中选中"程序"，单击鼠标右键出现菜单，选中菜单中的"添加"出现 3 个选项。这里选"新建 LD：梯形图"程序，如图 4-49 所示。

图 4-49 添加程序

正如先前介绍，Micro850 支持 3 种类型的 IEC 编程语言。实现不同功能的程序可以用不同的编程语言来编写。但 FBD 语言在我国用的很少，一般用户不会选用。有些用户熟悉了 LD 语言后，几乎不再用其他编程语言。这种编程习惯并不太好，ST 语言在许多方面有较大优势，目前全世界 ST 语言的用户快速增长，几乎接近 LD 语言。建议读者要掌握 ST 语言编程技术。

在工作区中可以编辑 LD 程序。由于 LD 属于图形化编程语言，因此，要通过一系列图形元素的增加、编辑、修改来实现 LD 程序。Micro850 中提供了 LD 编程的工具箱，这些工具箱中包含了编写 LD 程序所需要的各种元件，如图 4-50 所示（图中把中、英文都列出了，实际只有中文或英文）。具体编程与操作过程如下：

1）从工具箱中拖动一个常开触点（图中中文是直接接触）到第一行梯级中（通过配置工具栏，工具栏也会显示编程元素，也可以从工具栏拖动），如图 4-51 窗口左部②处。在窗口中可以看到一个内含感叹号的三角填充图符（①处），这是因为还没有给该元件赋值，即元件的操作数没有与变量关联起来。

2）松开鼠标后，会弹出一个变量选择窗口，如图 4-51 所示（V20 以上版本的变量选择

图 4-50　LD 编程工具箱（中、英文对照）

窗口和 V12 以下版本的稍有变化）。在变量选择窗口中，可以从以下分组的变量中选择变量：

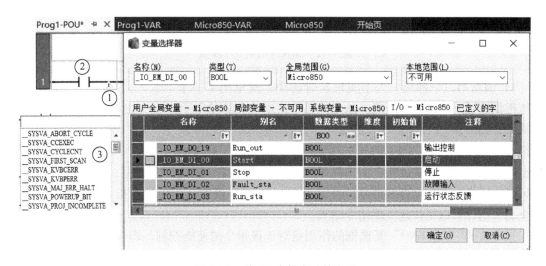

图 4-51　给 LD 中触点连接变量

① 用户全局变量：即用户定义的各种全局变量。

② 局部变量：即隶属于该组织单元的、用户定义的各种局部变量。

③ 系统变量：与 PLC 系统有关的变量，如遥控变量、首次扫描等。

④ I/O 变量：即 PLC 系统中的输入和输出变量。I/O 变量也属于全局变量的一种。

⑤ 已定义的字：包括系统中已定义的字和用户自定义的字。

这里首先从 I/O 变量分组中选择 "Start" 变量，然后确定，这时三角填充图符 (①处) 消失。

如果要用的变量还没有定义，则可以单击三角填充图符，进入变量编辑窗口，新增加一个变量，并把该变量定义到相应的分组中。编程中，如果只在某个程序组织单元中用的变量就定义成局部变量，要与外界 (如触摸屏) 通信的变量必须定义成全局变量。

除了通过变量选择窗口选择变量外，还可以用键盘输入或通过快捷方式输入。单击触点元件的矩形区域上部 (②处)，会出现变量列表框 (③处)，列表框中的变量包括系统变量、全局变量、局部变量等。输入首字母后，包含首字母的相关的变量会出现，可以从中选择变量按回车键完成变量的关联；也可直接输入变量名后按回车键。如果输入的变量以往没有定义，则该元件的矩形框的下部会看到三角填充图符，可按先前介绍的方法对该变量进行定义。

3) 按同样的方式编辑其他节点。在编辑输出线圈时，使用了一个局部变量 "tmpstart"。该线圈起自保作用 (因为 Start 是点动信号)。这样完成了第一个梯级的编辑，如图 4-52 所示。给第一个梯级加上注释。每个梯级的注释颜色和文字大小都是可以通过属性窗口加以设置，编辑时也可通过菜单或鼠标右键菜单取消注释的显示。本书中，为了便于读者看清，把相关的颜色都设置为浅色，而非系统默认的颜色。

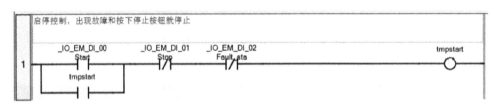

图 4-52　编辑好的第一个梯级

4) 编辑第二个梯级。为了实现延时起动，这里用了一个系统提供的延时功能的指令块。从工具箱中拖动 "指令块" 到该梯级，如图 4-53 所示。松开后会显示图 4-54 所示的指令块选择窗口。选择类别中的 "时间" 用以显示所有与时间有关的

图 4-53　通用指令块图形元素

指令块。从与时间有关的指令中选择 "TON"，清除 "EN/ENO" 复选框，按确定按钮退出。如果能记住指令名的全部或部分，可以在图 4-54 的 "搜索" 框中输入指令名的前几个字母或全名，这样可以更快地实现指令输入。

指令块的 "EN/ENO" 复选框的作用是对于该指令的使能控制，即可以对该输入连接逻辑变量，从而通过逻辑变量的接通或断开来控制指令的执行。对于用户自定义的指令块，也要通过这种方式插入到程序中，即用户自定义的指令块，也会在图 4-54 的指令块选择窗口中出现。

这时再观察局部变量窗口，可以发现除了先前定义的局部布尔变量 "tmpstart" 外，又增加了一个名为 "TON_1" 的 TON 类型的变量，如图 4-55a 所示。如果后面还添加了该类型的指令，系统自动按序号生成该类型变量，如 "TON_2" "TON_3" 等。"TON_1" 就是这个 TON 指令块的一个实例。这是面向对象编程的特点，即变量和对象都要进行定义，高级编程语言也是这样。单击 "TON_1" 前面的 "＋"，可以看到其内部参数的详细列表。有

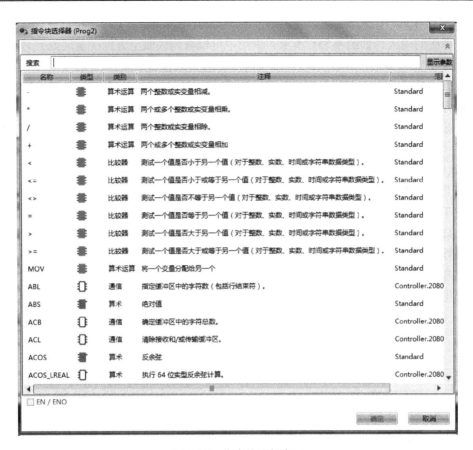

图 4-54　指令块选择窗口

时为了程序更好的可读性，可以不用系统默认的 "TON_1"，而用一个有意义的名称，如这里可用 "TON_Start"。

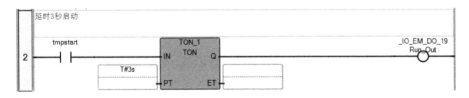

a) 局部变量窗口

b) 编辑好的第2个梯级

图 4-55　局部变量窗口与 LD 程序

还需要给 TON_1 设置延时时间，在 TON_1 的 "PT" 端矩形框（内部）的上方，输入

"T#3s"。然后在 LD 中增加线圈，把 TON_1 的输出端 Q 与线圈 "Run_Out" 连接，这样完成了第 2 个梯级的输入，如图 4-55b 所示，该图中可以看到线圈上方的变量区既有名称 "_IO_EM_DO_19"，又有别名 "Run_Out"。编程时可以选择线圈或触点中变量显示方式，有 4 种形式可选（名称及别名、名称、别名、名称及配线），可以在该线圈或触点属性窗口的显示模式中选择。

在一些应用中，通常要求时间变量可以通过触摸屏或上位机来更改，这时，就不能给 PT 赋予一个定值，而只能赋予一个 TIME 类型的全局变量了，在变量定义时可以设置一个初始值/默认值。

由于 PLC 的指令较多，用户不可能把所有指令都记下来，为此，CCW 提供了在线帮助，鼠标选中 TON 功能块，然后按 F1 键，就显示如图 4-56 所示的 TON 功能块指令的帮助窗口。该窗口详细地描述了该指令有关的参数、功能描述及使用说明等。

如果程序中有错误，则在执行生成操作时错误列表窗口会有提示，可以根据提示进行程序的修改与完善，直到生成通过为止。程序生成的结果包括警告和错误，如果程序有错误，则必须要排除。而对于警告，则不一定要进行处理。

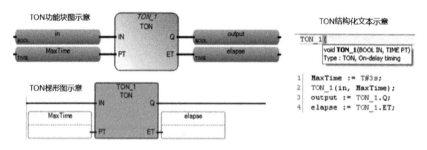

图 4-56　TON 功能块指令的帮助窗口（编辑压缩了）

需要说明的是，这里的示例程序中为了说明 LD 程序编辑方法，用了 2 个梯级，实际用 1 个梯级就可实现，程序如图 4-57 所示。

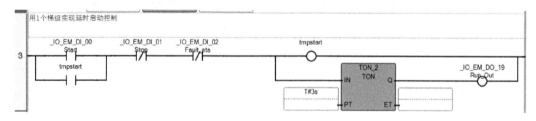

图 4-57　用 1 个梯级实现延时起动控制 LD 程序

在 LD 的编辑中，常碰到并行逻辑的处理。图 4-58 中显示了几种操作方式，以处理并行逻辑。例如，如果要复制整个并行分支，则必须选择整个分支；如果要在并行分支下再添加一个分支，则选中单分支，单击鼠标右键，在弹出的菜单中选择 "插入分支"，再进一步选是在分支的上方还是下方插入；如果要复制分支中的图形元素/指令，只需选中它，例如可以把_IO_EM_DI_12 这个常开触点复制到新添加的分支上。

（4）项目生成

上述程序的输入完成后，就可以进行项目生成、下载和测试了。选中项目窗口中的

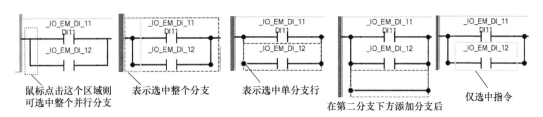

鼠标点击这个区域则　表示选中整个分支　表示选中单分支行　　　　　　　　　仅选中指令
可选中整个并行分支　　　　　　　　　　　　　　　　在第二分支下方添加分支后

图 4-58　并行分支编辑技巧

"Micro850"，单击鼠标右键，弹出一个菜单，从菜单中选择"生成"，则开始进行程序的编译，生成完成后，在输出窗口会显示编译结果，如图 4-59 所示。也可从主菜单"设备"下选中"生成"来进行项目生成。若有错误，可在错误列表窗口查看。和高级语言一样，有时程序中只有一个错误，但是编译时会提示一系列错误。

项目生成通过后，就可以把程序下载到控制器进行运行，具体内容见 4.4.2 节。关于利用仿真方式调试程序，可以参考 4.4.3 节。

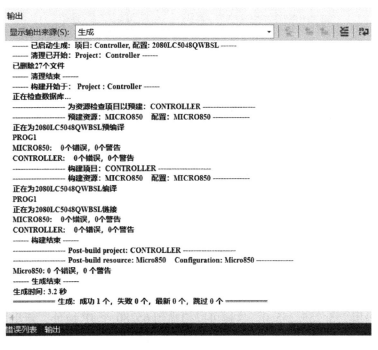

图 4-59　项目生成结果

4.4.2　与控制器连接、项目下载及调试

1. 建立通信连接

在下载项目之前首先要建立编程计算机与 PLC 的通信连接。这里主要介绍 USB 通信连接与以太网通信连接两种方式。其中 USB 通信连接比较简单。

（1）USB 通信连接组态

Micro850 控制器有 USB 接口，可通过 USB 接口建立编程软件与控制器的通信。把 USB

电缆分别连接到控制器和计算机的 USB 接口上，当控制器和计算机第一次连接时，连接后会自动弹出安装 USB 连接驱动窗口，选择第一个选项，单击"下一步"。USB 驱动安装成功后，即可运行 CCW 编程软件。打开一个项目，双击控制器的图标。在弹出的窗口中选择"Connect"按钮，会弹出连接对话框，如图 4-60 所示。从对话框中选择要通过 USB 接口连接的控制器，从而完成了 CCW 项目与控制器的连接。连接成功后，可以下载程序或监控程序的运行。

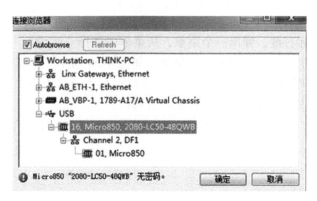

图 4-60　USB 驱动安装成功后的连接窗口

（2）以太网通信连接组态

要通过以太网与控制器连接，首先要配置控制器的 IP 地址。对于有 USB 接口的控制器，在设置好控制器的 IP 地址后，通过 USB 接口将项目下载到控制器中就可以了。对于只有网口的控制器，特别是一台新的控制器，其 IP 设置有两种方法，分别是通过 BOOTP-DHCP Tool 分配和在 RSLinx Classic 中采用广播方式查找 PLC。前者经常会失败，但后者基本都能成功。

运行罗克韦尔自动化 BOOTP-DHCP Tool，该工具会自动扫描网络上以太网设备的 MAC 地址，然后用户可根据该控制器的 MAC 地址来分配 IP 地址；若扫描不到，可单击"Add Relation"输入 MAC 地址，再分配 IP 地址。最后再单击"Disable BOOTP/DHCP"，防止断电后 IP 地址丢失（也可通过 RSLinx Classic 软件设置为静态）。

采用广播方式来配置 PLC 的 IP 地址的过程：首先把计算机的 IP 地址配置在169.254.0.＊网段，子网掩码用 255.255.255.0。这样可以扫描到 65280 个 IP 地址，新出厂 PLC 的 IP 地址一般会在此范围内。运行 RSLinx Classic，扫描网络中的设备，会发现扫描到在此 IP 地址范围内的控制器，比如发现了"192.168.10.115，Micro850，2080-LC50-48QWB"。然后，按照下述方法配置控制器的 IP 地址：

1）在 CCW 编程环境中，单击"Micro850"，会出现如图 4-61 所示的连接界面，在下方有下拉菜单，在"以太网"中找到"以太网设置"选项。

2）选中"配置 IP 地址和设置"选项，分别填入想设置的"IP 地址""子网掩码"和"网关地址"。

3）本地连接时，网关地址可以不设置。这里把控制器的 IP 地址设为 192.168.1.3。

4）执行项目下载时，连接路径（可以参考图 4-65）选择刚才发现的"192.168.10.115，Micro850，2080-LC50-48QWB"这个控制器，下载完成后控制器的 IP 地址就改为

192.168.1.3。

图 4-61　设置 Micro850 控制器 IP 地址

5）修改计算机的 IP 地址和控制器在一个网段。可以在操作系统的命令行窗口中输入"Ping 192.168.1.3"命令，检查网络是否连通。

在完成 PLC 的 IP 地址配置后，就可以用 RSLink Classic 添加 PLC 的以太网驱动，基本步骤如下：

1）打开 RSLink Classic 软件，在菜单栏中找到类似于电线的图标，名为"Configure Drivers"，将其打开。

2）弹出"Configure Drivers"对话框之后，如图 4-62 所示。选中图中的"Ethernet devices"，单击"Add New..."；在弹出的对话框中输入驱动的名称（一般是系统默认"AB_ETH-1"），单击"OK"按钮后则会出现图 4-63。如果系统中只有一台控制器，则在 Host Name 中输入 IP 地址。如果有 2 台或 2 台以上以太网接口设备（控制器、变频器、触摸屏等），可以继续单击"Add New..."来添加其他要连接的设备。

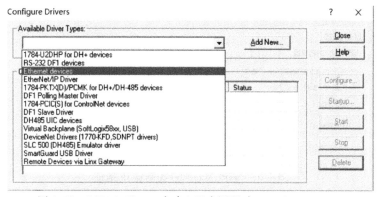

图 4-62　RSLink Classic 中建立以太网驱动：Configure Drivers

图 4-63　RSLink Classic 中建立以太网驱动：输入设备 IP 地址

3）驱动配置完成后，单击图 4-63 中的"确定"按钮，会出现"Configure Drivers"窗口，在该窗口中会出现刚才建立好的 Ethernet/IP 驱动及其运行状态，如图 4-64 所示。

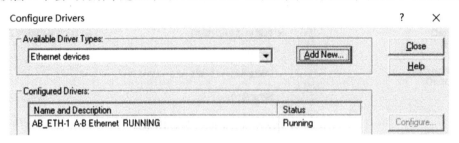

图 4-64　建立好的 Configured Drivers

4）单击图 4-60 的"Workstation，THINK-PC"中"AB_ETH-1，Ethernet"前的"+"，也能看到该连接中的设备，显示如下文本：16，Micro850，2080-LC50-48QWB。

另外，还可以在编程状态修改 IP 地址，如图 4-65 所示。首先确保编程计算机与控制器的连接通道已经建立，且在编程状态下（①），修改 IP 地址（②），修改完成后，保存到控制器（③）。修改控制器的 IP 地址后，图 4-64 中建立的驱动对应的 IP 地址也要修改，否则控制器与编程计算机连接不上。

图 4-65　修改 Micro850 控制器 IP 地址

2. 下载项目与调试

在项目编译、通信配置等完成后，就可以设置计算机与控制器之间的连接路径并且下载项目了，具体操作如下：

1）单击图 4-66 右上角的"*连接路径* ✐"，这时会出现如图 4-67 所示的窗口，在这里双击选择路径。也可以在该窗口中选择"浏览"按钮，查找已经建立的连接。

2）下载：确定了连接路径后，就可以在图 4-66 所示窗口进行程序的下载与上传（这时会自动进行程序编译、连接和上传或下载操作。若编译出错或驱动没配置好等，都会报错）。下载时窗口右下角会有下载进度条提示。若操作成功，计算机与控制器之间状态会从断开变为已连接，设备窗口上部会如图 4-68a 所示，在该窗口中可以断开连接或把设备状态在编程与运行之间切换，还可以诊断控制器信息、设置密码等。

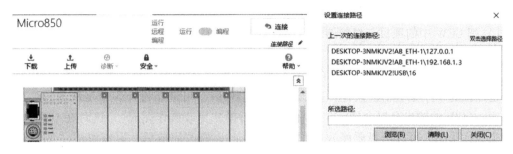

图 4-66　与控制器连接前状态　　　　　图 4-67　连接路径选择窗口

3）调试：把控制器切换到远程（REM），即可在线调试程序。本示例的程序调试状态如图 4-68b 和图 4-68c 所示。由于 Start 变量是强制的，所以在该触点右侧有个锁的图标。在调试窗口中，梯形图（LD）中触点与线圈的通断状态、定时器当前值、变量的状态等都以不同的颜色动态显示，其中红色表示接通。例如，Start 被强制为 ON 状态，其常开触点和变量别名都是红色。而 Stop 是 OFF 状态，因此，其别名是蓝色，但其常闭触点为 ON 状态，因此是红色的。对于一些参数，例如类型为 TIME 的变量，可以改变其 PT 的值。其他一些内部触点等也可以进行强制，来帮助调试程序。

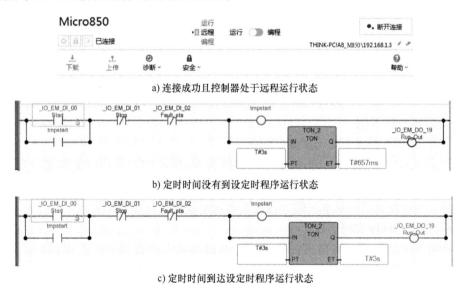

图 4-68　控制器与编程计算机连接及程序调试

程序中的所有全局变量可以在全局变量窗口中进行监视，这样可以避免局部程序只能显示部分变量的不足。局部变量的状态可以在局部变量窗口监视。

3. 运行模式下修改项目

Micro820/830/850/870 控制器允许在运行模式下通过以下功能进行特定更改：

（1）运行模式下更改（RMC）

对控制器固件 8.0 以上的版本，该功能允许对正在运行的项目进行逻辑修改，而无须进入远程编程模式，也无须断开与控制器的连接，从而节省用户的时间。要实现该功能，还要求 CCW V12 以上开发版。其基本操作过程如下：

1）把 CCW 中的项目与控制器进行连接，要求 PLC 中的工程与 CCW 中的工程一致，控制器为远程运行模式。

2）单击"设备"菜单下的"在线编辑模式（R）"右侧黑三角，出现如图 4-69 所示菜单。在出现的 4 个菜单中，只有"在线编辑模式（R）"可选，另外 3 个是灰色的。单击该菜单后，CCW 的输出窗口会显示"正在进入运行模式更改操作完成"，这时在 CCW 中项目已变为离线状态，可以选择要修改的程序进行修改，修改完成后，可以单击"测试逻辑更改（T）"，此时 CCW 对工程进行生成。若没有问题，生成完成后，CCW 会自动连接控制器，并切换到程序窗口，且再次回到在线模式。这一步也可选"丢弃未被接受的更改（D）"。

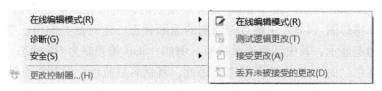

图 4-69 运行模式下更改（在线编辑）

3）若上述修改符合要求，则可选"接受更改（A）"。CCW 会下载修改的内容（这个过程很快），并回到项目的在线模式，这样就完成了一次运行模式下的更改。若修改不符合要求，可选择"丢弃未被接受的更改（D）"，这时 CCW 会再次对工程进行生成，结束后会自动连接 PLC，切换到程序窗口，程序恢复到更改前的状态。

运行模式下更改整个过程较费时，除非要进行不停机修改程序，否则建议离线状态下修改程序，然后再进行下载。

（2）运行模式下配置更改（RMCC）

对固件是 9.0 以上的版本，当将串行端口设为 Modbus RTU 或将以太网端口设为 EtherNet/IP 时，RMCC 可用于在运行模式期间更改控制器的地址配置。对于 Micro820/830/850/870 控制器，地址配置更改是永久的，在控制器断电重启后将保留此更改。

4. 密码保护与程序文档创建

Micro800 系列控制器具有密码保护功能，以提高其安全性和知识产权保护，其主要特点有：

1）支持创建保密性很强的密码，甚至优于 Windows7 操作系统的密码机制。

2）无论是否允许访问控制器，控制器均可执行强制。

3）支持显示保护状态和用户名来确定当前用户。

4）CCW 与控制器的所有通信中都对密码进行加密处理。

5）无后门密码，即一旦密码丢失，则必须刷机。因此，开发人员一定要加强密码保存和管理。

CCW 还提供了项目文档创建的工具。选中项目管理器中的项目，单击鼠标右键，在弹出的菜单中选择"文档生产程序（打印）"，这时可以创造整个项目的文档，该文档包含所有的变量、程序、用户自定义模块等；若选中某个程序，则创建该程序的文档。

4.4.3　CCW 仿真控制器的使用

1. 创建仿真项目、建立连接和程序下载

1）创建 CCW 项目。在项目中添加设备时，要选择"2080-LC50-48QWB-SIM"这个控制器设备，表明是仿真控制器。对于已有的 CCW 项目，若选择了非仿真控制器，如果想要进行仿真，则需要把控制器更改为这个仿真控制器。可通过单击"设备"菜单下的"更改控制器…"实现。项目组态完成后，对项目进行生成，最终确保生成能够通过。

这里以图 4-70 中编好的一段程序为例，进行仿真测试。程序模拟一个水池的水位控制。当液位高于 4.0m 时要起动水泵；液位低于 2.0m 时水泵停机。当现场允许自动（程序中别名 AutoEnable）、无故障（别名 Fault）时可以运行。也可以手动起动（别名 Start）。按下停止（别名 Stop）按钮时水泵停机。水位信号来自液位传感器，量程 0～5.0m 的液位传感器输出 0～10V 信号，再通过 PLC 配置的一个功能性插件 2080-IF2 采集。该项目有两个程序，一个是 LD 程序，一个是 ST 程序，分别如图 4-70a、b 所示。读者学习了后续章节后能更深刻地理解该程序。

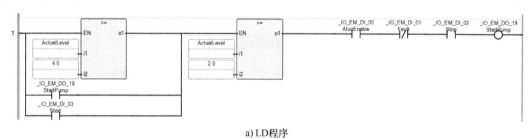

a）LD程序

```
1  //把2080-IF2第一通道的模拟电压0-10V对应的0-65535转换为0-5米液位
2  ActualLevel:=ANY_TO_REAL(_IO_P1_AI_00)/65535.0*5.0;
```

b）ST程序

图 4-70　PLC 仿真测试项目

2）驱动配置。即配置仿真控制器的连接，在 RSLink 中驱动配置为以太网，IP 地址设为 127.0.0.1。

3）启动仿真控制器。单击 CCW"工具"菜单下的"Micro800 Simulator"子菜单或工具栏对应图标，启动仿真控制器。设置 IP 地址为 127.0.0.1，如图 4-71 的①处所示。

4）仿真控制器上电。单击仿真控制器的"设备"菜单下的"开启"（或工具栏上的电源图标），把仿真控制器上电，可以发现仿真控制器的状态指示灯"POWER"点亮，且正常时为常绿状态。单击仿真控制器左下方的 REM 或 PRG 按钮，把仿真控制器的运行模式设置在 PRG 或 REM 状态，如图 4-71 的②处所示。

5）建立 CCW 与仿真控制器的连接。选择先前步骤建立的驱动 AB_ETH-1，可以看到 IP 地址为 127.0.0.1 的仿真控制器，该控制器也是建立项目时所选择的控制器。如图 4-72 所示，选中该仿真控制器，然后单击"确定"按钮。

6）项目下载到仿真控制器。连接建立成功后，出现下载/上传确认窗口，单击"下载当前项目至控制器"，就可以把项目下载到仿真控制器中。下载过程中，CCW 窗口右下角会

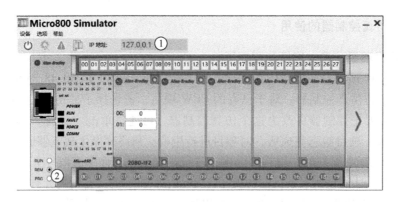

图 4-71　设置 PLC 的 IP 地址

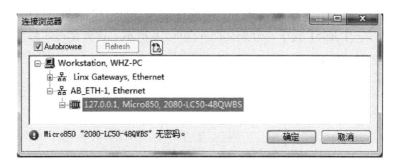

图 4-72　CCW 与仿真控制器的连接

有进度条显示下载进度。若先前已建立了连接路径，则可以直接下载项目。

　　7）仿真控制器切入运行。单击仿真控制器的 RUN 按钮，会出现如图 4-73 所示的提示窗口，表示仿真控制器只能连续运行 1 天（若是开发版提示是 10min，这个功能限制对于软件调试影响不大）。单击"确定"按钮后，仿真控制器运行，这时可以看见仿真控制器的运行指示灯是绿色常亮（图中①），表明控制器可以正常工作。若仿真控制器的故障指示灯"FAULT"状态（图中②）为红色或闪烁，表明仿真控制器有故障，这时要检查程序或各种参数配置（含硬件），排除故障，以使仿真控制器能正常工作。

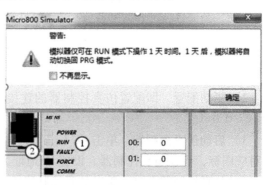

图 4-73　仿真控制器运行提示

2. 程序调试

　　程序下载完成后，就可调试程序了。由于调试中要强制与修改参数，因此，仿真控制器必须设置在 REM 状态，不能置于 RUN 状态（此状态下进行参数修改或强制会提示错误）。双击项目中的用户程序，改变仿真控制器的输入状态并进行变量强制，可以监控程序的运行逻辑。图 4-74 所示为程序强制前的状态。

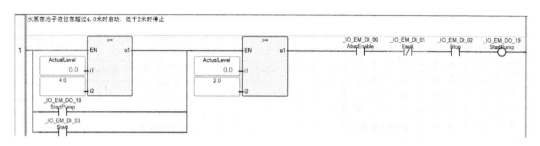

图 4-74　程序的仿真运行状态（变量强制前）

图 4-75 所示为完全通过 PLC 的输入面板进行操作的程序调试。在 2080-IF2 的第一个通道处输入 28000，由于液位没有达到 4.0m，水泵不能自动起动，这时，可以进行手动起动。单击 DI 输入端子 00、02 和 03，即使得别名为 AutoEnable、Stop 和 Start 的三个 BOOL 量为 ON，这时输出 StartPump 接通，_IO_EM_DO_19 指示灯和 19 号输出端子灯亮（橘黄色）。此时，如果再次单击 03 输入端子，Start 变为 OFF，但 StartPump 仍接通，因为与 Start 并联的 StartPump 做了自保。这也属于起保停逻辑。这种方式下，起动、停止信号都可以是脉冲。

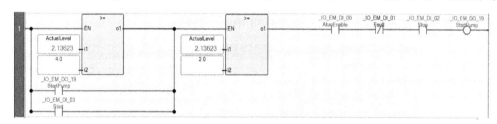

a) 手动起动水泵的程序运行状态

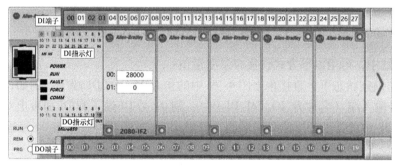

b) 仿真控制器运行模式下状态

图 4-75　通过 PLC 面板端子进行的程序仿真调试

在这种调试方式下，PLC 面板上的强制（FORCE）LED 灯是灭的。全局变量监视窗口中的逻辑值等于实际值。

在程序调试中，经常要进行变量强制或修改参数值（如定时器定时值）。CCW 中强制操作原理如图 4-76 所示。对于输入通道，如图 4-76a 所示，锁定后，用强制指定值代替原来物理通道的实际物理值。对于输出通道，如图 4-76b 所示，用强制指定值送到物理通道，代替原来的给物理通道的逻辑值。在变量监视器中，对于输入（模拟量、数字量等），需要把强制指定值键入到逻辑值；而对于输出，需要把强制指定值键入到实际值。

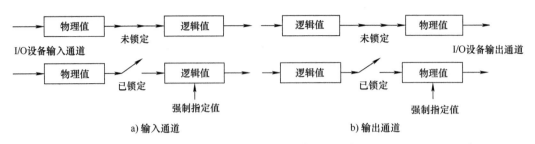

图 4-76 CCW 中的强制操作原理示意图

CCW 中，PLC 中的逻辑值是程序逻辑执行后的值，而实际值指的是输入通道或输出通道的值。如果某个 DO 通道逻辑执行结果是 OFF，但若测试需要想使其输出为 ON，则要执行锁定和强制，使得该通道的实际值为 ON。显然，这时逻辑值与实际值是不同的。在未锁定状态下，物理值（实际值）始终等于逻辑值。

例如，要对_IO_EM_DI_00 进行强制，改变其状态。这时，可以在全局变量窗口中（须是在线状态），把该变量锁定（单击变量行与锁定列相交处的方框，若方框里出现 "√"，表示为锁定；再次单击，"√" 消失表示无锁定），如图 4-77 所示。锁定的变量在程序窗口中该变量的右侧会有锁形图标显示，如图 4-78 中的①处所示。

名称	别名	逻辑值	实际值	初始值	锁定	数据类型
IO EM DO 18		☐	✓		✓	BOOL
IO EM DO 19	StartPump	✓	✓		☐	BOOL
IO EM DI 00	AtuoEnable	✓	☐		✓	BOOL
IO EM DI 01	Fault	☐	☐		☐	BOOL
IO EM DI 02	Stop	✓	☐		✓	BOOL
IO EM DI 03	Start	✓	☐		☐	BOOL
IO EM DI 04		✓	✓		☐	BOOL

图 4-77 全局变量窗口执行锁定时 I/O 变量的强制

仿真调试中，可用以下方式切换布尔变量值：

1）在非锁定状态下，直接单击图 4-79 中的仿真 PLC 的 DI 端子。例如，单击仿真 PLC 上侧的 04 号输入端（名称为_IO_EM_DI_04），则 04 号 DI 端子和 DI 面板上对应的 4 号 LED 灯亮。图 4-78 中的②处逻辑值和实际值方框里出现 "√"。再次单击 04 号输入端，则状态变为 OFF，04 号 DI 端子和 DI 面板对应的 LED 灯灭。

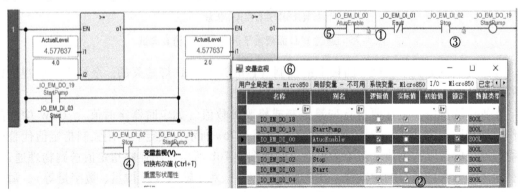

图 4-78 强制后程序的运行显示

2）在锁定状态下，可以采用以下方式：

① 在程序窗口中选中该变量，单击鼠标右键，在出现的菜单中选择"切换布尔值"，如图 4-78 中的③、④处（这里进行了截图，实际菜单在③位置）。但如果没有执行锁定，则该值会立刻恢复原来状态。

② 单击图 4-78 中⑤处常开触点，则弹出与图 4-77 类似的变量监视窗口⑥，在该窗口中，可以执行 DI 变量的锁定（勾选锁定）和强制（勾选逻辑值）等操作。程序中别名 AutoEnable 和 Stop 的两个 DI 都进行了锁定后的强制，信号都为 ON，但 PLC 面板 DI 端子和 LED 灯没有亮，如图 4-79 所示。

最后，在图 4-79 的 2080-IF2 模块的第一个通道处输入 60000，经过转换后得到工程量 4.577m。由于 LD 逻辑的常开或常闭触点都接通，因此输出 StartPump 激活，该别名对应的名称为_IO_EM_DO_19，对应输出端子号 19。可以看到仿真 PLC 上 19 号 DO 端子和 DO 面板上对应的 19 号 LED 灯亮。

当 DI 锁定时，DI 端子和 DI 面板指示灯的状态由物理值来决定，而程序中的逻辑值是跟随强制值的。结合图 4-76 的 CCW 强制原理，会观察到以下现象：

1）单击图 4-79 中的仿真 PLC 的输入端子，即物理值发生了变化，对应的 DI 端子和 DI 面板 LED 灯亮，但程序中的逻辑值不变。

2）在全局变量窗口或变量监视窗口中，执行锁定状态下的输入强制，使得逻辑值为 ON，但输入端子和 DI 面板上对应的 LED 灯不亮。如本程序中别名为 AutoEnable 和 Stop 的两个 DI，在图 4-77 中执行了锁定强制，这两个变量值为 ON，但对应的 LED 灯不亮。

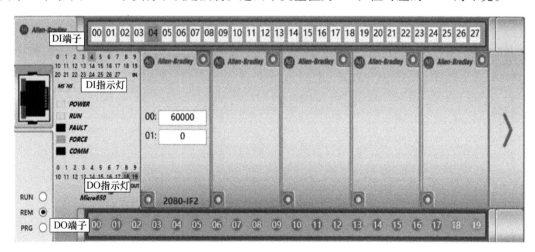

图 4-79　仿真控制器运行模式下状态

当 DO 锁定时，输出灯的状态由强制指定值来决定。若强制为 ON 时，PLC 上的输出端子和面板上的 LED 灯都会亮。如图 4-78 中对_IO_EM_DO_18 进行了锁定强制，18 号输出端子和 DO 面板上的 18 号示灯都亮。

无论锁定还是非锁定状态下，都无法通过单击仿真 PLC 的输出端子来实现 DO 强制，改变其状态。

执行强制时，PLC 面板上的强制（FORCE）LED 灯也亮（橘黄色）。

这里给出了两种仿真调试方式，实际上，锁定方式的强制操作和面板操作并不是排斥的，可以把两者结合用。

通过改变程序中参数值和变量状态，可以检查程序运行逻辑和功能是否与预期一致。这样就实现了在没有物理控制器和 I/O 接线的情况下，通过仿真控制器进行程序调试的目的。

如果仿真过程中发现程序有问题，则退出仿真，回到 CCW 中修改程序，再按上述步骤重新仿真调试。仿真结束后，关闭仿真器。也可以在仿真模式下进行在线修改（见 4.4.2 节），但执行起来比较慢。

复习思考题

1. IEC 61131-3 标准产生的背景是什么？为何该标准会得到广泛的推广和使用？

2. IEC 61131-3 标准的主要内容是什么？IEC 61131-3 标准的编程语言有哪些？

3. CCW 编程软件支持哪些编程语言？

4. 如何根据被控过程的特点和需求来选择编程语言的组合进行 PLC 工程开发？

5. 为何说顺序功能图不只是一种编程语言，更是一种程序分析方法。

6. Micro800 系列 PLC 的指令系统中，有哪些是功能块指令？哪些是功能指令？两者的主要区别是什么？

7. Micro800 系列 PLC 的程序文件有哪些？一个项目中有哪些程序文件？

第 5 章　Micro800 系列控制器程序设计技术

5.1　PLC 控制系统设计内容与设计方法

5.1.1　PLC 控制系统设计内容及步骤

PLC 控制系统的设计包括需求分析、总体设计、硬件设计、软件设计、抗干扰设计、系统调试、现场运行与维护等，具体实施步骤如图 5-1 所示。

1. PLC 控制系统需求分析

在进行 PLC 控制系统设计时，首先要进行需求分析，了解被控对象特性、主要的控制功能及其性能指标要求、控制系统使用与维护要求、控制系统与其他系统之间的通信及数据交换要求。对于通过网络连接多个 PLC 站的网络化分布式控制系统，还要进行网络的规划与配置。需求分析最终要以文档的形式经甲方确认。

2. PLC 控制系统总体设计

PLC 控制系统总体设计是在需求分析的基础上进行的。总体设计包括确定整个系统的网络结构、每个现场 PLC 站的结构及其控制任务、现场 PLC 站之间的数据交换、现场终端（触摸屏）的

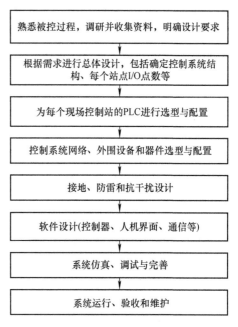

图 5-1　PLC 控制系统设计流程

配置需求。在运动控制中，要特别考虑伺服放大器和伺服电机的配置、变频器的配置等。要保证运动控制系统的实时性。另外，还要考虑上位机监控的需求，确保上位机与 PLC 之间能协调工作。总体设计时要确定系统总体的软、硬件需求。总体设计的重要原则是要综合考虑系统的可靠性、可用性、可维护性、先进性等指标。在满足系统功能和性能指标的情况下，力求节约成本。

3. PLC 控制系统硬件设计

PLC 控制系统的硬件设计包括：

1）每个现场 PLC 站进行选型与模块配置、硬件接线与安装，一般 PLC 的 I/O 点数要有一定的冗余量。在有防爆要求的应用场合，要通过安全栅或继电器等进行隔离。

2）相关的电气原理图与安装图，PLC 外围电器元件选型，PLC 控制柜设计、配置与安装等。

3）PLC 控制网络的配置。

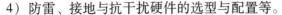

4）防雷、接地与抗干扰硬件的选型与配置等。

在进行 PLC 的选型时，首先根据系统的 I/O 点数和控制要求确定 PLC 类型（微型、小型或中大型），再根据 I/O 信号数量和要求配置 I/O 模块。对于数字量模块，要注意其工作电源等级、信号类型（拉出或灌入）等；对于输出模块，还要根据负载特性选择合适的类型（继电器、晶体管）。对于模拟量模块，要根据传感器和执行器的信号要求选择模块。对于需要使用现场总线的系统，要配置相应的总线通信模块或网关。有特殊需求的应用，还可配置专用的 PLC 模块。

4. PLC 控制系统软件设计与编写

（1）软件设计内容与原则

在系统总体设计中，了解了系统需求，这时可以进一步对系统进行细化，确定 PLC 软件要实现的功能。在软件设计上，可以采取自底向上的方法或自顶向下的方法。

具体的软件设计可以根据软件规格书的总体要求和控制系统具体情况，确定应用程序的组成结构，包括初始化程序、定时扫描程序、中断程序等；确定程序执行的优先级和不同类型程序的扫描周期；确定系统中需要开发或重用的功能块；确定编程中需要定义的数据结构；确定每个功能模块的接口参数和具体功能；根据具体程序要实现的功能块的特点，确定每个功能块的编程语言等。

程序设计中，要特别重视对于故障或异常的处理。例如，对于模拟量，要考虑信号电缆断线、数值溢出等情况；对于通信程序，要考虑通信出错。对于这些异常或故障，还必须进行报警输出。某些 PLC 系统中，工艺参数的高、低限报警及设备故障状态报警也要求 PLC 程序进行处理和触发，并传递到上位机。

（2）编程注释与文档

目前控制软件的开发和维护成本不断增加，因此，在软件开发中，要重视文档的编写。这些文档要包括程序的功能、逻辑关系说明、设计思想、信号的来源和去向等。例如，对于功能块，要描述其功能及接口参数的定义；对于梯形图的每个梯级或文本语言的每行程序，要多加注释。

5. PLC 控制系统仿真及调试

（1）仿真调试

PLC 程序在开发过程中就可以利用仿真功能不断进行测试，确定程序的执行是否符合预期。比如，编写了一个功能块后，就可立即测试，及早发现问题。若等到所有程序编写完成再进行仿真，发现需要修改该功能块时，则需要对调用该功能块的组织单元进行一定的修改，增加了工作量，且容易出错。进行 PLC 的程序仿真时，所有的输入/输出信号、参数（如定时器的定时值）都是通过强制方式进行改变。通过信号或参数的改变，判断程序逻辑顺序是否正常，模拟量的采集与控制是否准确，故障报警是否及时等。不过，一般 PLC 仿真软件功能都有一定的局限性，如西门子 Portal 不支持 S7-1200 的 PID 功能仿真；仿真软件在检测一些信号的上升沿、下降沿或快变信号时会出错，所以，PLC 程序的最终测试必须要把程序下载到 PLC 上，连接外部信号和设备后进行。

（2）离线调试

在把 PLC 安装到控制柜后，需要先进行通道测试。通道测试的主要目的是检查控制柜的每个信号通道是否正确。首先在控制柜第一次上电前，需要对整个柜子进行电路基本测试，主要是保证控制柜的电源正负极之间没有短路，检查 24V 和 220V 之间各自的供电回路是否导通、正确，防止接线时电源错误对设备模块产生伤害。

对控制柜每个 PLC 模块的通道进行测试。对于模拟量输入，主要是使用信号发生器模拟仪表的电压或电流信号。模拟量输出主要是在 PLC 上进行强制输出，然后用万用表测量对应输出端子上信号是否与所强制的数值一致。数字量输入模块是短接输入端，如接通，PLC 中的监控值就会变成 "True"，否则是 "False"。数字量输出是在 PLC 中把对应通道强制为 "True"，观察对应 DO 模块通道指示灯是否亮，同时用万用表的通断档测试端子排上对应通道是否接通。

在过程自动化中，离线调试也称为 FAT（Factory Acceptance Test，工厂验收），即设备在工厂做好了，等待发货前进行的验收。

（3）在线调试

当 PLC 控制柜做好通道测试之后，就需要把控制柜发往现场，然后对控制柜进行接线。一般先接现场仪表、设备的线，再接控制柜对应的线。当现场和控制柜内的线接好后，测控回路形成闭环，就可以开展回路测试，此时控制信号应能全部联动。例如，在现场有一台电机，该电机有 3 个数字量输入信号和一个数字量输出信号。3 个数字量输入信号是远程控制允许、运行、故障。假设在电气柜设置的热继电器故障，则要检查该信号在 PLC 上是否正确采集（若有触摸屏，还需检查触摸屏中的信号）；在 PLC 中对应的输出端口输出一个控制该电机的信号，要判断对应的继电器、接触器是否动作。

在线调试还要涵盖现场仪表，如压力变送器、差压变送器、流量变送器、温度变送器等，以及执行器，如电动或气动阀门、变频和伺服设备等。这些设备首先要按说明书要求校验，然后按照电气规范进行安装和测试。变频和伺服设备等可以通过面板进行手动测试，手动测试正常后可以接入 PLC 控制系统进行在线调试。

在过程自动化中，在线调试也称为 SAT（Site Acceptance Test，现场验收），即设备在现场安装好后进行的调试验收。

5.1.2　PLC 程序设计基础、规范与发展

1. PLC 程序设计基础

在工业控制系统中，以 PLC 为代表的现场控制站（下位机）实现对被监控的过程/设备的直接控制，控制程序的运行结果直接对被控的物理过程与设备产生影响，因此，PLC 控制软件的设计与开发极为重要。

在前面的章节中，已经介绍了 PLC 程序设计的基础知识，包括 PLC 的工作原理、结构与组成、指令系统、编程语言、不同类型的输入/输出信号及其硬件接线、典型环节的 PLC 程序等。还介绍了 PLC 程序的执行过程及 PLC 的系统软件资源，从而更好地把握程序设计原则，合理规划控制程序，节约系统资源，提高程序运行效率，增强软件的可靠性。对于一个具体型号的 PLC 程序设计，掌握其一体化编程软件的使用也十分重要。

此外，要利用 PLC 进行控制系统设计，首先要了解其一般流程和主要内容，特别是要学会需求分析，掌握 PLC 程序设计的一些主要方法，如经验设计法、时间顺序逻辑设计法、逻辑顺序设计法、顺序功能图法等。建议读者把顺序功能图法作为主要的设计方法加以学习。

PLC 通常不单独使用，一般要和智能仪表、变频器、伺服驱动器等外围设备协同完成控制任务。因此，熟悉这些设备的原理与使用也同样重要。此外，PLC 一般还和人机界面进行通信，因此，在 PLC 程序设计时，要与人机界面的设计规划进行协同，确保人机界面的监控功能的正确实现。

2. PLC 程序设计规范

在进行 PLC 程序设计时，要遵循一定的设计规范，确保一个项目具有统一的编程风格，从而使得程序易于阅读和理解、易于维护、可重用性强，有利于多个程序员的高效协作。例如，在变量、功能的命名上，可以借鉴高级语言中使用的下划线命名法和（大、小）驼峰式命名法，并在一个程序中保证变量命名的一致性。

1）大驼峰式命名法（Pascal Case）：每个单词的首字母大写，单词之间没有下划线或其他分隔符。例如：FirstName、LastName、PhoneNumber。

2）小驼峰式命名法（Camel Case）：第一个单词的首字母小写，后面每个单词的首字母大写，单词之间没有下划线或其他分隔符。例如：firstName、lastName、phoneNumber。

在 PLC 程序设计中，程序的结构化十分重要，一个好的 PLC 程序必然有好的结构。结构化的目的是提高程序的质量、可读性、可维护性和可扩展性。结构化包括程序代码的结构、程序的运行流程、错误和异常情况处理、变量和数据的管理等。

3. PLC 程序模板与 PLC 程序自动生成

（1）PLC 程序模板与库文件

IEC 61131-3 标准推出后极大促进了面向对象技术在 PLC 软件开发中的应用，用户可以开发典型设备的功能块，一方面可以提高程序的可重用性和可靠性，而且也可保护自身的知识产权。目前，主要的 PLC 制造商也都有类似的程序模板或库文件。罗克韦尔自动化公司的 Add-On 指令不仅便于用户开发自己的功能块，而且该公司还开发了过程对象库。现以库中的 P_RunTime 这个 Add-On 指令为例，它可以计算设备总的运行时间、当前运行时间、最长连续运行时间和起动次数等，指令如图 5-2 中①所示。该指令有 10 个输入和 5 个输出。用户可以定义要显示的输入和输出端。随着全集成自动化的发展，这些指令还有与其对应的面板（Faceplate），如图中②所示。这样用户可以在 HMI 中直接调用面板，从而极大简化了人机界面开发工作量，这点和 DCS 组态十分类似了。

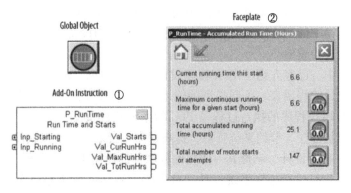

图 5-2　P_RunTime 指令及面板

为了使用过程对象库，用户需要从网络下载库文件并导入到工程中。但罗克韦尔自动化

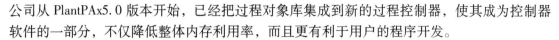

公司从 PlantPAx5.0 版本开始，已经把过程对象库集成到新的过程控制器，使其成为控制器软件的一部分，不仅降低整体内存利用率，而且更有利于用户的程序开发。

（2）PLC 程序自动生成

目前，在利用 Matlab 构建硬件在环仿真系统时，Simulink PLC Coder 可以从 Simulink 模型、Stateflow 图表及 Matlab 函数生成独立于硬件的 IEC 61131-3 结构化文本和梯形图程序。结构化文本和梯形图采用 PLCopen XML 及 PLC 编程软件广泛使用的集成开发环境（IDE）支持的其他文件格式，这些 IDE 包括 3S Codesys、罗克韦尔自动化 Studio 5000 和 RSLogix5000、西门子 TIA Portal、欧姆龙 Sysmac Studio、三菱 GxWorks3 等。因此，用户可以编译应用程序并部署到这些厂家的 PLC 和 PAC 设备中。Simulink PLC Coder 可以生成测试平台，帮助用户使用这些 IDE 以及仿真工具验证结构化文本和梯形图。它还提供代码生成报告，其中涵盖了静态代码指标，以及模型与代码间双向可追溯。因此，可以借助这个工具，来生成一些 PLC 控制程序。

随着人工智能（AI）和大模型的发展，代码自动生成已从高级语言扩展到 PLC 程序。在 2024 年的汉诺威工业博览会上，西门子公司展示了其首款生成式 AI 产品——Industrial Copilot，它针对 TIA 工程设计进行了深度优化，能够运用结构化控制语言（SCL）自动生成代码，使得 TIA 平台能够直接获取 AI 提出的代码建议，免去人工复制粘贴的繁琐步骤。该 AI 助手还能够解读 SCL 代码模块，指导用户在 WinCC Unified 环境中轻松建立虚拟机器或工厂模型。此外，用户可以通过自然语言搜索西门子官方手册，极大提高了查阅效率。德国倍福公司的 TwinCAT Chat，可在 TwinCAT XAE 开发环境中方便地使用 OpenAI 开发的 ChatGPT 等大型语言模型（LLM）进行项目开发。对于自动化工程师来说，通过 LLM 的自动生成和补全代码功能有可能彻底改变开发流程。可见，AI 支持的 PLC 编程能大幅提高自动化工程项目的速度和效率，是未来各 PLC 厂商发展的重点。

5.1.3　典型功能环节的 PLC 程序设计

PLC 指令种类繁多，通过这些指令的组合，可以进行控制器程序开发。在不同的应用中，总是存在一些共性的程序组合，实现诸如自锁和互锁、延时、分频等功能。典型功能环节对于经验法编程十分重要。本节就介绍利用 Micro800 系列的编程指令编写一些典型环节程序。

1. 具有自锁、互锁功能的 PLC 程序

（1）具有自锁功能的 PLC 程序

利用自身的常开触点使线圈持续保持通电即"ON"状态的功能称为自锁（也称自保）。图 5-3 所示的起动、保持和停止程序（简称起保停程序）就是典型的具有自锁功能的梯形图，StartButton 为起动信号，StopButton 为停止信号。根据起动优先或停止优先有 2 种不同的程序。图 5-3 中梯级 1 为停止优先程序，当 StartButton 和 StopButton 同时接通，则 StartMotor 断开。在一些工业生产线或大型机械设备的控制中，停止优先的控制方式则更为适用。梯级 2 为起动优先程序，即当 StartButton 和 StopButton 同时接通，则 StartMotor 接通。在消防系统中，如果需要确保在火灾发生时能够立即起动消防泵进行灭火，那么起动优先的控制方式就更为合适。程序中 Fault 表示电机故障信号，只要有故障，电机就停止。

如果两个按钮不同时接通，则其运行结果是没有区别的。起保停程序也可以用置位

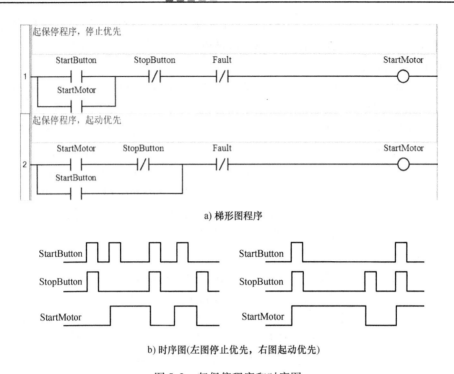

a) 梯形图程序

b) 时序图(左图停止优先，右图起动优先)

图5-3　起保停程序和时序图

（SET）和复位（RST）等指令及 SR 或 RS 指令来实现。在实际应用中，起动信号和停止信号可能由多个触点组成的串、并联电路提供，即起动是一个逻辑组合，停止也是一个逻辑组合。从图 5-3b 中的信号时序图可以更好地看到输出信号与输入信号的关联，信号时序图对程序的设计和理解非常有利。

（2）具有互锁功能的 PLC 程序

利用两个或多个常闭触点来保证线圈不会同时通电的功能称为"互锁"。图 5-4 所示的三相异步电机正反转控制电路即为典型的互锁电路，其中 KM1 和 KM2 分别是控制正转运行和反转运行的交流接触器，SB1 是常闭触点停止点动按钮（程序中别名 StopButton），SB2 是正转起动点动按钮（程序中别名 FrdStartButton），SB3 是反转起动点动按钮（程序中别名 BackStartButton），FR 是热继电器（程序中别名 Fault）。

根据三相异步电机正反转的控制要求，设计了如图 5-5 所示的梯形图程序。实现正反转控制功能的梯形图是由两个起保停的梯形图再加上两者之间的互锁触点构成。由于电机不能同时正、反转，因此，需要在控制逻辑上也设置互锁功能。在梯形图中，将 StartMotorBack（反转）和 StartMotorFrd（正转）的常闭触点分别与对方的线圈串联，可以保证它们不会同时接通，因此 KM1 和 KM2 的线圈不会同时通电，从而实现了两个信号的互锁。除此之外，为了方便操作和保证 StartMotorBack 与 StartMotorFrd 不会同时接通，在梯形图中还设置了按钮联锁。

梯形图中的正反转互锁和按钮联锁只能保证输出 StartMotorFrd 和 StartMotorBack 对应的硬件继电器的常开触点不会同时接通。由于切换过程中电感的延时作用，可能会出现一个接触器还未断弧，另一个却已合上的现象，从而造成瞬间短路故障。另外，如果因主电路电流过大或接触器质量不好，某一接触器的主触点被断电时产生的电弧熔焊而被黏结，其线圈断电后主触点仍然是接通的，这时如果另一接触器的线圈通电，仍将造成三相电源短路事故。为了防止出现这种情况，除了采用软件互锁外，还应在 PLC 控制电路外部设置由 KM1 和 KM2 的辅助常闭触点组成的硬件互锁电路加以保护。

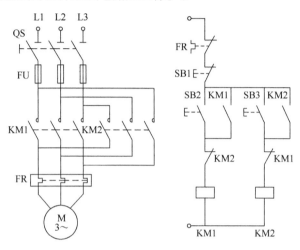

图 5-4　三相异步电机的正反转控制线路

这里，有些读者可能会想把 KM1 和 KM2 接触器的触点信号也采集进来（实际应用中这两个信号是送入 PLC 中，作为设备的运转信号用于计时等，并上传触摸屏或上位机），把它们加到正、反转的逻辑控制中，以确保互锁功能。

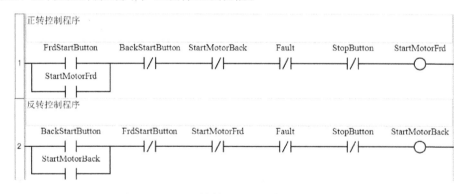

图 5-5　用 PLC 控制电机正反转的梯形图程序

2. 分频电路 PLC 程序

分频就是用同一个时钟信号通过一定的电路结构转变成不同频率的时钟信号。而 2 分频就是通过有分频作用的电路结构，在时钟每触发 2 个周期时，电路输出 1 个周期信号。n 分频指当输入为 f 频率的连续脉冲经 n 分频电路处理后，输出的是 f/n 频率的连续脉冲，也就是当输入 n 个脉冲时，对应输出为 1 个脉冲。

用 PLC 可以实现对输入信号的分频，2 分频逻辑的程序如图 5-6a 所示。将输入脉冲信号加入 Input 端，辅助继电器 bTemp 瞬间接通，使得梯级 2 的上支路有能量流过导致 Output 线圈接通，该线圈一旦接通后上支路就断开，但下支路进行自保。当第 2 个输入脉冲来到时，辅助继电器 Temp 接通，导致下支路断开，即线圈 Output 断开。上述过程循环往复，使输出端信号 Output 的频率为输入端信号 Input 频率的一半。

图 5-6b 和图 5-6c 所示为 3 分频电路的 PLC 程序及时序。推理可得，只需将计数器的设定值改为 n，就是典型的 n 分频电路。为了让读者通过时序图看清程序执行逻辑，使用了临时变量 bTemp1 和 bTemp2。时序图上，bTemp1 和 bTemp2 实际是脉冲。从编程角度看，这两个变量是可省略的。

a) 2 分频逻辑的梯形图程序

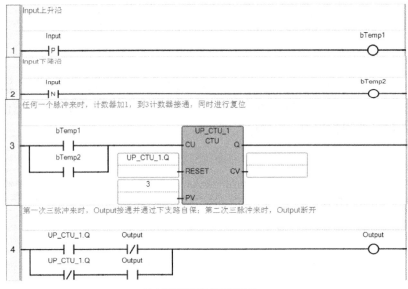

b) 3 分频逻辑的梯形图程序

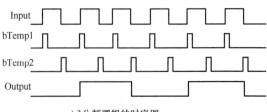

c) 3 分频逻辑的时序图

图 5-6 2 分频及 3 分频电路 PLC 程序和时序图

3. 多谐振荡电路 PLC 程序

多谐振荡电路可以产生按特定的通/断间隔的时序脉冲，常用它来作为脉冲信号源，也可用它来代替传统的闪光报警继电器，作为闪光报警。

多谐振荡电路 PLC 程序如图 5-7a 所示。Input 为起动输入按钮（带自保功能）。程序中用了 2 个接通延时定时器。当 Input 为 ON 时 TON_1 开始计时，5s 后定时器 TON_1 定时时间到，其输出（TON_1.Q）的常开触点使 Output 的线圈接通，并使 TON_2 开始定时。又经过 5s，TON_2 定时时间到，其常闭触点使得 TON_1 输入（IN）为 OFF，TON_1 复位。TON_1 的常开触点断开 Output 线圈，即 Output 输出从 ON 变为 OFF；同时，TON_2 的常闭触点又接通 TON_1 的输入，即 TON_1 又重新开始计时。就这样，输出 Output 所接的负载按接通 5s、断开 5s 的谐振信号工作。由梯形图程序可知，Output 接通时间为 TON_2 的定时值，而断开时间为 TON_1 的定时值。可以通过设定两个定时器的设定值来确定所产生脉冲的占空比。需要注意的是 TON_2 接通的时间只有一个扫描周期，因此，其对占空比的影响可以忽略。多谐振荡电路的时序图如图 5-7b 所示，读者可以结合这个时序图来分析程序逻辑。

若要求 Input 信号变为 ON 的瞬间多谐振荡电路也立刻有输出，只需要把 Output 线圈前的 TON_1.Q 的常开触点改为常闭触点。当然这时 Output 接通的时间为 TON_1 的定时，断开时间为 TON_2 的定时，即与先前程序的通、断时间相反了。

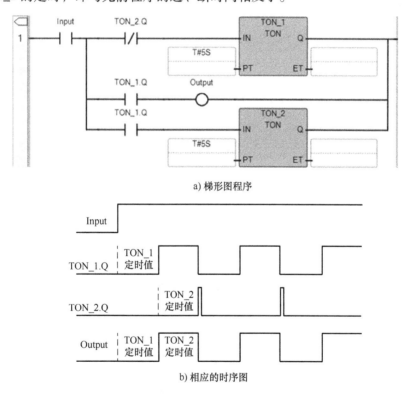

a) 梯形图程序

b) 相应的时序图

图 5-7　多谐振荡电路 PLC 程序和时序图

4. 单按钮起停控制 PLC 程序

通常一个电路的起动和停止控制是由两只按钮分别完成的，当一台 PLC 控制多个这种具有起停操作的电路时，将占用很多输入点。一般整体式 PLC 的输入/输出点是按 1:1 的比例配置的，由于大多数被控设备是输入信号多，输出信号少，有时在设计一个不太复杂的控制电路时，也会面临输入点不足的问题，因此用单按钮实现起停控制是有现实意义的。

可以用多种方式实现该功能，这里给出了用计数器实现方式和用 SR 指令（置位优先）实现方式，PLC 程序如图 5-8 所示。对计数器方式，当按钮 Input 按第一下时，输出 Output 接通，并自保持，此时计数器计数 1；当按钮 Input 第二次按下时，计数器计数为 2，计数器输出 Q 接通，它的常闭触点断开输出 Output，常开触点使计数器复位，为下次计数做好准备。用 SR 指令实现方式，读者可以自行分析。

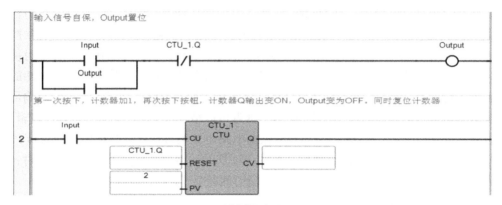

a) 用计数器实现

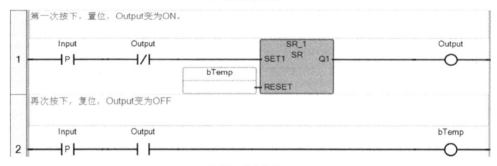

b) 用SR指令实现

图 5-8　单按钮起停控制 PLC 程序

5. 设备有多种工作模式时的编程

第 4 章中介绍了一种设备有多种操作模式时，如何防止梯形图多线圈输出问题的编程方式。这里再介绍一种利用跳转和返回指令实现的方式。三菱电机、西门子等厂家的 PLC 也支持这类方式。

假设设备有手动、半自动和全自动操作模式，工作方式由 1 个工作模式选择转换开关确定，即同一时刻只可能有一种方式有效。把转换开关的三个输入接入 PLC 的 DI 端子，其别名分别是 SEL_MAN、SEL_SEMI 和 SEL_AUTO。当选择了某个工作模式时，程序跳转到相应工作模式对应的标签处，开始执行对应工作模式的控制逻辑，结束时程序返回，具体示例如图 5-9 程序所示。在这种方式下，多线圈输出不会导致程序出错。

5.1.4　PLC 程序的经验设计法

1. 经验设计法原理

工业电气控制线路中，有不少都是通过继电器等电器元件来实现对设备和生产过程的控

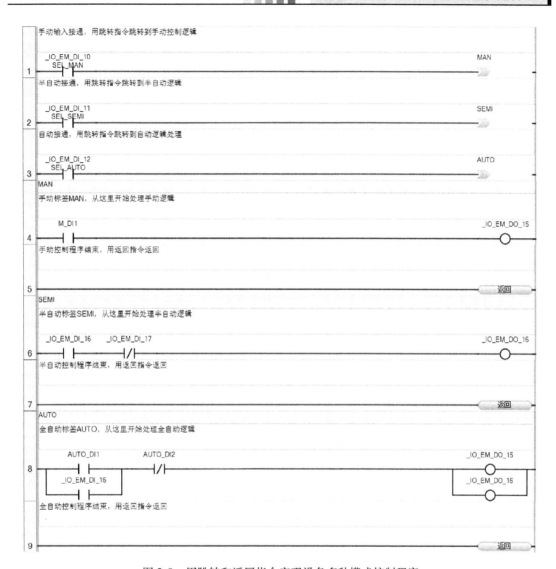

图 5-9　用跳转和返回指令实现设备多种模式控制程序

制的。而继电器、交流接触器的触点都只有吸合和断开两种状态，因此，用"0"和"1"两种取值的逻辑代数设计电气控制线路是完全可行的。PLC 的早期应用就是替代继电器控制系统，根据典型电气设备的控制原理图及设计经验，进行 PLC 程序设计。这个设计过程有时需要多次反复地调试和修改梯形图，不断地增加中间编程元件和触点，最后才能得到一个较为满意的结果。这种方法没有普遍的规律可以遵循，设计所用的时间、设计的质量与编程者的经验有很大的关系，所以有人把这种设计方法称为经验设计法。该方法一般用于逻辑关系较简单的梯形图程序设计。

用经验设计法设计 PLC 应用程序的一般步骤如下：

1）根据控制要求，明确输入/输出信号。对于开关量输入信号，一般建议用常开触点（在安全仪表系统中，要求用常闭触点）。

2）明确各输入和各输出信号之间的逻辑关系。即对应一个输出信号，哪些条件与其是逻辑与的关系，哪些是逻辑或的关系或其他复杂逻辑关系。

3）对于复杂的逻辑，可以把上述关系中的逻辑条件作为线圈，进一步确定哪些信号与其是逻辑与，哪些信号与其是逻辑或的关系，直到该信号可以对应最终的输入信号或其他触点或变量。这些逻辑关系既包括数字量逻辑、定时与计数等逻辑条件，也包括模拟量比较与判断等逻辑条件。

4）确定程序中包括哪些典型的 PLC 逻辑。程序的逻辑分解到可以通过典型的 PLC 逻辑实现为止。

5）根据上述得到的逻辑表达式，选择合适的编程语言实现。通常，对于数字量逻辑关系比较多的情况用梯形图编程比较方便。

6）PLC 与人机界面的交互、报警等可以采用结构化数据方式来处理。

7）检查程序是否符合逻辑要求，结合经验设计法进一步修改程序。

2. 经验设计法示例

以送料小车自动控制的梯形图程序设计为例说明。

（1）控制要求

某送料小车开始时停止在左边，左限位开关 Left_LS 的常开触点闭合。要求其按照如下顺序工作。

1）按下右行起动按钮 Start，开始装料，20s 后装料结束，开始右行。

2）碰到右限位开关 Right_LS 后停下来卸料，25s 后左行。

3）碰到左限位开关 Left_LS 后又停下来装料，这样不停地循环工作，直到按下停止按钮 Stop。

被控对象的具体控制要求与信号如图 5-10 所示。

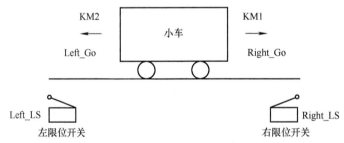

图 5-10　送料小车控制示意图

由于该系统的 I/O 点无特殊需求，输出节点容量小，因此输入可用拉出或灌入类型，输出可选拉出型。由于 I/O 点与 PLC 模块之间距离近（小于 50m），因此，I/O 模块的工作电源可选 DC 24V。据此，可以选用罗克韦尔自动化型号为 2080-LC50-48QBB 的 PLC，该 PLC 有 48 个数字量输入和输出，其 I/O 数量和特性满足该系统要求。

由于小车的功率较小，因此，在 PLC 的外围电器元件配置上，没有配置中间继电器，而是直接用 PLC 的数字量输出来驱动接触器，控制小车的前进和后退。

该 PLC 控制系统硬件接线如图 5-11 所示。从该接线图可以知道 I/O 端子配线、信号及别名，就不单独列出 I/O 表了。

（2）程序设计与说明

控制系统软件编程环境是 CCW V12.0。控制程序设计思路以电机正反转控制的梯形图

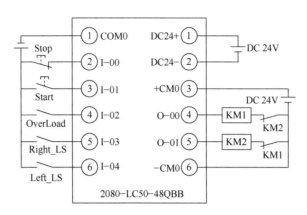

图 5-11　送料小车 PLC 控制系统硬件接线图

为基础，该程序实质就是一个起保停程序。首先确定与该控制有关的输入和输出变量。输入变量包括限位开关信号（别名是 Right_LS 和 Left_LS）、过载信号（别名 OverLoad）、起动信号（别名 Start）和停止信号（别名 Stop）等。输出信号是小车正、反转的驱动信号，接触器分别是 KM1 和 KM2，对应程序中的别名是 Right_Go 和 Left_Go。

小车正转的控制条件是一个起动的信号和使其停止的逻辑条件。而起动信号要求的逻辑条件为：小车在最左边位置和右行起动按钮信号输入都为真，然后以这两个输入的逻辑与作为定时器的输入，当定时时间到就满足右行的逻辑条件。停止的条件包括过载信号、停止信号、右限位信号。停止条件中还需要增加一个正反转互锁信号。按照这样的思路，就可以进一步完成程序的实现。

设计出的小车控制梯形图程序如图 5-12 所示，具体解释如下：为使小车自动停止，将 Right_LS 和 Left_LS 的常闭触点分别与 Right_Go 和 Left_Go 线圈串联。为使小车自动起动，将控制装、卸料延时的定时器 TON_1 和 TON_2 的常开触点作为小车右行和左行的主令信号，分别与手动起动右行和左行的 Right_Go、Left_Go 的常开触点并联，构成运行保持回路。程序中 Load 是局部变量，表示装载物料。

程序中串联了过载保护 OverLoad，以确保存在过载时线圈断开，小车停车。另外，在右行和左行的逻辑中分别加入了互锁信号 Left_Go 和 Right_Go 的常闭触点，防止两个输出接触器 KM1 和 KM2 同时得电。另外，由于在任何时候都要能停止小车，因此，每个梯级都加了 Stop 的常闭触点。

现假设在左限位开关和右限位开关的中间还安装有一个限位开关 Mid_LS，小车在 Mid_LS 和 Right_LS 两处都要各卸料 10s。显然，小车右行和左行的一个循环中两次经过 Mid_LS，第一次碰到它时要停下卸料，第二次碰到它时则要继续前进。这时在程序设计中，要设置一个具有记忆功能的标签，当从左运行到右的过程中经过 Mid_LS 时，该标签置 ON。具体程序可以在上述一次卸料的程序基础上修改。

在梯形图程序中，触点及线圈有 4 种显示方式：名称、别名、名称和别名以及名称和配线。为了便于读者了解这 4 种显示方法，这里的程序第 1 梯级采用了名称和别名，第 2 梯级显示方式是别名，第 3 梯级显示方式是名称，第 4 梯形显示方式是名称和配线。从程序可读性来说，显示方式包括别名更合适。

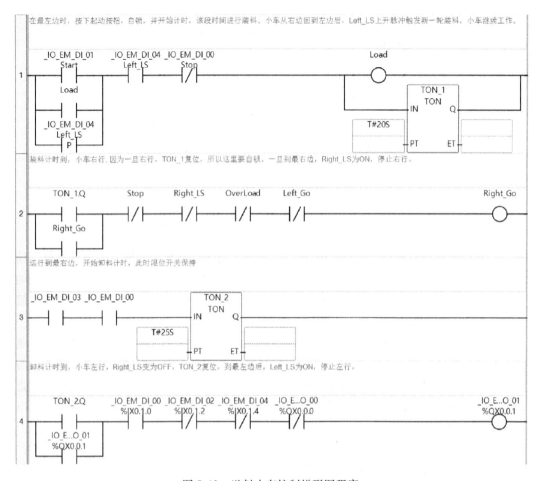

图 5-12　送料小车控制梯形图程序

3. 经验设计法的特点

经验设计法对于一些比较简单的控制系统设计是比较奏效的。但是，由于这种方法主要是依靠设计人员的经验进行设计，所以对设计人员的要求也比较高，特别是要求设计者有一定的实践经验，对工业控制系统和工业上常用的各种典型环节比较熟悉。经验设计法没有规律可遵循，具有很大的试探性和随意性，往往需对程序进行多次修改和完善才能符合设计要求，因此设计的结果往往不是很规范，因人而异。

经验设计法一般只适合于较简单的或与某些典型系统相类似的控制系统的设计，或者用于某些复杂程序的局部设计（如设计一个功能块）。若采用该方法设计包括复杂逻辑关系的应用时，设计周期比较长，且会反复修改程序。另外，这类程序的可读性差，并且可重用性差。

5.1.5　PLC 程序的时间顺序逻辑设计法

1. 时间顺序逻辑设计法原理与步骤

时间顺序逻辑控制系统也是一类典型的顺序控制系统，经典的例子是交通信号灯控制。道路交叉口红、绿、黄信号灯的点亮和熄灭按照一定的时间顺序。这类顺序控制系统的特点是系统中各设备运行时间是事先确定的，一旦顺序执行，将按预定时间执行操作命令。时间顺序控制系统有两种情况，一种是程序的执行时间与时钟周期有关，另外一种是与时钟周期无关。对于前一种，假设系统在某个阶段停机，一旦再次起动，则停机这段时间的程序逻辑要跳过，按照当前的时钟周期与时间段运行。

　　时间顺序逻辑设计法适用于 PLC 各输出信号的状态变化有一定的时间顺序的场合，在程序设计时根据画出的各输出信号的时序图，理顺各状态转换的时刻和转换条件，找出输出与输入及内部触点的对应关系，并进行适当化简。一般来讲，时间顺序逻辑设计法也依赖设计经验，因此应与经验设计法配合使用。

　　时间顺序逻辑控制系统的程序基本结构如图 5-13 所示。设备有一个起动条件和一个停止条件，这些条件是定时器的输出。如 TON_1 定时器计时时间到，设备起动，TON_2 定时器计时时间到，设备停止运行。需要注意的是，这里没有对

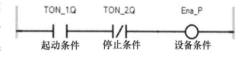

图 5-13　时间顺序逻辑控制系统程序基本结构

输出线圈（Ena_P）进行自保，因此，起动条件不能是脉冲信号。

　　用时间顺序逻辑设计法设计 PLC 应用程序的一般步骤如下：

　　1）根据控制要求，明确输入/输出信号。

　　2）明确各输入和各输出信号之间的时序关系，画出各输入和输出信号的工作时序图。

　　3）将时序图划分成若干个时间区段，找出区段间的分界点，弄清分界点处输出信号状态的转换关系和转换条件。

　　4）对 PLC 内部寄存器和定时器/计数器等进行分配。

　　5）列出输出信号的逻辑表达式，根据逻辑表达式编写梯形图。

　　6）通过模拟调试，检查程序是否符合控制要求，结合经验设计法进一步修改程序。

2. 时间顺序逻辑设计法举例

　　某信号灯控制系统要求三个信号灯按照图 5-14 所示点亮和熄灭。当开关 S1 闭合后，信号灯 L1 点亮 10s 并熄灭，然后信号灯 L2 点亮 20s 并熄灭，最后，信号灯 L3 点亮 30s 并熄灭。该循环过程在 S1 断开时结束。

　　（1）用梯形图程序实现

　　程序中设计三个定时器 TON_1、TON_2 和 TON_3 用于对信号灯 L1、L2 和 L3 的定时，设定时间分别为 10s、20s 和 30s。

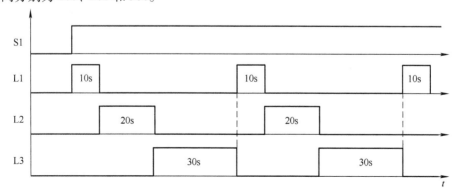

图 5-14　信号灯的控制时序

1）信号灯 L1、L2 和 L3 的编程：根据图 5-15 所示，信号灯 L1 的起动条件是 S1 为 1，停止条件是 TON_1.Q 为 1，程序见第 1 梯级所示。信号灯 L2 的起动条件是 TON_1.Q 为 1，停止条件是 TON_2.Q 为 1，程序见第 2 梯级所示。信号灯 L3 的起动条件是 TON_2.Q 为 1，停止条件是 TON_3.Q 为 1，程序见第 3 梯级所示。

2）定时器的编程：TON_1 的起动条件是 S1 为 1 与 TON_3.Q 为 0，因此，用逻辑与实现，TON_2 的起动条件是 TON_1.Q 为 1，TON_3 的起动条件是 TON_2.Q 为 1，见第 4~6 梯级所示。

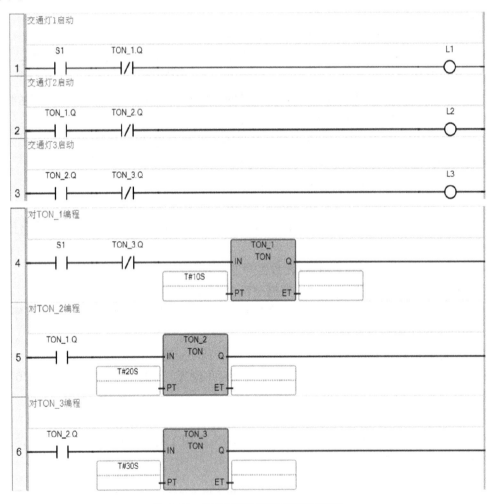

图 5-15　信号灯控制系统梯形图程序

（2）通过扩展多谐振荡电路实现

在 5.1.3 节中学习了多谐振荡电路及其编程。该程序中只有两个时间（通、断时间）可调。在某些应用中，要求输入信号有效后，不仅通、断时间可调，而且要求脉冲信号输出与输入信号脉冲的时间间隔也可调，如图 5-16a 的电路时序图所示。对于这种情况，可以对原来的多谐振荡电路进行扩展，编写自定义功能块 FB_CYCLETIME 来实现。该功能块在输入信号为真后，输出先延时 T1 时间，然后以 T2 时间闭合，T3 时间断开，并以此循环闭合和断开，当输入信号为假时，输出断开。

　　该功能块有一个布尔变量输入，3 个 TIME 变量输入，一个布尔变量输出，如图 5-16b 所示。该功能块程序本体如图 5-16c 所示。可以利用 3 个 FB_CYCLETIME 功能块来实现上述信号灯的控制。3 个输入信号都对应 S1，只是定时器的时间设置不同，见表 5-1。该系统中，每个信号灯的通、断时间总和是 60s，即 T2 与 T3 之和为 60s。对于 L1 的控制，可以利用下面的 ST 语言，其中 FB_CYCLETIME_1 是 FB_CYCLETIME 的实例。另外 2 个灯的控制程序与之类似。

FB_CYCLETIME_1 (S1 , T#0s , T#10s , T#50s) ;

L1 : = FB_CYCLETIME_1. 1CyCOut ;

　　该功能块可以用于多种时间循环的顺序控制中，只需要设置有关时间和起动信号，例如还可以用于交通信号灯的控制。采用该功能块，由于 T#0s 也需要一定的扫描时间，因此，可以保证不同 FB_CYCLETIME 功能块的同步。

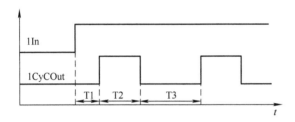

a) 扩展多谐振荡电路时序图　　　　　　　　　　　　　　　　b) 功能块接口

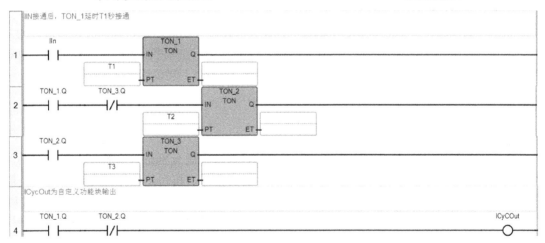

c) 功能块程序本体

图 5-16　扩展多谐振荡电路时序图及其用户定义的功能块（UDFB）

表 5-1　L1 ～ L3 信号灯控制用功能块对应的定时器时间设置

信号灯	输入	T1	T2	T3
L1	S1	T#0S	T#10S	T#50S
L2	S1	T#10S	T#20S	T#40S
L3	S1	T#30S	T#30S	T#30S

从这里的例子读者可以再次看出，采样 UDFB 进行编程后，UDFB 要实现的逻辑关系都隐藏在了 UDFB 的定义中，对 UDFB 进行调用时，根本不需要关注 UDFB 的实现细节，只需要根据 UDFB 的输入和输出参数要求，把实参赋给 UDFB 实例的形参就可以了。对 UDFB 的使用过程，与使用 CCW 系统的功能块指令一样。

5.1.6 PLC 程序的逻辑顺序设计法

1. 逻辑顺序设计法原理与步骤

逻辑顺序设计法按照逻辑的先后顺序执行操作命令，它与执行时间无严格关系，这是与时间逻辑顺序控制系统的不同之处。例如，某流体储罐系统中，可以通过两种方式来调节进料阀门实现储罐料位控制。

1）进料阀门开启后开始计时，计时时间到规定值后关闭进料阀，停止进料；

2）进料阀开启后开始进料，当储罐中的上限位传感器激励后关闭阀门，停止进料。

对于第一种情况，属于时间逻辑顺序控制，因为阀门的关闭是受到阀门开启时间的逻辑条件控制的，而对于第二种情况，则属于逻辑顺序控制，因为阀门关闭的条件是由另外的传感器的状态决定的。

从程序实现的原理看，时间逻辑条件与状态逻辑条件都是影响程序执行的变量，因此，这两类程序在结构上是一致的。在具体分析设计时，可以相互借鉴。

逻辑顺序设计法适合 PLC 各输出信号的状态变化有一定的逻辑顺序的场合，在程序设计时首先要列出各设备的逻辑图，根据逻辑图表确定设备的起/停条件或动作条件，再结合经验法等进行程序编写。

无论时间逻辑还是其他类型的逻辑顺序控制，利用顺序功能图进行程序分析是最好的方法，也是一种系统化的方法，要优于经验法等传统的方法。在顺序功能图的基础上，可以利用不同的编程语言来实现（假设 PLC 不支持 SFC 编程语言）。建议读者多尝试这种方法，一定会有所收获。具体内容可以参考 5.3 节的应用案例。

2. 逻辑顺序设计法举例

（1）单一设备的按钮起/停控制编程

单一设备的按钮起/停控制方法将控制系统的各运转设备分别进行分析，分析其起动和停止的逻辑条件，这些起动或停止条件可能包含现场信号、按钮信号以及复杂的时间、顺序、比较等逻辑组合，最终可以用如图 5-17 所示的程序来实现。其中，图 5-17a 是采用 RS 功能块实现，图 5-17b 是采用自保触点实现。这两种方式都是停止优先，且起动和停止条件都是上升沿脉冲。把图 5-17a 改成 SR 功能块指令后，就变成了起动优先。

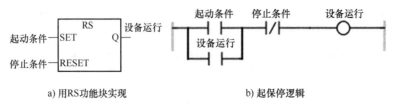

a) 用RS功能块实现　　　　　　　　b) 起保停逻辑

图 5-17　逻辑顺序控制系统程序的基本结构

（2）单一设备的开关起/停控制编程

单一设备的开关起/停控制采用一个开关实现，即开关闭合时设备起动，开关断开时设备停运。以报警信号灯的控制为例介绍单一设备的开关起/停控制。声响控制系统也是采用类似的方法。这类设备的工作原理是当某条件满足时就运行，不满足就停止。其梯形图程序如图 5-18 所示。

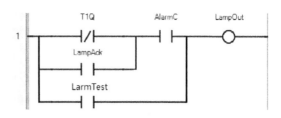

图 5-18　报警信号灯控制程序

程序中报警触点 AlarmC 是常开触点；T1Q 是方波信号发生器输出的闪烁信号；LampAck 是报警确认信号；LarmTest 是测试按钮信号，用于测试按钮灯好坏。当报警信号超限后，AlarmC 触点闭合，由于 T1Q 是闪烁信号，因此，报警灯 LampOut 闪烁，表示该信号超限。操作人员看到信号灯的闪烁后，按下确认按钮（带自保），则 LampAck 闭合，因为 AlarmC 信号没有消失，因此，报警信号灯呈现平光，即不再闪烁。操作人员进行信号的超限处理，使得该信号不再超限，AlarmC 断开，报警灯 LampOut 熄灭。

在这类程序中，设备（信号灯）的点亮和熄灭是根据触点或测试按钮的闭合和断开来控制起/停的，因此，可以使用基本的控制结构编程。

3. 利用 ROL 移位指令实现单流程顺控程序设计

（1）液体混合控制要求

这里以图 5-19 所示的生产过程物料混合反应釜的过程控制为例，来说明如何利用 ROL 移位指令实现单流程顺控编程。流程操作要求如下，首先按下起动按钮，电磁阀 Y1 打开，开始注入物料 A，到 L2 位置后，停止注入物料 A，开启电磁阀 Y2，注入物料 B，到 L1 后，停止注入物料 B，开启搅拌机 M，搅拌 4s，停止搅拌。然后电磁阀 Y3 打开，开始出料，一旦低于 L3 位置后延时 2s，电磁阀 Y3 关闭，停止出料。然后开始新一轮循环。当按下停止按钮时，停止所有操作，等待起动命令。

（2）单流程顺控程序设计

在顺控程序设计中，除了可以利用"起保停"思想、"置位"和"复位"指令进行程序设计外，还可以用状态移位来实现，而且该方法更加简单，不少PLC 也都有类似指令，如西门子 S7-200 系列 PLC 的SHRB 移位寄存器指令。

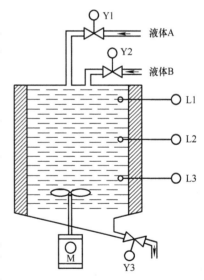

图 5-19　反应釜液体混合控制示意图

Micro800 系列 PLC 的指令相对较少，没有类似 SHRB 指令，也不支持 SFC 编程语言，但可以用 ROL 等移位指令来实现简单的顺控功能。要利用 ROL，就要解决状态位的问题，因为 Micro800 系列支持对 INT、DINT、LINT、BYTE、WORD 等类型变量的位访问。例如，MyVar 为无符号整数类型或 WORD 类型，则 MyVar.i（i 为 0 ~ 15 之间的常数值）为布尔值。

但 ROL 指令的"IN"输入端只支持 DINT 类型的变量。于是可以定义 DINT 类型变量 State 表示 32 个状态，对于一般的单流程顺控，32 个状态位基本够用了。

针对反应釜液体混合过程控制逻辑和要求，设计了如图 5-20 所示的顺序流程图。显然这是单流程的顺控，连同初始状态共有 7 个状态/步，可用 State. 0 ~ State. 6 表示这 7 个状态，用 ROL（向左旋转）指令来实现状态的移位。采用该方式编写的程序如图 5-21 所示。程序总体上结构清晰，也不复杂，只要把控制需求转换为顺序功能图，就便于编程了。定义 State 全局变量（如果不和外部通信也可以是局部变量）时，就把其初值赋 1（即 State. 0 = 1）。在停止时也把 State 初始化为 1，同时要对 Y3 进行复位。虽然不能确定程序中 Y3 是否置位了，但为了确保按下停止按钮时该设备停止工作，这里还是要进行复位。其他动作是和状态有关的，状态变为 OFF 时，动作也变为 OFF。梯级 2 和梯级 3 是实现状态转换的，是程序的核心。梯级 2 的最后一个状态 State. 6 的转换条件程序里没写，相当于是 True。图 5-20 里 State. 6 的转换条件是 State. 6，也就是一旦 State. 6 状态为 ON，就可以立刻进行状态转移。注意梯级 3 状态转移时 StateShiftLogic 用的是上升沿，因为每个状态转移条件满足时，状态只能移动一位。其他程序比较简单，读者对照图 5-20 就可以明白了。

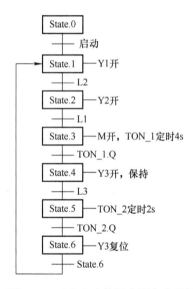

图 5-20 反应釜液体混合顺序流程图

也可以把状态 4 ~ 6 合并为一个状态，比如是 State. 4。进入该状态，首先开 Y3，当 L3 接通时，起动 2s 定时器，2s 到后，转移到 State. 1 重新开始一轮工作。即状态转移条件是 TON_2. Q，L3 没有作为状态转移条件来用。这样在该状态就不用对 Y3 进行置位了，该状态为 ON 的时间包括了 L3 接通后的 2s。

还有一个关于液位传感器的问题，L1 和 L2 是相同的，当传感器检测到液体时输出为 ON。但 L3 是检测到液体时，输出为 OFF，只有液位低于 L3 时（即没有接触到液体时），其输出才接通。另外，这个程序还有一些复杂情况没考虑，例如，开 Y1 之前液位已达到 L1 或 L2，那么就不能起动 Y1。所以，实际现场的 PLC 控制程序要考虑到各种异常情况或进行一定的初始化处理。

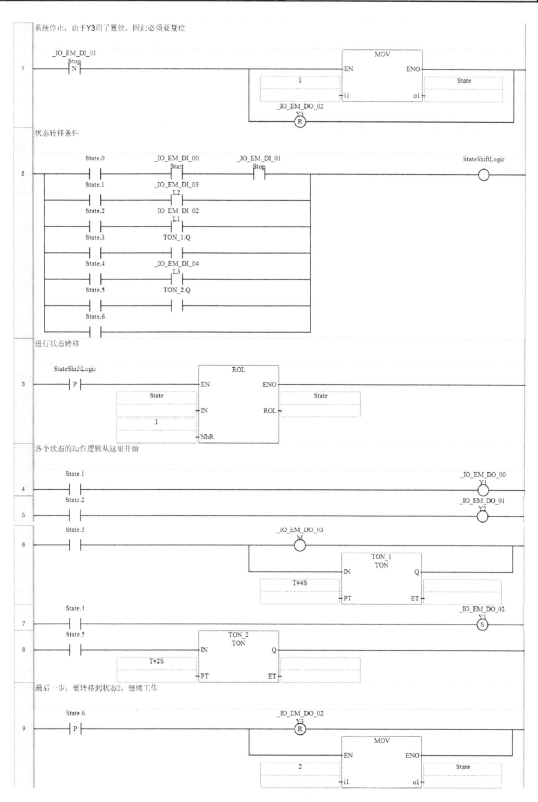

图 5-21　反应釜液体混合 PLC 控制程序

5.2 Micro800 系列控制器程序设计基础

5.2.1 Micro800 系列控制器程序执行过程与规则

1. 程序执行概述

通常 PLC 都采用独特的循环扫描技术来工作。当 PLC 投入运行后，其工作过程一般分为三个阶段，即输入采样、用户程序执行和输出刷新三个阶段。整个过程执行一次所需要的时间称为扫描周期。在整个运行（RUN）期间，PLC 的 CPU 以一定的扫描速度重复执行上述三个阶段。

Micro800 系列控制器程序也以扫描方式执行，一个扫描周期由以下环节组成：读取输入、按顺序执行程序、更新输出和执行通信任务。程序名称必须以字母或下划线开头，后面可接多达 127 个字母、数字或单个下划线。根据可用的控制器内存，一个项目中最多可以包含 256 个程序。默认情况下，程序是周期性的（每个周期或每次扫描执行一次）。每次将新程序添加到项目中时，都会为其分配下一个连续的序号。在 CCW 中起动项目管理器时，它会根据该序号来显示程序图标，用户可在程序的属性中查看和修改程序的顺序编号。但是，项目管理器在项目下次打开之前不会显示新的顺序。

Micro800 系列控制器支持程序内部跳转。通过将代码封装为用户定义的功能（UDF）或用户定义的功能块（UDFB），可在程序内部调用其子例程。UDF 类似于传统的子例程，其占用的内存比 UDFB 少，而 UDFB 可具备多个实例。虽然 UDFB 可以在其他 UDFB 内执行，但是所支持的最大嵌套深度是 5 层。如果超过此限制，将会出现编译错误。这也适用于 UDF。或者，也可以将程序分配给一个可用中断，然后仅在触发中断时执行。分配给用户故障例程的程序仅在控制器进入故障模式之前运行一次。

Micro800 系列控制器中，与周期/扫描有关的全局系统变量是_SYSVA_CYCLECNT（周期计数器）、_SYSVA_TCYCURRENT（当前周期时间）和_SYSVA_TCYMAXIMUM（自上次开始以来的最大周期时间）。

除用户故障中断例程外，Micro830/850/870 控制器还支持：

1）4 个可选定时中断（STI）。STI 会在每个设定点间隔（0 ~ 65535ms）执行一次分配的程序。

2）8 个事件输入中断（EII）。EII 会在每次选定输入上升或下降（可配置）时执行一次分配的程序。

3）2 ~ 6 个高速计数器（HSC）中断。HSC 会基于计数器的累计计数执行分配的程序。HSC 的数量取决于控制器嵌入式输入的数量。

2. 程序执行规则

某个资源（可理解为控制器的 CPU 模块）的应用程序在一个循环内的执行过程包括 8 个主要步骤行，如图 5-22 所示。这个循环持续时间定义为某个资源的循环扫描周期。

若存在变量被资源绑定情况，则被资源使用的变量会在扫描输入后更新（步骤 2），而为其他资源生成的变量会在更新输出前发送。如果已设定扫描周期时间，资源则会等待这段时间过去后再开始执行新的周期。POU 执行时间会随 SFC 程序和指令（如跳转、IF 和返回

等）中激活步数的不同而不同。如果循环执行时间超
过指定的扫描周期，循环过程会继续执行，但会设置一
个扫描周期超限标志。这种情况下，应用程序将不再实
时运行。如果未指定循环扫描周期，资源将执行循环中
的所有步骤，之后无须等待便可重新开始新的周期。

3. 控制器加载和性能考量因素

一个程序扫描周期中，执行主要步骤（如执行规
则表中所示）时可能会被优先级高于主要步骤的其他
控制器活动中断。这些活动包括：

1）用户中断事件（包括 STI、EII 和 HSC 中断）；

2）接收和传送通信数据包；

3）运动引擎的周期执行。

如果这些活动中的一个或多个占用的 Micro800 系
列控制器执行时间较长，则程序扫描周期时间会延长。
如果低估这些活动的影响，可能会报告看门狗超时故障

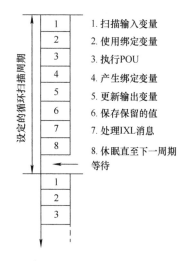

图 5-22　Micro800 系列控制器程序
执行过程示意图

（0xD011），应设置少量的看门狗超时。实际应用中，如果以上的一个或多个活动负荷过重，
则应在计算看门狗超时设置时提供合理的缓冲。

正是由于以上所述的程序执行中存在的时间不确定性，对于程序周期性执行期间需要精
确定时的应用，如 PID，建议使用 STI 执行程序。STI 提供精确的时间间隔。不建议使用系
统变量_SYSVA_TCYCYCTIME 周期性执行所有程序，因为该变量也会使所有通信都以这一
速率执行。

4. 上电和首次扫描

在编程模式中，所有模拟量和数字量输入变量都保持其上一状态，LED 始终在刷新。
在数字量输出关闭期间，所有模拟量和数字量输出变量都会保持其上一状态。在从编程模式
转换到运行模式时，所有模拟量输出变量保持其上一状态，而所有数字量输出变量被清除。
版本 2.x 还提供两个系统变量来表达上述状态，见表 5-2。

表 5-2　固件版本 2.x 中用于扫描和上电的系统变量

变量	类型	描述
_SYSVA_FIRST_SCAN	BOOL	初次扫描位。可用于在每次从"程序"模式转变为"运行"模式后对变量进行初始化或复位 注意：仅在第一次扫描时间为 True，此后为 False
_SYSVA_POWER_UP_BIT	BOOL	上电位。可用于在从 CCW 下载后或从存储器备份模块上传后立即对变量进行初始化或复位（例如.microSD 卡） 注意：仅在上电后或在首次运行一个新的梯形图后第一次扫描时为 True

Micro830/850/870 控制器可在循环上电后保留用户创建的所有变量，但指令实例内部的
变量将被清除。Micro810/820 控制器最多只能保留 400B 用户创建变量值。也就是说，在循
环上电之后，全局变量将被清除，或被设为初始值，只有 400B 用户创建变量值予以保留。
可在全局变量页面检查保留的变量（具有 Retained 属性）。

5. 内存分配

内存分配取决于控制器基座的尺寸，Micro800 系列控制器上的可用内存见表 5-3。这些指令和数据大小的参数都是典型值。在为 Micro800 系列控制器创建一个项目时，会在构建时将存储器动态分配为程序或数据存储器。这意味着如果牺牲数据大小，程序大小会超过公布的技术参数，反之亦然。这种灵活的内存配置策略可以实现存储器的充分利用。除了用户定义变量之外，数据存储器还包括在构建（Build）时由编译器生成的各种常数和临时变量。

表 5-3　Micro800 系列控制器的内存分配

属性	10/16 点 （Micro830）	20 点 （Micro820）	24 点和 48 点 （Micro830、Micro850）	24 点 （Micro870）
程序步数	4K	10K	10K	20K
数据字节数	8KB	20KB	20KB	40KB

Micro800 系列控制器中具有用于保存整个已下载项目副本（包括注释）的项目内存，还有用于保存功能性插件配置信息等的配置内存。

如果用户项目较大，则会影响上电时间。对所有控制器来说，典型的上电时间为 10 ~ 15s。起动后，建立 EtherNet/IP 连接将需要最多 60s。

6. 其他准则和限制

以下是使用 CCW 编程组态软件对 Micro800 系列控制器进行编程时需要考虑的一些准则和限制：

1）每个程序/程序组织单元（POU）最多可使用 64kbit 内部地址空间。Micro830/850 的 24/48 点控制器最多支持 10000 个程序字，只需 4 个程序组织单元即可使用所有可用的内部编程空间。建议将较大程序分割成若干个小程序，以提高代码可读性、简化调试和维护任务。

2）UDFB 可在其他 UDFB 内执行，限制嵌套 5 层 UDFB。避免在创建 UDFB 时引用其他 UDFB，因为执行这些 UDFB 的次数过多会导致编译错误。

3）存在等式这种数学计算时，ST 语言比梯形逻辑更高效、更易于使用。

4）下载或编译超过一定大小的程序时，可能会遇到"保留的内存不足"错误。一种解决方法是使用数组，尤其是在变量较多时。

5.2.2　用户定义的功能（UDF）的创建与使用

1. CCW 中的 UDF

CCW 把 User Defined Function（UDF）翻译成用户定义的函数，而不是用户定义的功能，但目前国内多数 PLC 书籍把 Function 都称作功能而不是函数，本书后续也用"功能"这个术语。CCW 支持创建和管理 UDF。UDF 可增加软件的可重用性，并使程序更易读。对于只需要一个输出的简单计算，使用 UDF 非常方便。由于 UDF 具有输入参数和单个输出参数，所以 UDF 类似于子例程。UDF 无法访问调用程序中的局部变量。调用程序中的局部变量必须作为输入参数传递到 UDF。UDF 可以访问全局变量，但与 UDFB（用户定义的功能块）一样，不建议访问全局变量。

如果调用程序对每个程序扫描操作执行 UDF 超过一次，则不建议使用需要超过一次程序扫描才能完成执行的指令。这包括在程序扫描之间保持进度状态的指令，如计时器、运动、消息和计数器指令。默认情况下，每次调用 UDF 时，UDF 程序中的局部变量不会自动重新初始化。由于 UDF 不支持多个实例，因此建议在每次执行时使用输入参数或常量初始化 UDF 局部变量。

因为输入参数仅可以启用或禁用 UDF 中的指令，所以用户定义的输入参数不能用于启用或禁用 UDF。要启用或禁用 UDF 的运行，要选中指定 UDF 的"指令块选择器"窗口中的"EN/ENO"复选框。当 EN 为 False 时，UDF 不会执行，而且不会覆盖输出参数。

一般在下列情况下，使用 UDF 而非 UDFB：

1）只需要一个输出的简单计算结果。

2）无须在每次执行时都保存局部变量值的无状态指令。

3）当输出参数不需要数组或结构化数据类型时。

4）尽可能使用 UDF 而非 UDFB，因为 UDF 占用内存更少。

在下列情况下，一般建议用 UDFB 而不是 UDF：

1）适合具有多个输出的复杂计算。

2）当需要保存从执行到执行（保存状态）的局部变量值时。

3）需要多个实例时，如果使用 UDFB，则其内存使用量少于 UDF，因为项目中的 UDFB 在被实例化为变量之前不存在于程序中。

4）当输出参数需要数组或结构化数据类型时。

5）当同时发送一条以上消息时，UDFB 可能是比 UDF 更好的选择。当 UDF 包含消息指令（如 MSG_CIPGENERIC）时，UDF 一次只发送一个消息，即使在每次程序扫描时多次调用 UDF。

2. UDF 编程实例

在工程应用中，经常要把模拟量模块的输入转换为工程量。例如，2080-IF2 模块，输入通道连接了量程为 0～100℃ 的热电阻温度变送器，接受 0～10V 输入电压时，模块把该输入转换为 0～65535。考虑到单个通道的量程转换只有一个输出，因此，可以编写量程转换的 UDF。编写该 UDF 的过程如下：

1）在项目管理器的"用户定义的函数"下，新建一个函数，名称为 MyScale，编程语言选 ST（因为该函数主要用于数学运算），如图 5-23 中的①所示。然后，编辑局部变量。2080 系列模拟量模块的输入类型是 UINT，因此定义 3 个与此有关的 UINT 类型变量，即 RawInput、Raw_Low 和 Raw_High。定义 2 个与工程量有关的 REAL 类型变量，即 Scale_High 和 Scale_Low。修改 MyScale 的数据类型为 REAL。再增加一个局部变量 temp1（程序中实际可只写一行代码，这样就不需要这个局部变量，这里主要是为了说明 UDF 中局部变量的使用，用了 2 行代码）。变量定义如图 5-23 中的②所示。

2）进行 UDF 的代码编写，这里新建功能时定义的是 ST 类型的，因此，要用 ST 语言编写，用 ST 语言写数学运算的代码很简单，如图 5-23 中的③所示。IEC 61131-3 要求只有同类型的变量才能进行运算，因此，一定要注意类型的转换。此外，编程中可以多加注释，以便于阅读和程序维护。

编写好的 UDF 可被三种编程语言编写的程序组织单元（UDF、UDFB 与程序）调用。梯形图和 FBD 编程调用时，可通过指令块插入。ST 语言调用方式如下：

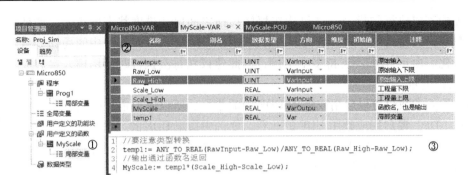

图 5-23　UDF 的定义

```
1  //调用函数进行量程转换
2  Oven_Temp:=MyScale(RawInput:=_IO_P1_AI_00,Raw_Low:=0,Raw_High:=65535,Scale_Low:=0.0,Scale_High:=100.0);
```

其中 Oven_Temp 是浮点类型的全局变量，_IO_PI_AI_00 是插入式模块 2080-IF2 第一个通道的名称。UDF 调用的数值直接通过 UDF 的名字返回，为浮点类型。程序中，Scale_High 或 Scale_Low 的赋值常数必须写成浮点数，例如把 Scale_Low：=0.0 写成 Scale_Low：=0，编译时会报错，如图 5-24 所示。从这里读者也能看到，编程时要特别注意数据类型。虽然程序中只有一个地方错误，但编译错误提示却有三个。

错误列表				
▼ ▾　❸ 3 个错误　⚠ 0 个警告　ⓘ 0 个消息				
说明 ▲	文件	行	列	项目
❌ 3　=:必须在 REAL 表达式之前	AIST.stf	2	0	Controller
❌ 2　MYSCALE:函数或功能块参数无效	AIST.stf	2	0	Controller
❌ 1　SCALE_LOW:必须在 REAL 表达式之前	AIST.stf	2	0	Controller

图 5-24　数据类型错误时编译系统报错窗口

UDF 还可被导出用于其他项目，导出过程如下：项目管理器中选中该 UDF，然后单击鼠标右键，选中"导出 –> 导出程序"，把该程序文件存储好。其他项目导入该 UDF 过程如下：项目管理器中选择根节点（本例是 Micro850），单击鼠标右键，选中"导入 –> 导入交换文件（X）"，选中先前导出时保存的文件，这样可实现其重用。

5.2.3　用户定义的功能块（UDFB）的创建与使用

1. 用 ST 语言开发 UDFB

在温度检测中，大量使用热电阻和热电偶。Micro800 系列就有 2080-RTD2 和 2080-TC2 两种插件模块可以直接和热电阻及热电偶连接，而不用把传感器信号通过变送器变送为标准信号。每个模块有 2 个输入通道。以 2080-RTD2 为例，根据 CCW 的帮助文件可以知道，在第 1 个插槽中插入该模块后，会自动产生 5 个类型为 UINT 的全局变量，分别是 _IO_P1_AI_00 ~ _IO_P1_AI_04。其中 _IO_P1_AI_00 和 _IO_P1_AI_00 表示通道 1 和通道 2 的温度采样数据；_IO_P1_AI_02 和 _IO_P1_AI_03 表示通道 1 和通道 2 的信息（数据非法、开环、欠量程和超量程等），例如，_IO_P1_AI_02 的第 4 位为 1 就表示通道 1 采样数据非法。_IO_P1_AI_ 04 表示系统信息，如该无符号整数的第 8 位为 1 表示模块不准确。根据帮助文件，采样数据转换为温度公式为：温度（单位℃）=（通道采样数据 – 2700）/10。

　　对于这两个插件模块，可以开发 UDFB 来实现温度的转换和传感器状态的获取。新建名称为 FB_2080RTD2_TC2 的 UDFB，首先定义 UDFB 的参数，如图 5-25a 所示。然后编写 UDFB 的代码部分，如图 5-25b 所示。该功能经过测试后，可以被 ST、FBD 和梯形图语言调用，也可以在不同的工程中反复使用。

名称	数据类型	方向	注释
FBEN	BOOL	VarInput	
RawData	UINT	VarInput	接通道0的 IO Px AI 00 或通道1的IO Px AI 01
ChnlInfo	UINT	VarInput	接通道0的 IO Px AI 02 或通道1的 IO Px AI 03
FBENO	BOOL	VarOutput	
Tc	REAL	VarOutput	转换后的摄氏度
Tf	REAL	VarOutput	转换后的华氏度
OverRange	BOOL	VarOutput	超量程
UnderRange	BOOL	VarOutput	欠量程
OpenCircuit	BOOL	VarOutput	传感器开路
DataIllegal	BOOL	VarOutput	数据非法
RawReal	REAL	Var	传感器采集的原始数据

a) UDFB的变量定义

```
1    FBENO := FBEN;//功能块输入使能赋值输出使能
2    IF FBEN THEN
3        DataIllegal := ChnlInfo.4;//通道数据非法
4        OpenCircuit := ChnlInfo.5;//传感器开环
5        UnderRange  := ChnlInfo.6; //欠量程
6        OverRange   := ChnlInfo.7;//超量程
7        RawReal := ANY_TO_REAL(RawData); //数据类型转换
8        Tc := (RawReal - 2700.0)/10.0;  //转换成摄氏度
9        Tf := Tc *1.8 + 32.0;//转换成华氏度
10   ELSE
11       OverRange   := FALSE;
12       UnderRange  := FALSE;
13       OpenCircuit := FALSE;
14   END_IF;
```

b) UDFB的代码部分

图 5-25　用 ST 语言编写 UDFB

2. UDFB 的导入与导出

　　由于软件的开发与维护成本越来越高，因此，加强软件的可重用性对于降低这方面的成本有重要作用。此外，当一个软件模块经过反复多次测试后，其运行的稳定性与可靠性是有保证的。以往，PLC 软件结构化程度差，编程语言规范性也差，很难在模块级实现软件的可重用。随着工业控制系统不断采用软件工程技术，编程语言标准化也被广泛采用，PLC 应用程序的结构化程度也不断提高，使得 PLC 软件在模块级可重用成为可能（虽然这种可重用还不能在不同厂家的控制系统上实现，甚至同一厂家的不同型号控制器上实现）。另外，开发人员还可以对 UDFB 进行加密，从而保护知识产权，也防止 UDFB 被任意修改。

Micro800 系列控制器的 UDFB 可以从项目导出，在其他项目再导入的方式实现 UDFB 的重用。其操作如下：

1）模块导出：如图 5-26 所示。在项目中选择需要导出的 UDFB（见①），单击鼠标右键，出现属性窗口，在窗口中选择菜单"导出"，再选择导出菜单中的"导出程序"（见②），这时会弹出一个窗口标题为"导入导出"的窗口（见③），在窗口中可以为模块设置密码。选择窗口上部的"导出交换文件"，然后单击窗口中的"导出"按钮（见④），会弹出一个"另存为"对话框，在这里可以选择存储导出文件的名称和路径，单击"确定"按钮就完成了导出文件的保存。

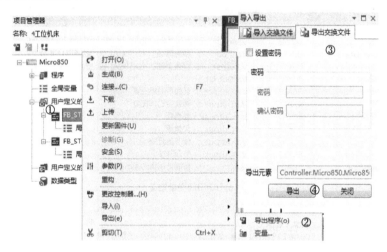

图 5-26   UDFB 导出过程

2）模块导入：如图 5-27 所示。在要导入 UDFB 的项目管理器中，选中项目（见①），单击鼠标右键，出现一个浮动菜单，选择菜单中的"导入"后，出现一个弹出菜单，选择该菜单中的"导入交换文件"（见②），这时会弹出"导入导出"窗口，在窗口中选择"导入交换文件"（见③），通过浏览（见④）选择要导入的文件，最后单击"导入"按钮（见⑤）。导入成功后，在项目中可以看到增加了一个导入的 UDFB。

图 5-27   UDFB 导入过程

5.2.4　结构数据类型及其在 PLC 程序设计中的应用

1. 结构数据类型的定义与使用

CCW 支持多种不同的基本数据类型,然而,在实际的应用中,如果只使用基本数据类型,对于数据的组织和程序的编写都带来不便。在工业生产中,大量同类设备关联的数据及其控制方式有很多共性之处,因此,可以借助面向对象的思想,把这些设备的数据与控制方式模块化。通过这种方式进行程序设计,可以提高程序的开发效率、可靠性和可读性。而结构数据类型是组织数据的较好方式,UDFB 是实现程序功能模块化和可重用的有效方式,因而可将两者结合进行 PLC 程序设计。这实际上也是得益于 IEC 61131-3 标准,因为以前的 PLC 是不支持结构类型和用户自定义数据类型的。

这里以广泛存在的电机类设备控制为例,说明如何在 CCW V12 开发版(标准版不支持自定义数据结构)编程环境下利用结构数据类型和 UDFB 进行控制程序开发。

在电机类设备的控制中,设备除了现场手动控制(硬接线方式实现)或选择自动控制外,还可以在上位机(或人机界面)上进行手动或自动控制选择,由 PLC 对设备进行直接控制。当 PLC 中设备起动控制指令发出后,若超过一定时间没有收到运行信号反馈,则需要对设备进行超时报警,待工作人员发现并解除故障后,在人机界面执行超时复位指令,设备才能再次投入运行。此外,还需要统计设备的运行时间,以便于设备的维保。工业生产中,大量的开关类型设备的工作方式属于这里所说的电机类设备,都可采用后续介绍的程序设计方法。

从上述分析可以看出,电机类设备控制输入有远控允许、电机运行反馈、电机故障、上位机手自动选择指令、上位机手动开指令、上位机停设备指令、上位机超时复位指令、上位机运行总时间清零指令、上位机超时时间设置等。电机类设备控制输出有起动电机运行、起动超时报警和总运行时间。

根据结构(STRUCT)类型的定义,就是将不同类型的数据进行组合。可以用基本数据类型、复杂数据类型(包括数组和结构)和用户定义数据类型(UDT)作为结构的元素。由于要把结构数据类型用于 UDFB 的开发,而 CCW 的 UDFB 局部变量不支持输入输出类型(即 VAR_IN_OUT 类型,后续 UDFB 部分说明的更详细),因此,就不能把电机控制相关的数据组织到一个结构类型中,需要定义 2 个结构,分别对应 UDFB 中的输入类型和输出类型。根据电机控制的特点,定义用于 UDFB 的输入类型的结构名称是 MotorCon_In,包括 9 个 BOOL 类型变量和 1 个 TIME 类型变量;定义用于 UDFB 的输出类型的结构名称是 Motor-Con_Out,包括 2 个 BOOL 类型变量和 1 个 DINT 类型变量。参数的定义和注释如图 5-28 所示。通过这样结构的定义,还可以避免使用大量单个的变量,为统一处理不同类型的数据和参数提供了方便。

2. 用 LD 语言结合数据结构创建电机类型设备控制功能块

UDFB 的创建过程是单击项目管理器的"用户定义的功能块",然后再选中菜单中的"添加",可选三种编程语言之一。这里选用 LD 语言,UDFB 名字为"FB_Motor_Con"。

UDFB 的定义及程序如图 5-29 所示。其中功能块的局部变量共 6 个,如图 5-29a 所示。这些变量包括:1 个方向为"VarInput"的 MotorCon_In 结构类型变量 In_Var;1 个方向为"VarOutput"的 MotorCon_Out 结构类型变量 Out_Var;还有 2 个用于计时的方向为"Var"

数据类型

数组 | 结构 | 已定义的字

		名称	数据类型	字符串大小	注释
		▼ ⒯	▼ ⒯	▼ ⒯	▼ ⒯
⊟		MotorCon_In	MotorCon_In		
		A_Start	BOOL	▾	自动运行控制逻辑
		M_Auto_Man	BOOL	▾	上位机手自动选择
		M_Man	BOOL	▾	上位机手动开设备
		In_Fault	BOOL	▾	故障输入
		In_Run	BOOL	▾	运行信号反馈
		In_Auto_Ena	BOOL	▾	现场自动允许输入
		M_Stop	BOOL	▾	上位机停止设备运行
		M_OT_Reset	BOOL	▾	上位机超时复位指令（脉冲信号）
		M_OT_time	TIME	▾	上位机超时时间设定
		M_TT_Reset	BOOL	▾	上位机运行总时间清零指令(脉冲信号)
	✳			▾	
⊟		MotorCon_Out	MotorCon_Out		
		Start	BOOL	▾	设备运行输出
		Start_OT	BOOL	▾	启动超时
		Total_T	DINT	▾	设备运行总时间统计

图 5-28 定义设备控制用结构数据类型

名称	别名	数据类型	方向	维度
▼ ⒯	▼ ⒯	▼ ⒯	▼	
⊞ In_Var		MotorCon_In	VarInput ▾	
⊞ Out_Var		MotorCon_Out	VarOutput ▾	
⊞ SR_1		SR	Var ▾	
⊞ TON_1		TON	Var ▾	
⊞ TON_2		TON	Var ▾	
⊞ CTU_1		CTU	Var ▾	

a) 变量定义部分

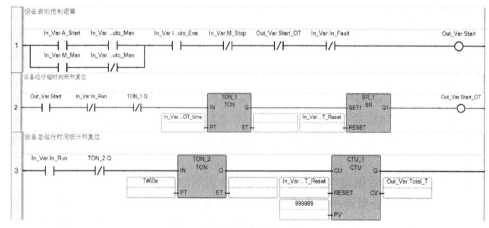

b) UDFB 程序本体

图 5-29 用 LD 语言建立 UDFB

的 TON 功能块实例 TON_1 和 TON_2；一个用于设备运行计时的 CTU 功能块实例 CTU_1；1 个用于起动超时置位和复位的 SR 功能块实例 SR_1。根据 IEC 61131-3 标准，"VarInput"类型的变量在功能块中是不能作为线圈使用的（不能写入），只有"VarOutput"类型的变量才能作为线圈（可以写入）。IEC 61131-3 标准中还有方向为"VAR_IN_OUT"类型的变量（可读可写），但 CCW 不支持，且 CCW 不能为每个结构元素指定方向，因此，这里把电机控制的变量分成了 2 个结构类型处理。

图 5-29b 是该功能块的代码。梯级 1 是电机运行的控制逻辑。正常情况下，若上位机选择设备为自动模式，则 In_Var. M_Auto_Man 为 ON，当时间逻辑或其他逻辑决定的设备自动运行信号 In_Var. A_Start 为 ON，远控允许信号 In_Var. In_Auto_Ena 为 ON，且没有故障、起动超时和停止指令时，则满足运行条件，Out_Var. Start 为 ON。若上位机选择手动，In_Var. M_Man 为 ON，且停止条件不满足时，该设备也运行。

梯级 2 是电机起动超时和超时报警标志复位逻辑。当 Out_Var. Start 为 ON 后，开始起动计时，超时时间设定值 In_Var. M_OT_time 由上位机设定。若在 TON_1 定时时间到之前，还没有收到电机的运行反馈信号 In_Var. In_Run，则 TON_1. Q 接通，通过 SR 指令把起动超时报警信号 Out_Var. Start_OT 置位。此时，梯级 1 中的 Out_Var. Start_OT 的常闭触点断开，Out_Var. Start 由 ON 变为 OFF，TON_1 的输入信号为 OFF，停止计时。只有上位机的超时报警复位脉冲信号 In_Var. M_OT_Reset 才能把该标志复位。若在 TON_1 定时时间到之前收到电机的运行反馈信号 In_Var. In_Run，则切断 TON_1 的输入信号，停止计时，不会置位 Out_Var. Start_OT。

梯级 3 是电机运行总时间统计。由于不管是自动还是现场手动开启设备，运行反馈信号 In_Var. In_Run 始终为 ON，因此，以这个信号作为定时器 TON_2 的输入。TON_2 是 1min 定时。当 TON_2 定时到后，计数器 CTU_1 的计数值 CV 加 1，即 Our_Var. Start_Total_T 加 1，然后 TON_2 重新开始 1min 定时。这样可以不断按分钟对设备计时。这里 CTU_1 的 PV 值设了很大的数值，在对设备计时清零前，CTU_1 一般不会达到该数值。可通过 In_Var. M_TT_Reset 将定时器复位实现总时间清零。

设备起动超时和运行时间统计由不同方法实现，这里只给出一种方法，实际工程应用中还要考虑运行总时间不会因为 PLC 的断电重启而清零等其他因素。

UDFB 定义好后，要在程序中加以调用，实现对具体设备的控制。不论 UDFB 是用何种编程语言开发的，都可以用其他的编程语言调用。这里分别采用 LD 语言和 ST 语言的程序来调用该功能块。

由于电机设备控制的实际 I/O 信号要与功能块的输入和输出参数进行交换，因此，为了方便，这里首先对要用到的全局变量进行定义。假设某工程应用有 10 台这样的电机设备，则定义类型为 MotorCon_Out 的结构数组 M_Con_Out［1..10］，类型为 MotorCon_In 的结构数组 M_Con_In［1..10］，如图 5-30a 中的①所示；定义 1 号电机控制用到的参数，如图 5-30a 中的②所示；定义 PLC 控制中的 DI 信号和 DO 信号，如图 5-30a 中的③和④所示。

需要说明的是，②中所示的信号主要是为了程序说明方便。如果上位机可以直接和 M_Con_In［1..10］、M_Con_Out［1..10］这两个结构数组中的元素进行通信，则这些变量都不需要在全局变量中进行定义。

图 5-30b 中给出了采用 ST 语言调用功能块的程序。这里 ST 程序中的自定义功能块 FB_

Motor_Con 的实例名为 FB_Motor_Con_1。在调用实例时，要把功能块实例中结构元素的变量（形式参数）用全局变量和时间常数（实际参数）来赋值。在该程序中，把 1 号电机的全局输入变量赋值给 1 号电机控制的数组元素 M_Con_In［1］，把起动超时时间设为 20s。然后调用功能块实例，最后把功能块实例 FB_Motor_Con_1 的输出数组 M_Con_Out［1］中的元素赋值给 1 号电机的全局输出类型变量。

图 5-30c 中给出了采用 LD 语言调用 2 号电机设备控制功能块的程序，在该 LD 程序的局部变量中定义功能块实例名为 FB_Motor_Con_2，然后把 2 号电机控制用的输入数组 M_Con_In［2］和输出数组 M_Con_Out［2］分别作为功能块的输入和输出，这样就完成了对电机 2 的控制。实际的输入和输出信号与 2 个数组元素的赋值这里不再给出。还可以采用类似方式编写 3~10 号电机的控制程序。可以看到，这里的电机控制自定义功能块的输入和输出都是结构变量。

名称		别名	数据类型	维度	字符	初始	特性	注释
⊞ M_Con_Out	①		MotorCon_Ou	[1..10]		...	读/写	10个电机控制的输出数组
⊞ M_Con_In			MotorCon_In	[1..10]		...	读/写	10个电机控制的输入数组
M1_TT_Reset			BOOL				读/写	1号电机上位机总运行时间复位指令（脉冲）
M1_Total_T			DINT				读/写	1号电机总运行时间
M1_Start_OT	②		BOOL				读/写	1号电机启动超时标志
M1_OT_Reset			BOOL				读/写	1号电机上位机启动超时复位指令（脉冲）
M1_M_Stop			BOOL				读/写	1号电机上位机停止运行指令
M1_M_Man			BOOL				读/写	1号电机上位机手动开指令
M1_A_Start			BOOL				读/写	1号电机自动运行逻辑
IO_EM_DI_02		M1_Run	BOOL				读取	1号电机运行反馈信号
IO_EM_DI_01	③	M1_Fault	BOOL				读取	1号电机故障信号
IO_EM_DI_00		M1_Auto_Ena	BOOL				读取	1号电机现场允许自动输入信号
_IO_EM_DO_01	④	M2_Start	BOOL				读/写	启动2号电机运行输出信号
_IO_EM_DO_00		M1_Start	BOOL				读/写	启动1号电机运行输出信号

a) 程序中的部分全局变量定义

```
1   //输入变量赋值
2   M_Con_In[1].A_Start:=M1_A_Start;
3   M_Con_In[1].In_Auto_Ena:=_IO_EM_DI_00;
4   M_Con_In[1].In_Fault:=_IO_EM_DI_01;
5   M_Con_In[1].In_Run:=_IO_EM_DI_02;
6   M_Con_In[1].M_Man:=M1_M_Man;
7   M_Con_In[1].M_OT_Reset:=M1_OT_Reset;
8   M_Con_In[1].M_Stop:=M1_M_Stop;
9   M_Con_In[1].M_OT_time:=T#20s;
10  M_Con_In[1].M_TT_Reset:=M1_TT_Reset;
11  //调用设备控制功能块，FB_Motor_Con_1是局部变量中的功能块实例，类型为Motor_Con
12  FB_Motor_Con_1(In_Var:=M_Con_In[1],Out_Var=>M_Con_Out[1]);
13  M1_Start_OT:=M_Con_Out[1].Start_OT; //1号电机启动超时
14  M1_Total_T:=M_Con_Out[1].Total_T;   //1号电机总的运行时间
15  _IO_EM_DO_00:=M_Con_Out[1].Start;   //1号电机启动
```

b) 用ST语言调用功能块实例"FB_Motor_Con_1"控制1号电机

c) 用LD语言调用功能块实例"FB_Motor_Con_2"控制2号电机

图 5-30　程序中的部分全局变量及对功能块"FB_Motor_Con"的调用

从图 5-30b、c 的程序还可以看出，多台电机的控制程序逻辑十分清楚，代码简单，以功能块调用和赋值语句为主。若不采用结构数据类型，多台电机控制的输入和输出参数就很多，程序会冗长，可读性差。

需要说明的是，西门子 Portal（博途）、罗克韦尔自动化 Studio5000 等 PLC 编程软件支持方向为"VAR_IN_OUT"类型的变量，这样就可以把电机控制的输入和输出变量放在一个数据结构中定义，程序的编写更加简化。

5.2.5　Micro800 系列控制器中断程序设计

1. Micro800 系列控制器中断功能及其执行过程

（1）中断功能

中断是一种事件，它会导致控制器暂停其当前正在执行的程序组织单元，执行其他 POU，然后再返回至已暂停 POU 被暂停时所在的位置。中断程序的使用，可以提高 PLC 程序处理突发事件或实时性要求高的任务的能力，弥补周期扫描程序处理方式的不足。

Micro820/830/850/870 控制器可在程序扫描的任何时刻进行中断。可使用 UID/UIE 指令来防止程序块被中断。Micro820/830/850/870 控制器支持以下用户中断：

1）用户故障例程；

2）事件中断（8 个）；

3）高速计数器中断（6 个）；

4）可选定时中断（4 个）；

5）功能性插件模块中断（5 个）。

（2）中断执行过程

要执行中断，必须对其进行组态和启用。当任何一个中断被组态（和启用），且该中断随后发生时，用户程序将：

1）暂停其当前 POU 的执行；

2）基于所发生的中断执行预定义的 POU；

3）返回至被暂停的作业。

以图 5-31 所示来分析中断程序。图中，POU2 是主控制程序；POU10 是中断例程。在梯级 123 处发生中断事件，POU10 获得执行权利，在 POU10 被扫描执行后，立即恢复被中断执行的 POU2。

具体而言，如果在控制器程序正常执行的过程中发生中断事件：

① 控制器将停止正常执行；

② 确定发生的具体中断；

③ 立即前往该用户中断所指定的 POU 的开始处；

④ 开始执行该用户中断 POU（或一组 POU/功能块）；

⑤ 完成 POU；

⑥ 从控制程序中断的位置开始恢复正常执行。

（3）用户中断的优先级

当发生多个中断时，执行顺序取决于优先级。如果一个中断发生时已存在其他中断但这

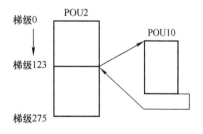

图 5-31　Micro800 系列控制器
中断程序执行示意图

些尚未实施,则将会根据优先级排定新中断相对于其他各未决中断的执行顺序。当再次可实施中断时,将按照从最高优先级到最低优先级的顺序来执行所有中断。如果在一个中断正在执行时,发生了一个优先级更高的中断,则当前正在执行的中断例程会被暂停,具有较高优先级的中断将执行。在此之后再执行该优先级较低的中断,完成后才会恢复正常运行。如果在一个中断正在执行时,发生了一个优先级相对较低的中断,并且该优先级较低的中断的挂起位已置位,则当前正在执行的中断例程会继续执行至完成。然后会运行较低优先级的中断,接着返回至正常运行。以下对 Micro800 系列控制器的中断功能的组态进行简单介绍,详细的信息请参见有关使用手册。

2. Micro800 系列控制器中断程序配置

(1) 用户故障中断组态

例如要写一个用户故障中断程序,其作用是在发生特定用户故障时,选择在控制器关闭前进行清理。只要发生任何用户故障中断,故障例程就会执行。系统不会为非用户故障执行故障例程。用户故障例程执行后,控制器将进入故障模式,并会停止用户程序的执行。创建用户故障中断过程如下:

1) 创建一个程序名称为"IntProg"的 POU。

2) 在控制器属性窗口中单击中断(见图 5-32 的①处),然后单击添加(见图 5-32 的②处),在弹出的增加用户故障中断窗口中选中它(见图 5-32 的③处),将该创建的"IntProg" POU 组态为用户故障例程(见图 5-32 的④处)。单击"确定"按钮(见图 5-32 的⑤处)退出。

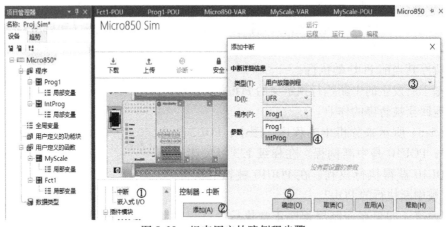

图 5-32　组态用户故障例程步骤

组态完成后,中断会显示在"控制器-中断"配置页面中,且"中断"图标已添加到"项目管理器"中的程序,如图 5-33 所示。双击该用户故障例程,可对它进行编辑。

图 5-33　组态好的用户故障例程

（2）可选定时中断（STI）

STI 提供了一种机制来解决对时间有较高要求的控制需求。STI 是一种触发机制，允许扫描或执行对时间敏感的控制程序逻辑。对于 PID 这类必须以特定的时间间隔执行计算应用程序或需要更为频繁地进行扫描的逻辑块需要使用 STI。

STI 按照以下顺序运行：

1）用户选择一个时间间隔。

2）当设定有效的时间间隔且正确组态 STI 后，控制器会监测 STI 值。

3）经过设定的这段时间后，控制器的正常运行将被中断。

4）控制器随后会扫描 STI POU 中的逻辑。

5）当完成 STI POU 后，控制器会返回中断之前的程序并继续正常运作。

用 CCW 组态 STI 与组态故障中断类似，具体过程如图 5-34 中标注的操作顺序。组态中的其他参数可以用默认参数。STI 功能块组态和状态等详细信息请参见有关的使用手册。

图 5-34　组态 STI

（3）事件输入中断（EII）

为了克服 PLC 执行时的定时扫描对输入事件响应实时性差的问题，Micro850 系列控制器提供了 EII 功能，可允许用户在现场设备中根据相应输入条件发生时扫描特定的 POU。这里，EII 的工作方式通过 EII0 定义。EII 输入的启用边沿在内置 I/O 组态窗口中组态。EII 的组态过程如图 5-35 所示中标注的操作顺序。图中⑨处就是先前组态好的 STI。

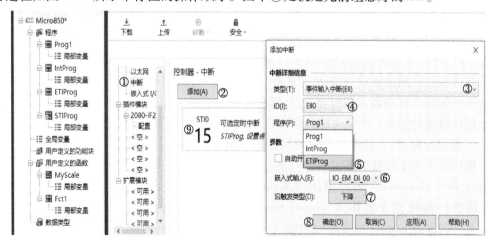

图 5-35　组态 EII

5.3 Micro800 系列控制器逻辑顺序控制程序设计示例

对于具有复杂特性的顺序功能控制要求，简单的移位指令（如 SHRB）已无法处理，考虑到大量生产过程具有明显的顺控特性，因此，主要的 PLC 生产厂商都有专门的顺控指令，以便于编写顺控程序。例如，三菱电机小型 PLC 有 STL 和 RET 指令配合其编译系统（因为这类梯形图程序中存在多线圈输出）来支持顺控程序的编写；西门子 S7-200 用 SCR（步进开始）、SCRT（步进转移）、SCRE（步进结束）指令组合及其保留的用于存储状态信息的顺控继电器（S0.0 ~ S31.0）来支持顺控程序的编写。

由于 ROL 指令不能处理具有复杂分支的顺序功能图。这里对于这类具有复杂分支的顺控问题，采用 SFC 的方式进行程序分析，然后统一用"置位"和"复位"指令来进行状态编程。在 5.3.1 节介绍了对一个具有并行和选择复杂分支的 Factory IO 虚拟生产场景进行控制系统编程，同时可以让读者学会 Factory IO 虚拟生产场景的构建与使用。在 5.3.2 节以工业生产中的自动分拣装置为例说明制造业的顺控编程。在 5.3.3 节介绍了具有复杂分支和多种工作模式的四工位组合机床的顺控程序，这是离散制造典型的顺控问题。

5.3.1 Micro800 系列控制器用于 Factory IO 虚拟生产场景顺控程序设计

1. 用 Factory IO 构建虚拟智能分拣生产线

Factory IO 是葡萄牙 RealGame 公司的一款功能较为强大的虚拟仿真软件，用户可以利用其提供的各种元器件、传感器、驱动器及 80 多个部件来构建工业场景，并对场景进行仿真。用户可以通过各种主流的 PLC 实物或部分 PLC 仿真软件来作为虚拟生产场景的控制器，从而构成闭环虚拟模拟系统。为便于用户学习，Factory IO 还提供了 20 个预先搭建好的场景。这些场景以工厂自动化逻辑顺序控制为主，还有部分模拟量控制场景。Factory IO 对于用户学习 PLC 编程技术是十分有用的，国外已有大量高校采用该软件进行实验教学。

这里采用 Factory IO 构建了一个带机器视觉的智能物料分拣生产场景。在场景搭建与控制过程中，对 Factory IO 的使用进行了初步介绍。考虑到 PLC 程序不要过于复杂，因此，该场景只包含一些典型的设备，工艺过程包含选择和并行等流程，符合 PLC 编程的教学需求。读者有兴趣可以自己构建更加复杂的各类生产场景。

Factory IO 的主界面如图 5-36 所示。该图处于编辑状态，用户可以编辑整个场景、修改场景中部件属性、浏览场景（放大、缩小、移动等）等。编辑状态下，界面 A 显示的是场景中的所有标签（传感器和执行器）；B 部分是各类设备（零件、传感器和安全设备等）；C 部分是用户编辑的场景；D 是快捷命令按钮，包括用于编辑与运行模式切换的按钮、仿真控制按钮（暂停与起动）、修改仿真时间尺度的按钮等。

这里构建了一个包括如下主要部件的智能分拣场景，1 个两轴机械臂（①）；3 个名称分别为 A_Belt_Conveyor（②）、B_Belt_Conveyor（③）和 C_Belt_Conveyor（④）的传送带；1 个安装有机器视觉（名称为 Vision_Sensor）的支架（⑤）；1 个名称为 Pusher 的推杆（⑥）；1 个名称为 Emitter 的零件发射器（⑦）；2 个名称分别为 B_Remover（⑧）和 C_Remover（⑨）的接收器；2 个名称分别为 A_Belt_Sensor（⑩）和 B_Belt_Sensor（⑪）的部件检测传感器。最后使用了一个电气控制柜（⑫），在控制柜上安装了带指示灯的起动（名称

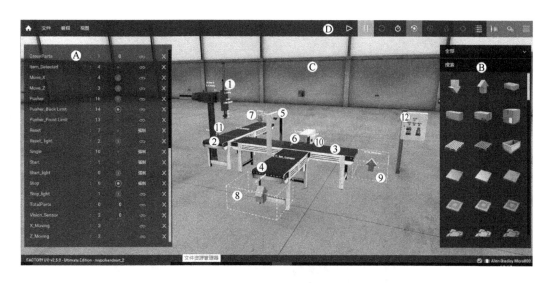

图 5-36 Factory IO 的主界面

为 Start)、停止（名称为 Stop）和复位（名称为 Reset）按钮各 1 个，1 个工作模式（Single、0、Continue）选择转换开关，1 个急停开关（名称为 Emergency Stop），3 个分别显示蓝色工件数量（名称为 BlueParts）、绿色工件数量（名称为 GreenParts）和总部件数量（名称为 TotalParts）的显示面板。这里的起动、停止和复位按钮都是点动按钮，即配置其属性为 Momentary Action。

Factory IO 中设备/部件可以改成中文，这里为了考虑到与 PLC 中的标签一致，因而还是用了英文名称。

选择图 5-36 中的零件发射器（⑦），单击鼠标右键，会弹出如图 5-37 所示的 A 窗口。在该窗口可以对工件进行位置调整等操作。再次单击图中产生零件（②）处，会出现如图 B 所示的菜单，在该菜单可以设置发射出来的工件。本场景设置了发出蓝色和绿色的原材料，其他都用默认参数。将传送带控制方式设置为 "Digital"。

在对场景进行编辑中，既包括对单个部件的编辑和操作，也包括对整个场景的操作。可以联合使用鼠标的左、右键及滚轮和键盘来实现各种操作。例如，选中部件后，按住键盘上的字母 V，则可以实现部件的垂直平移。读者可以在菜单 "文件-选项-控件" 中查看或设置具体的键盘上的字母功能。通过这样的编辑，就可以构建各种生产场景和按任意视觉浏览场景。在构建了场景后，就可以进入仿真模式，检查场景的设计是否合理，是否达到预期目的。后续会结合 PLC 部分内容来介绍如何进行仿真。

2. Factory IO 中 PLC 的配置

为了利用 PLC 来控制 Factory IO 中的场景，需要进行 PLC 的配置和 PLC 程序的编写。单击 "文件" 菜单下的 "驱动"，会出现如图 5-38 所示的驱动窗口，在窗口①处选择 "Allen-Bradely Micro800"，再单击②处配置，会出现如图 5-39 所示的配置窗口。可见该窗口中 "Allen-Bradely Micro800" 是被选中状态，然后单击图中②来配置 PLC 通信参数，在配置窗口中输入 PLC 的 IP 地址 192.168.1.6。在配置窗口，除了配置控制器的 IP 地址，还需要对控制器的端口等进行配置（见图中③处）。端口配置包括端口前缀（这里没修改，用系统默

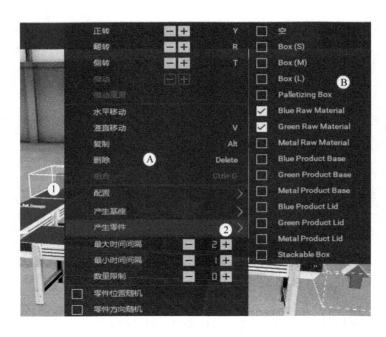

图 5-37　Emitter 的属性窗口

认的)、偏移和数量等。例如,对于布尔输入,其前缀为 BOOL_IN_,偏移为 0,数量为 14,于是控制器的 DI 端口就有 14 个,名字是 BOOL_IN_0 ~ BOOL_IN_13。再配置布尔输出、浮点输入、浮点输出、整型输入和整型输出等。可以看到,控制器还配置了 BOOL_OUT_0 ~ BOOL_OUT_12 的 13 个 DO 用于控制目的,1 个 INT_IN_0 用于接机器视觉输出,3 个整型输出 INT_OUT_0 ~ INT_OUT_2 用于显示部件数量。可以看出,不同数据类型端口指示灯用不同颜色来标记。

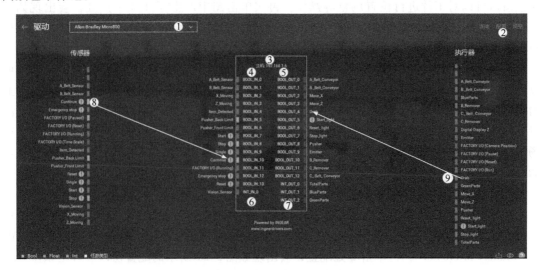

图 5-38　Factory IO 的驱动窗口

图 5-39 所示的 PLC 配置完成后,再次回到图 5-38,这时可以发现该窗口中出现了 IP

地址为所设置的 PLC（③），其端口数量和先前配置一致（见④~⑦）。驱动设置中的重要一步就是把 Factory IO 场景中的传感器和执行器与 PLC 的端口连接。例如，图中把传感器侧的工作模式 Continue 拉到 PLC 的 BOOL_IN_10，这样 PLC 的 BOOL_IN_10 端口就可以采集该 DI 信号。把执行器侧的 Grab 拉到 PLC 的 BOOL_OUT_4 端口，就可以用 PLC 的该端口控制场景中机械手抓取零件。类似地，把所有的传感器都拉到对应的 PLC 端口，把需要控制的执行器拉到 PLC 的输出端口。这样就相当于实际系统中完成了控制器与现场仪表和执行器、主令元件等的接线和 I/O 配置。4 个整型变量也进行同样的配置。

  配置完成后，单击右上角"连接"来连接控制器。若连接成功，在①处右侧会看到绿色勾。开关类型传感器或执行器若显示为绿色，表示处于被激活状态，其状态为 ON。

图 5-39　Factory IO 中 PLC 的配置窗口

3. 智能分拣生产线 Micro800 系列控制器程序设计

  编辑好 Factory IO 中的分拣场景后，要实现对蓝色和绿色两种零件的自动分类。其基本流程如图 5-40 所示，由发射器随机产生蓝色和绿色的零件，零件在输送带 A_Belt_Conveyor 上传输，当 A_Belt_Sensor 检测到零件信号后，A_Belt_Conveyor 停止，然后机械臂下降，当机械臂下降碰到零件时，停止 2s，进行抓紧。抓取完成后，机械臂向 B_Belt_Conveyor 传送带运动，到达限位后，停止运行，然后机械臂向下运动，运动到限位后，停止 2s，释放工件。工件释放后，机械臂向上运动。在机械臂向 B_Belt_Conveyor 传送带运动的同时，要根据系统的工作模式选择是否再次运行 A_Belt_Conveyor 来输送工件。若是连续模式，则起动 A_Belt_Conveyor，Single 模式则不起动，这里是一个选择分支。选择分支嵌套在一个大的并联分支中。并行分支结束后，又进入一个包含选择的并联分支。要并行执行两类任务，一个任务就是让机械臂回到 A_Belt_Conveyor，停在原始位置，等待后续指令。另外一个任务是首先起动 B_Belt_Conveyor，来传输机械臂送来的零件。然后又根据工作模式进入选择支路，如果机器视觉检测到的是蓝色工件，则要起动推杆把零件从 B_Belt_Conveyor 推送到 C_Belt_Conveyor，并起动 C_Belt_Conveyor 把蓝色工件送到 C_Remover；若是绿色，则通过 B_Belt_Conveyor 把工件送到 B_Remover。这样一轮分拣和输送结束，再次根据工作模式来选择后续如何工作。

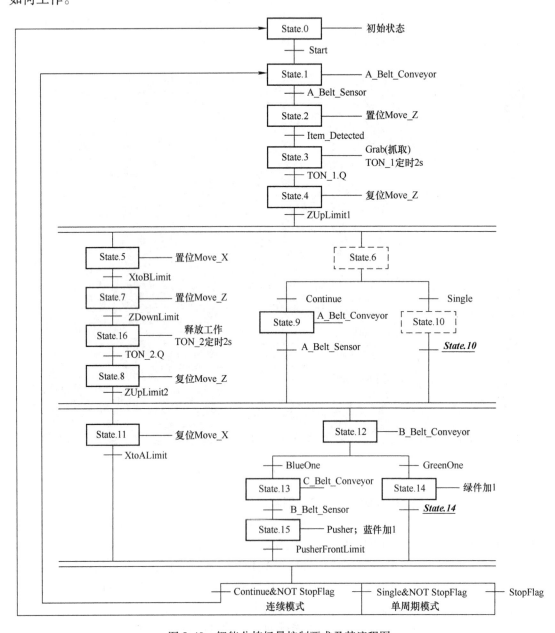

图 5-40　智能分拣场景控制要求及其流程图

Factory IO 中机械臂的工作方式是，要在 Z 方向往下运动，要置位执行器 Move_Z。要在

Z 方向往上运动，要复位 Move_Z。只要在 Z 方向运动，Z_Moving 一直为 ON。同理，机械臂要往 B_Belt_Conveyor 运动，要置位执行器 Move_X。要在 X 方向往原位运动，要复位 Move_X。只要在 X 方向运动，X_Moving 一直为 ON。推杆的工作原理是，当接收到激活信号时，推臂会伸出来推零件，推臂到达最前端时，Pusher_Front_Limit 为 ON，这时对 Pusher 复位，推臂退回去，Pusher_Front_Limit 变为 OFF，Pusher_Back_Limit 变为 ON。机械臂抓工件的控制要求是，只要抓零件，Grab 必须为 ON。在仿真场景运行中，B_Remover 和 C_Remover 一直为 ON。在该场景中，为简化起见，B_Belt_Conveyor 和 C_Belt_Conveyor 起动后一直运行。在零件输送过程中，按下"停止"按钮不立刻停机，直到一轮输送完成（以机械臂回到原始位为准）。另外，如果有紧急情况，利用"急停"按钮来停止。由于实际系统中"急停"按钮是切断输出控制二次回路电源，即通过硬件来实现的，所以程序没有编写这部分程序。但该信号也要进入 PLC，PLC 要根据该信号进行状态复位。在一些安全系统中，当急停信号进入 PLC 时，PLC 的 DO 使设备急停。

由于机械臂没有直接的运行到位开关信号，程序中是根据 Z_Moving 和 X_Moving 的边沿信号来判断机械臂是否运行到位的。在流程图 State. 7 到 State. 8 中，原本没有设计 State. 16 这个延时状态，但在程序调试中，发现复位 Move_Z 动作没有执行，即机械臂没有往上运行，再返回到原位，而是直接从下限位返回原位。经过仔细分析程序，发现由于状态 7 的转换条件 ZDownLimit 和状态 8 的转换条件 ZUpLimit2 实质是一回事，它们都是 Z_Moving 的下降沿。因此，一旦 ZDownLimit 为 ON，ZUpLimit2 也为 ON，状态快速从 State. 7 过渡到 State. 11。由于经过 State. 8 的时间太短，只有一个 PLC 扫描周期，因此，机械臂根本来不及向上运动，从而造成了所说的问题。

4. 智能分拣生产线 Micro800 系列控制器程序编写

在编写程序前，首先要在 CCW 的全局变量中定义图 5-38 中的输入和输出变量。CCW 中变量的别名可以和 Factory IO 中的执行器与传感器名称不一样。但是图 5-38 中④ ~ ⑦部分的 PLC 端口名称必须和 CCW 中的名称一致，包括数据类型和读写属性（CCW 中是特性）。为了不引起混淆，这里在 CCW 中定义的变量别名与 Factory IO 中一致。这里还要注意一点，一般 PLC 的 DI 肯定是只读类型。但在定义 BOOL_IN_ * 这些变量时，若把特性改为只读，在 Factory IO 侧连接不上 PLC 中的这些变量，会提示错误，必须把变量类型改为"读/写"。

由于直接根据工作流程画出的顺序流程图不符合 SFC 规范要求，因此，插了 2 个虚拟状态，即 State. 6 和 State. 10。实际上最后一个并行分支结束后也应加一个虚拟状态，为简略起见，就没画了。在修改后的顺序流程图基础上，采用梯形图语言和 ST 语言编写了该分拣生产线的 PLC 程序。其中 ST 语言程序主要处理按下"复位"按钮后的执行器状态复位，梯形图语言主要完成整个流程的控制。当然，这里不加虚拟状态也能进行程序编写，但加了虚拟状态后，程序更加规范化，也便于在其他支持 SFC 语言的 PLC 上实现。

根据上述分析，编写的 PLC 程序如图 5-41 所示。为了便于读者阅读，梯级都加了注释。再对一些重要梯级做说明。

梯级 1 是 PLC 首次上电开机或复位后要进行的处理，主要是完成状态字 State 的初始化，即使得 State.0 为 ON，这样后续按下"起动"按钮后就可以进入控制流程。

梯级 2 是系统处理当"停止"按钮被按下后的部分程序。由于生产线在运行时（SystemRun 为 ON），不能立刻停机，因此，在生产中按下"停止"按钮时，只能记录停机要求，用线圈 StopFlag 作为标志。FIORuning 是 Factory IO 仿真场景运行的信号，如果仿真场景停止了，系统运行也就直接停止了。

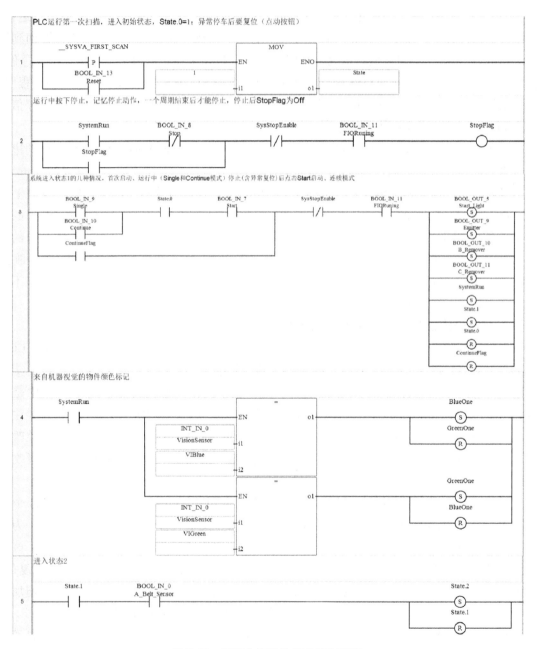

图 5-41　智能分拣场景 PLC 控制程序

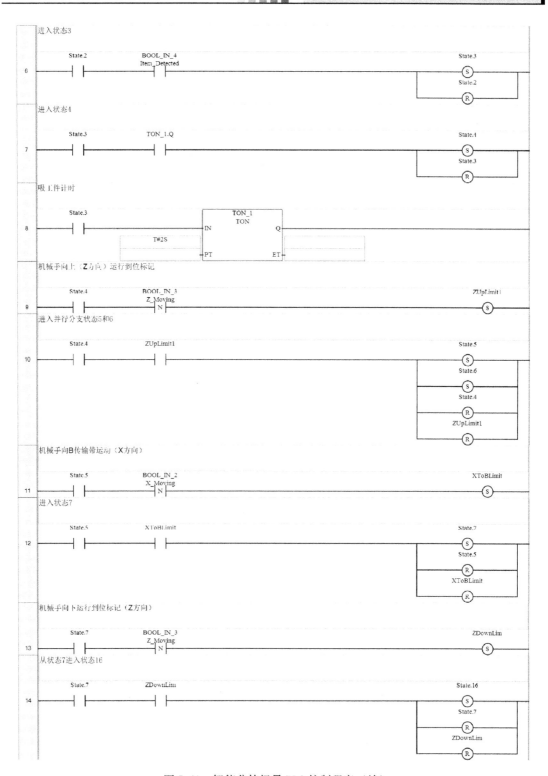

图 5-41　智能分拣场景 PLC 控制程序（续）

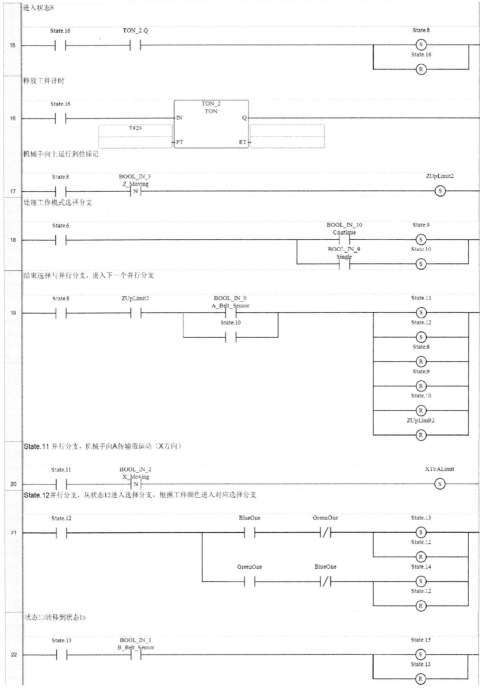

图 5-41　智能分拣场景 PLC 控制程序（续）

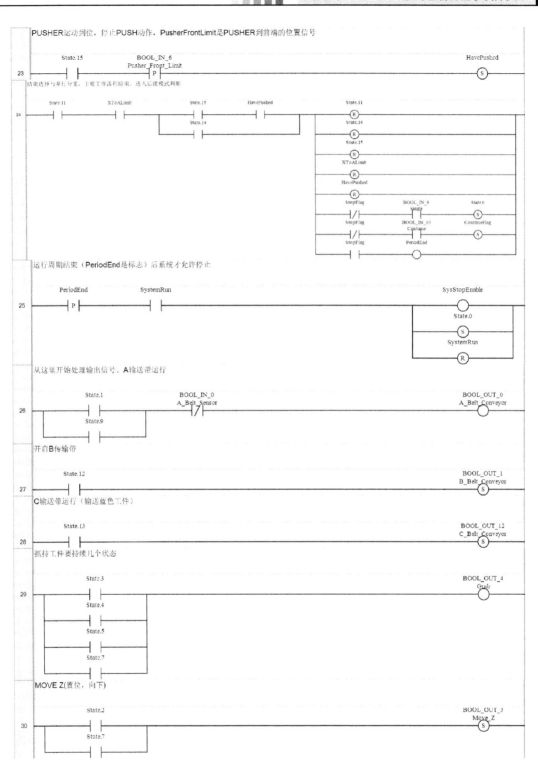

图 5-41　智能分拣场景 PLC 控制程序（续）

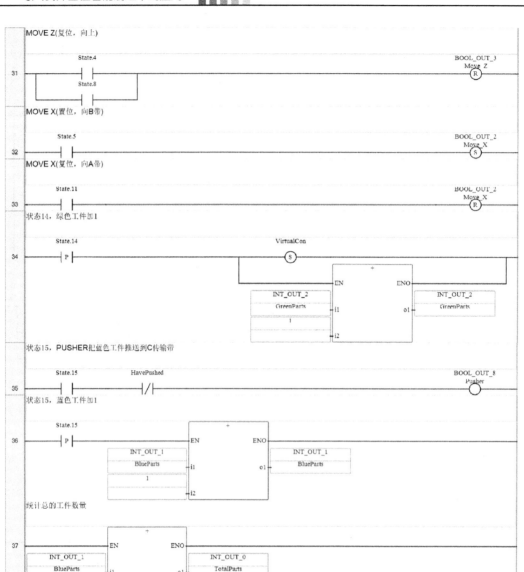

图 5-41　智能分拣场景 PLC 控制程序（续）

梯级 3 程序稍有点复杂。这个梯级实现的功能有：

1）系统上电开机首次运行。在 Single 或 Continue 模式下，按下"起动"按钮，系统从 State.0 进入 State.1，同时把起动按钮指示灯、发射器 Emitter、B_Remover 和 C_Remover 置位，置位 State.1 和 SystemRun，复位 State.0。

2）若系统在 Single 或 Continue 模式下运行时被异常中断，则按"复位"按钮后，再按下"起动"按钮又恢复原有工作模式继续工作。

3）系统在 Continue 模式下工作，一轮分拣任务完成后，要回到 State.1，这里使用了 ContinueFlag，这样又可以不停机继续工作。

梯级 19 是结束包含选择分支的并行分支的逻辑。结束并行分支条件是转换条件的逻辑与，而结束选择分支的是用转换条件的逻辑或。这里的逻辑条件没有加入状态触点，因为本系统在其他的状态时这个梯级的逻辑条件不可能满足。

梯级 24 是顺序流程结束时要完成的任务，状态转换条件的逻辑与梯级 19 有点类似。实现的功能有：

1）结束包含选择的并行分支，State. 11 与 XtoALimit 的与是状态 State. 11 的转换条件，后面的并联分支是选择分支结束的转换条件。当整个状态转移条件满足时，对状态 State. 11、State. 14 和 State. 15 复位，对 Pusher 动作的完成标志 HavePushed 复位。

2）根据后续的工作模式来确定状态走向。若在运行中按下了"停止"按钮，则表征周期结束的 PeriodEnd 标志位为 ON，后续梯级 25 通过 SysStopEnable 把系统停止，把系统运行标志 SystemRun 复位，把 State. 0 置位使系统回到初始状态，等待后续指令。若没有按下"停止"按钮，在 Continue 工作模式下，把 ContinueFlag 置位，系统继续周期运行；在 Single 工作模式下，把 State. 0 置位使系统回到初始状态等待按一下"起动"按钮再次工作。

需要强调的是，PLC 程序采用置位及复位指令后，系统运行停止或异常中断后必须对所有采用该指令的逻辑位进行复位，否则系统再次运行后状态会异常，不能正常工作。当然，也可以在系统再次投运前，对 PLC 进行复位（甚至锁存复位），或者对 PLC 断电重启，但一些系统正常情况下是不能对 PLC 断电的。

限于篇幅，这里的 ST 语言复位程序就不给出了。程序中停止、复位指示灯程序也省略。

5. Micro800 系列控制器联合 Factory IO 虚拟场景的控制系统调试

由于目前 Factory IO 还不支持 Micro800 系列仿真控制器，因此，需要把编写的 PLC 程序下载到控制器实体中。这里使用的是版本为 12 的 2080-LC50-48QWB 控制器。本次测试环境中 CCW 运行在一台 VMware 虚拟机中，Factory IO（版本是 2.5）运行在另外一台 VMware 虚拟机中，它们的网口 IP 地址都配置在 192.168.1.＊网段，因此能进行正常的通信和系统调试。在 CCW 中把 PLC 切换到运行。然后在 Factory IO 中调整好生产线的角度和大小，在 Factory IO 的驱动中连接 PLC，连接成功后，把 Factory IO 从编辑切入运行模式。图 5-42 所示为 Factory IO 运行的场景。这里进行一些说明：

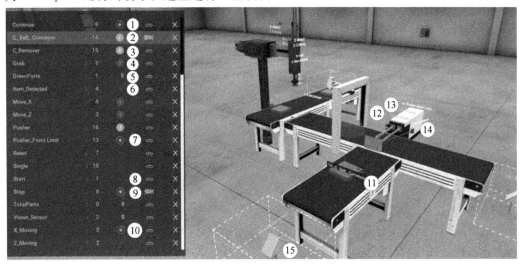

图 5-42　智能分拣场景与 PLC 联合调试场景

1）Factory IO 中可以对图中左侧的所有输入和输出进行强制，即可以脱离 PLC 的控制，用手动强制方式来调试生产场景。这个在进行系统联调前也是必需的，通过这种方式，了解每个部件/设备的控制方式和状态变化。例如，对于机器视觉，当部件为蓝色时，Vision_Sensor = 1；当部件为绿色时，Vision_Sensor = 4。机械臂等其他设备也要进行这样的手动测试，这样才能在 PLC 中开展编程。

2）对于 DI 信号，若是在场景中改变其状态，例如图中①处的 Continue 工作模式，是把控制柜上转换开关切换到 Continue 档位的，该信号橘黄色灯亮，右侧显示白色眼镜图标。对于 DO 信号，如图中②处的 C_Belt_Conveyor，是在 Factory IO 中单击该图标强制的，该信号蓝色灯亮，右侧有白色"强制"两个字。对于由 PLC 输出直接来控制的信号，如图中③处的 C_Remover，该信号的绿色灯亮，右侧显示白色眼镜图标。若 DO 信号没有激活（即为 OFF），则该信号蓝色灯灭，见图中④处的 Grab 信号。可以发现，对于 DI 信号，是用橘色表示；对于 DO 信号，用绿色表示；对于强制信号（不管 DI 还是 DO），用蓝色表示。另外，DI 信号图标是中心有个小实心的圆，而 DO 信号是中间有白色线条的实心圆。图中⑤处是整数，显示已分拣的绿色工件数量。图中⑥处 Item_Detected 信号为 OFF，所以橘黄色灯是灭的。图中⑨处 Stop 是在 Factory IO 中强制的，而不是单击电气柜面板上的 Stop 按钮的，所以显示有强制。图中⑩处的 X_Moving 输入信号为 ON，但 Move_X 输出信号灯没亮，这是因为机械臂是往原位运动，Move_X 被复位了。

3）这里特别需要说明的是，Factory IO 中联合 PLC 进行程序调试时，在 Factory IO 中对输出进行强制来控制设备时，PLC 的输出对这些设备是无效的。例如，在 Factory IO 中对 Grab 进行了强制，且数值为 OFF，即使 PLC 中对应的 BOOL_OUT 位输出为 ON，Factory IO 中 Grab 状态仍然为 OFF。在 CCW 中修改 BOOL_IN 变量值时，例如，把 Start 修改为 ON，PLC 中在线状态可以看到该值为 ON 了，但在 Factory IO 中对应的 Start 无变化，即看不出该状态为 ON，指示灯是灭的，见图中⑧处。为了实现用 PLC 来控制 Factory IO 场景，不要对 DI 和 DO 等信号进行强制。

4）部件图中左侧的传感器和执行器标签上能看出信号状态，右侧的场景零件上也能有所对应。例如 C_Belt_Conveyor 是强制的，场景中⑪处设备名是蓝色的。A_Belt_Conveyor 是 PLC 控制的，其名字是白色的。正在动作的推杆达到了前限位，即 Pusher_Front_Limit 信号为 ON，因此图中该信号是橘色的，见⑫处；而 Pusher_Back_Limit 是 OFF 状态，Pusher_Back_Limit 是白色的，见⑬处。B_Belt_Sensor 没有检测到工件，因此 B_Belt_Sensor 是白色的，见⑭处。图中⑮处的 C_Remover 是激活的（状态为 ON），因此橘黄色灯是亮的。

5）在调试时，还可以对信号插入故障。

在程序调试中还发现，State. 12 的动作 B_Belt_Conveyor 有时不执行，但能从 State. 12 状态转移到后续的状态。为了确认该状态被执行，在该状态的置位 B_Belt_Conveyor 动作中并联置位一个 DO，程序运行时，DO 对应的指示灯亮，这也印证了 State. 12 是激活过的，只是由于激活时间短，信号没有能传输到 Factory IO。后来在这步增加了 10ms 延时，置位 B_Belt_Conveyor 动作就能执行。如果被控对象是硬件，就不会存在这样的问题，所以程序中没加延时的代码。

5.3.2 Micro800 系列控制器在工业生产线控制中的应用

1. 输送机分拣大、小球生产线及其控制要求

某生产线输送机分拣大、小球装置如图 5-43 所示。该分拣过程有单周期和连续工作模式，在单周期模式下，一轮分拣结束后，要按下起动按钮才继续工作。在连续模式下，系统起动后持续工作。分拣工作过程如下：

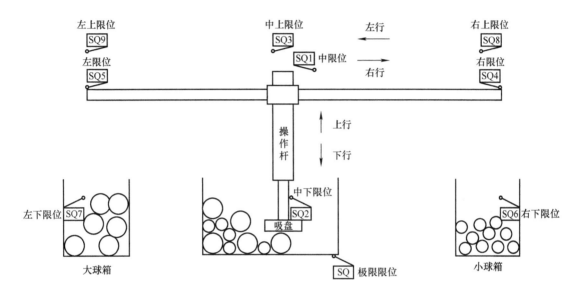

图 5-43 输送机大、小球自动分拣装置示意图

1）当输送机处于起始位置时，中上限位开关 SQ3 和中限位开关 SQ1 被压下，极限限位开关 SQ 断开。此时原位指示灯 Lamp 亮。

2）起动装置后，设备从原位动作，接通下行接触器 KM1，操作杆下行，一直到极限限位开关 SQ 闭合。此时，若碰到的是大球，则中下限位开关 SQ2 仍为断开状态；若碰到的是小球，则中下限位开关 SQ2 为闭合状态。

3）接通控制吸盘电磁阀 KM2（保持），吸盘吸起球 1s 后，接通上行接触器 KM3。

4）操作杆向上行，碰到中上限位开关 SQ3 后停止。

5）若吸到的是小球，则接通右行接触器 KM4，操作杆向右行，碰到右限位开关 SQ4 后停止。接通下行接触器 KM1，操作杆下行，一直到右下限位开关 SQ6 闭合后，再断开 KM1，把球释放到球箱，对小球计数器加 1。设释放球需要 1s。球释放后，接通上行接触器 KM3，到右上限位开关 SQ8 后，接通左行接触器 KM5，碰到中限位开关 SQ1 后停止。若没有停止信号，继续执行。

6）若吸到的是大球，则接通左行接触器 KM5，操作杆向左行，碰到左限位开关 SQ5 后停止。接通下行接触器 KM1，操作杆下行，一直到左下限位开关 SQ7 闭合后，再断开 KM1，把球释放到球箱，对小球计数器加 1。设释放球需要 1s。球释放后，接通上行接触器 KM3，到左上限位开关 SQ9 后，接通右行接触器 KM4，碰到中限位开关 SQ1 后停止。若没有停止信号，继续执行。

7）生产过程中按下"停止"按钮后不能立即停止，要把正在分拣的球送入球箱后才能停止。"启动"和"停止"按钮都为点动。

2. PLC 选型与 I/O 配置

根据上述自动化装置的工作原理和要求，可以确定系统的 I/O 点，并进行 PLC 选型和变量标签定义。考虑到扩展性，可以选用 Micro820-48QBB 或 Micro820-48QWB 型号的 PLC。该型号本机自带 48 个 I/O 点，满足该应用需求。该装置 PLC 控制系统的 I/O 分配见表 5-4。以第 1 路 DI 为例，其 PLC 地址名称严格来说是_IO_EM_DI_01，这里为了简略省去了_IO_EM_。

表 5-4 自动分拣装置 I/O 分配

序号	信号名称	PLC 地址	标签名（别名）
1	起动按钮（点动）	DI_00	StartB
2	停止按钮（点动，常闭）	DI_01	StopB
3	中限位开关 SQ1	DI_02	MidSQ1
4	中上限位开关 SQ3	DI_03	MidUpSQ3
5	极限限位开关 SQ	DI_04	LimSQ
6	中下限位开关 SQ2	DI_05	MidDoznSQ2
7	右限位开关 SQ4	DI_06	RightSQ4
8	左限位开关 SQ5	DI_07	LeftSQ5
9	右下限位开关 SQ6	DI_08	RDownSQ6
10	左下限位开关 SQ7	DI_09	LDownSQ7
11	右上限位开关 SQ8	DI_10	RUpSQ8
12	左上限位开关 SQ9	DI_11	LUpSQ9
13	单周期工作模式	DI_12	DI_Single
14	连续工作模式	DI_13	DI_Continue
15	原位指示灯 Lamp	DO_00	Y_Lamp
16	下行接触器 KM1	DO_01	Down_KM1
17	吸盘电磁阀 KM2	DO_02	Absorb_KM2
18	上行接触器 KM3	DO_03	Up_KM3
19	右行接触器 KM4	DO_04	Right_KM4
20	左行接触器 KM5	DO_05	Left_KM5

3. 分拣自动装置程序设计

从该分拣装置的工作过程看，具有明显的顺序特性，可用顺序功能图法来分析该程序，结果如图 5-44 所示。可见，该顺序功能图是具有选择分支的，而非简单流程的。因为按下"停止"按钮时不能立即停止所有设备工作，要完成一定的必要动作后设备才能停止，对运行过程中按下"停止"按钮进行了"记忆"。另外，这里假设系统上电后，PLC 即开始工作，若设备在原位，原位指示灯亮，按"起动"按钮后，设备开始工作。还可以用 SQ1 和 SQ3 开关的触点直接控制原位指示灯，这样，指示灯不用 PLC 控制，即使电气柜上电后，PLC 不运行，指示灯也能亮。

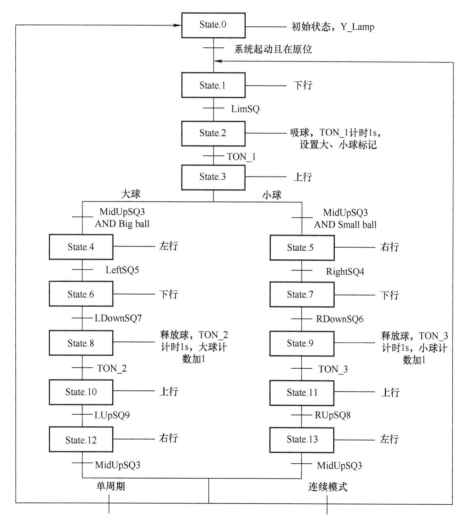

图 5-44 顺序功能图思想分析大、小球自动分拣过程

利用上述分析，采用置位与复位指令来开发 PLC 程序，如图 5-45 所示。在全局变量中定义了字符串变量 BallIndex 来表示球的类型，分别用字符串′Big ball′和′Small ball′表示大球和小球。另外，还定义了全局变量 TotalBigBall 和 TotalSmallBall 表示输送的球的数量。因为是全局变量，所以这些参数都可在触摸屏或上位机上显示。由于程序中有详细注释，这里就

不再对程序进行说明了。

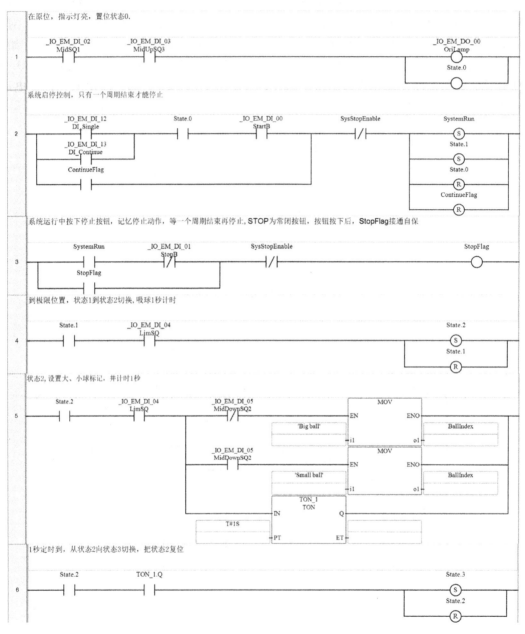

图 5-45　自动分拣装置程序

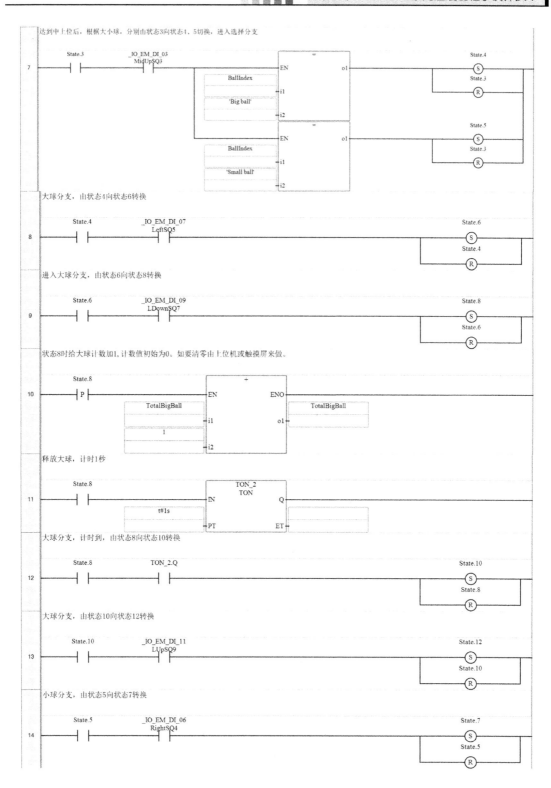

图 5-45　自动分拣装置程序（续）

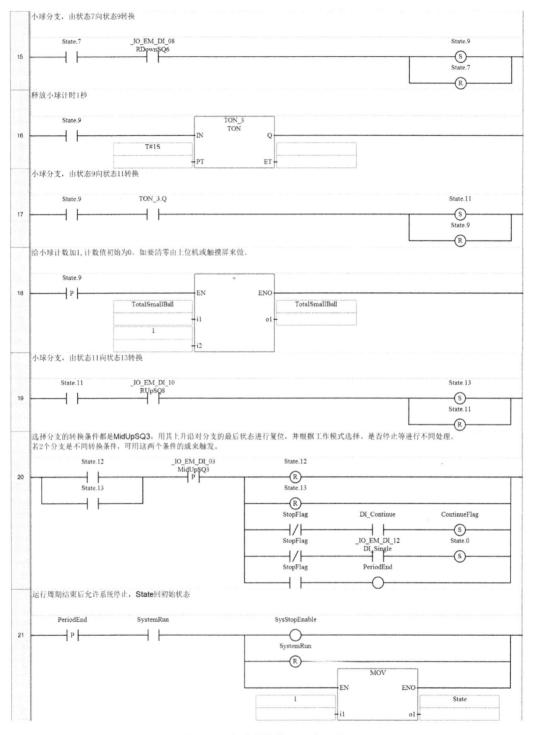

图 5-45　自动分拣装置程序（续）

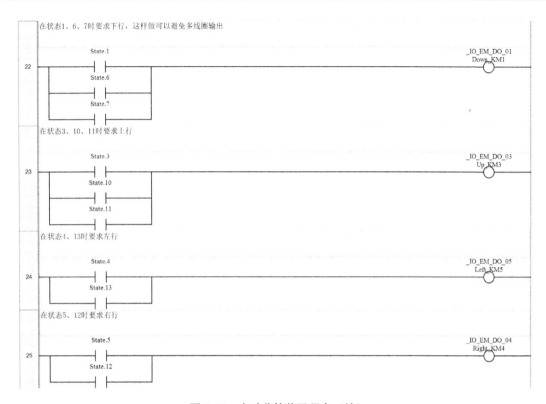

图 5-45　自动分拣装置程序（续）

5.3.3　Micro800 系列控制器在四工位组合机床控制中的应用

1. 四工位组合机床及其控制要求

　　组合机床具有生产效率高、加工精度稳定的优点，在汽车、电机等一些具有一定生产批量的企业中得到了广泛应用。这里以四工位组合机床控制为例加以说明。该机床有四个滑台，各载一个加工动力头，组成四个加工工位，除了四个加工工位外，还有夹具、上下料机械手、进料装置以及冷却和液压系统等辅助装置。机床的四个加工动力头同时对一个零件的四个端面以及中心孔进行加工，一次加工完成一个零件。加工过程由上料机械手自动上料，下料机械手自动取走加工完成的零件。该机床的俯视示意图如图 5-46 所示。

　　该机床通常要求具有全自动、半自动、手动三种工作方式。点动"起动"按钮，系统开始工作或半自动模式继续工作，总停表示系统立刻停止。其中全自动和半自动工作过程如下：

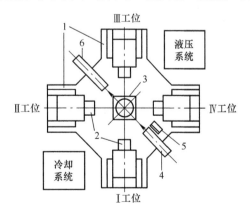

图 5-46　四工位组合机床十字轴示意图
1—工作滑台　2—主轴　3—夹具　4—上料机械手
5—进料装置　6—下料机械手

　　1）上料：点动"起动"按钮，上料机械手前进，将零件送到夹具上，夹具夹紧零件。

同时进料装置进料，之后上料机械手退回原位，放料装置退回原位。

2）加工：四个工作滑台前进，其中工位 I 、Ⅲ动力头先加工，工位 II 、Ⅳ动力头延迟一点时间再加工，包括铣端面、打中心孔等。加工完成后，各工作滑台退回原位。

3）下料：下料机械手向前抓住零件，夹具松开，下料机械手退回原位并取走加工完的零件。

这样就完成了一个工作循环。若是半自动，一个循环完成后，机床自动停在原位；若是全自动，则机床自动开始下一个工作循环。

2. 四工位组合机床控制系统 PLC 选型与 I/O 配置

四工位组合机床电气控制系统有输入信号 42 个，输出信号 27 个，均为开关量。其中外部输入元件包括 17 个检测元件、24 个按钮开关、1 个选择开关（半自动/自动）；外部输出元件包括 16 个电磁阀、6 个接触器、5 个指示灯。

根据上述自动化装置的工作原理和要求，可以确定系统的 I/O 点，并进行 PLC 选型和变量标签定义。可以选用 2080-LC50-48QWB 型号的 PLC。该型号 PLC 有 28 个 DI 和 20 个 DO，再配置 2085-IQ16 和 2085-OW8 扩展模块各一个，即增加 16 点数字量输入模块一个，8 点继电器输出模块一个，从而满足系统要求。该装置 PLC 控制系统的 I/O 分配见表 5-5 和表 5-6。DI 信号从 1 到 17 都是来自传感器的开关信号，18 开始都是按钮信号。这里变量命名也采用大驼峰法，但由于全部写英文单词，有些名称太长，做了简化。例如，信号名称为"滑台 I 进"的按钮信号就简写为"SP1FButton"，如果不简写，则为"SlidingPlatform1ForwardButton"。

DI 分配表中大量的按钮输入主要用于手动控制，由于这里省略了手动控制程序，所以实际没有使用。

表 5-5　四工位组合机床 DI 分配

序号	信号名称	PLC 地址	别名	序号	信号名称	PLC 地址	别名
1	滑台 I 原位	DI_00	SP1Ori	16	润滑压力	DI_15	OilPressure
2	滑台 I 终点	DI_01	SP1End	17	润滑液面开关	DI_16	OilLevel
3	滑台 II 原位	DI_02	SP2Ori	18	总停	DI_17	StopButton
4	滑台 II 终点	DI_03	SP2End	19	起动	DI_18	StartButton
5	滑台Ⅲ原位	DI_04	SP3Ori	20	半自动运行	DI_19	SelectSemi
6	滑台Ⅲ终点	DI_05	SP3End	21	自动运行	DI_20	SelectAuto
7	滑台Ⅳ原位	DI_06	SP4Ori	22	润滑油故障	DI_21	OilFault
8	滑台Ⅳ终点	DI_07	SP4End	23	滑台 I 进	DI_22	SP1FButton
9	上料器原位	DI_08	PartOnOri	24	滑台 I 退	DI_23	SP1BButton
10	上料器终点	DI_09	PartOnEnd	25	主轴 I 点动	DI_24	Axis1PushButton
11	下料器原位	DI_10	PartOffOri	26	滑台 II 进	DI_25	SP2FButton
12	下料器终点	DI_11	PartOffEnd	27	滑台 II 退	DI_26	SP2BButton
13	夹紧	DI_12	IfTighted	28	主轴 II 点动	DI_27	Axis2PushButton
14	进料	DI_13	IfPartIn	29	滑台Ⅲ进	X1_DI_00	SP3FButton
15	放料	DI_14	IfPartOff	30	滑台Ⅲ退	X1_DI_01	SP3BButton

（续）

序号	信号名称	PLC 地址	别名	序号	信号名称	PLC 地址	别名
31	主轴Ⅲ点动	X1_DI_02	Axis3PushButton	37	上料器进	X1_DI_08	PartOnFButton
32	滑台Ⅳ进	X1_DI_03	SP4FButton	38	上料器退	X1_DI_09	PartOnBButton
33	滑台Ⅳ退	X1_DI_04	SP4BButton	39	进料	X1_DI_10	PartOnButton
34	主轴Ⅳ点动	X1_DI_05	Axis4PushButton	40	放料	X1_DI_11	PartOffButton
35	夹紧	X1_DI_06	TightButton	41	冷却开	X1_DI_12	CoolOnButton
36	松开	X1_DI_07	LosenButton	42	冷却停	X1_DI_13	CoolOffButton

表 5-6　四工位组合机床 DO 分配

序号	信号名称	PLC 地址	别名	序号	信号名称	PLC 地址	别名
1	夹紧	DO_00	TightPart	12	滑台Ⅱ退	DO_11	SP2Back
2	松开	DO_01	LosenPart	13	滑台Ⅳ进	DO_12	SP4Forward
3	滑台Ⅰ进	DO_02	SP1Forward	14	滑台Ⅳ退	DO_13	SP4Back
4	滑台Ⅰ退	DO_03	SP1Back	15	放料	DO_14	PartOff
5	滑台Ⅲ进	DO_04	SP3Forward	16	进料	DO_15	PartOn
6	滑台Ⅲ退	DO_05	SP3Back	17	Ⅰ主轴	DO_16	Axis1Move
7	上料进	DO_06	PartOnFor	18	Ⅱ主轴	DO_17	Axis2Move
8	上料退	DO_07	PartOnBack	19	Ⅲ主轴	DO_18	Axis3Move
9	下料进	DO_08	PartOffFor	20	Ⅳ主轴	DO_19	Axis4Move
10	下料退	DO_09	PartOffBack	21	冷却电动机	X2_DO_00	CoolMotor
11	滑台Ⅱ进	DO_10	SP2Forward	22	润滑电动机	X2_DO_01	OilMotor

3. 四工位组合机床 PLC 控制程序设计

由于该组合机床要有手动、半自动和全自动工作方式。程序整体结构可以采用 5.1.3 节中介绍的利用跳转和返回指令实现多工作模式的编程方式，但半自动和自动可以合并起来，另外加手动程序。这里只给出半自动和全自动程序，手动程序可直接用梯形图来编写。

这里主要采用顺序功能图程序设计法来分析半自动和全自动的工作流程，具体如图 5-47 所示。可以看出，这是一个包括复杂流程的顺序功能图，这里采用置位复位指令的方法来设计该程序，程序如图 5-48 所示。

这里需要注意的是，加工过程中，主轴要一直动作，即主轴的状态在多个状态中是保持的，到状态 15 有效时才全部复位。

在不少教科书中，把并联分支后的转换逻辑进行与运算，放到后一个状态的前面，作为前面并行状态向后续状态转换的条件，如图 5-47 中的虚线框"5 个分支转换条件的与逻辑"所示。这种处理方式虽然使得并行逻辑和标准顺序功能图的并行结构一致，但由于每个并行分支转换条件变为 True 是有时间先后的，因此这样处理是不严谨的。例如，在状态 9 时，假设 1 工位退动作最先完成，但其他工位还没有回到原位，这样状态 9 还是为 ON，会持续触发 1 工位退的动作，如果硬件上没有保护，则有可能导致工位退过限位位置，引发机械故障。为简单起见，这里对后续状态对应的动作加以约束，如梯级 19 和 20 分别用 IfTighted

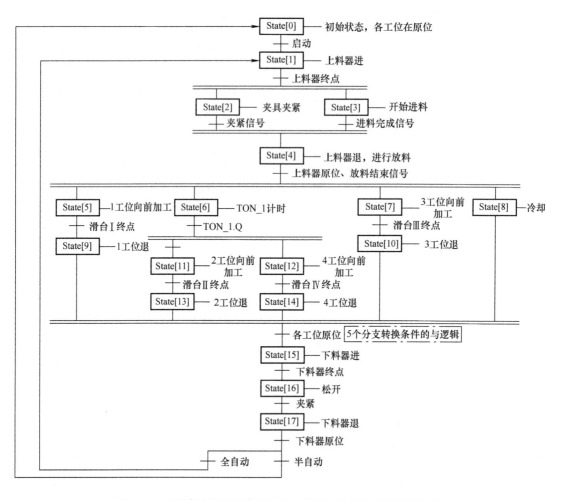

图 5-47 用顺序功能图程序设计法分析四工位组合机床控制流程

（夹紧反馈信号）和 IfPartIn（进料到位反馈信号）的常闭触点约束动作 TightPart（夹紧）和 PartOn（进料）。由于程序中有详细注释，这里不再对程序进行说明。可以结合图 5-47 与图 5-48 来理解程序。

采用置位、复位指令编写顺控程序核心是当前状态有效，且当前状态向后一步转换条件满足时，把后续状态置位，把当前状态复位，如梯级 5 所示的由状态 1 向状态 2、3 转换。要强调的是凡是用 SET 指令把状态变为 ON 的变量，也必须用 RESET 指令才能把该状态变为 OFF。不过 ST 语言中无梯形图语言的复位和置位指令，但可以用赋值语句实现。例如，ST 语句 State[2]：=False 就可以把梯形图语言中置位的变量状态变为 OFF，当然 State[2]：=True 的作用也相当于梯形图程序对 State[2] 加置位指令。

另外，就是程序中对有互斥性质的输出进行互锁。例如梯级 19 和 31 的夹紧、松开动作；其他梯级中的 4 个滑台的进、退动作；上料进、退动作等。

FB_STOP 功能块的作用是按下 "总停" 按钮后，系统要立即停止，利用循环语句把所有 State 数组元素赋 False，同时把程序中所有的用 SET 指令置位的输出也赋 False。这是因为执行停止时，程序中的 RESET 指令可能没有执行，造成部分输出仍然激活。例如，程序中的梯级 30，在按下"总停"按钮执行 FB_STOP 调用时，可能 State[14] 为 ON，而 State[15] 为 OFF，这样就不会执行主轴复位逻辑，总停后 4 个主轴的运动就不会停止。正因为如此，不建议对控制输出采用置位操作。

在该程序中，可以把各个状态时要执行的动作和状态转移后的线圈并列在一起，例如，可以在梯级 5 的状态 1 有效时，在输出线圈上并列（逻辑或的关系）梯级 18 的线圈 PartOn-For，梯级 18 的常闭约束 PartOnBack 和 PartOnFor 仍然是逻辑与的关系。本书为了结构更加清晰，把状态转换和每个状态要执行的动作程序前后分开了。

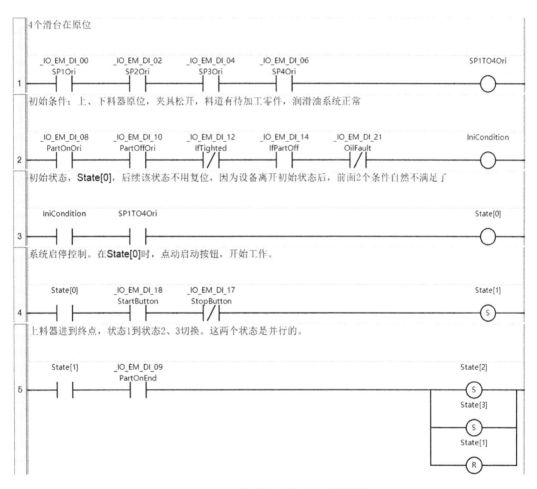

图 5-48　四工位组合机床 PLC 控制程序

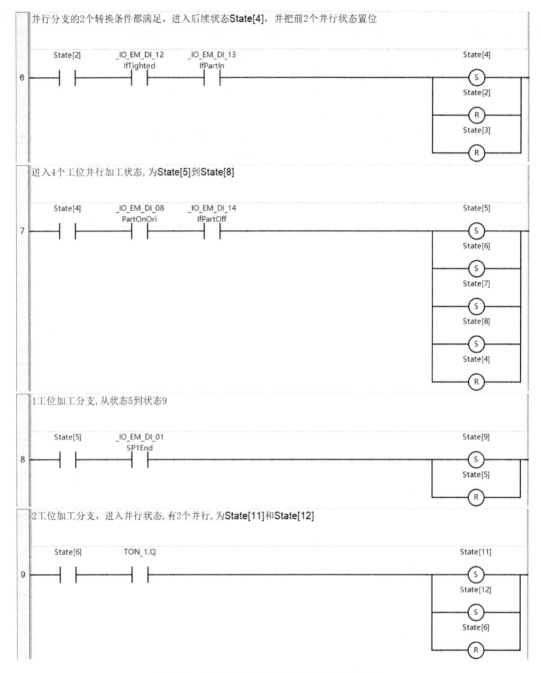

图 5-48　四工位组合机床 PLC 控制程序（续）

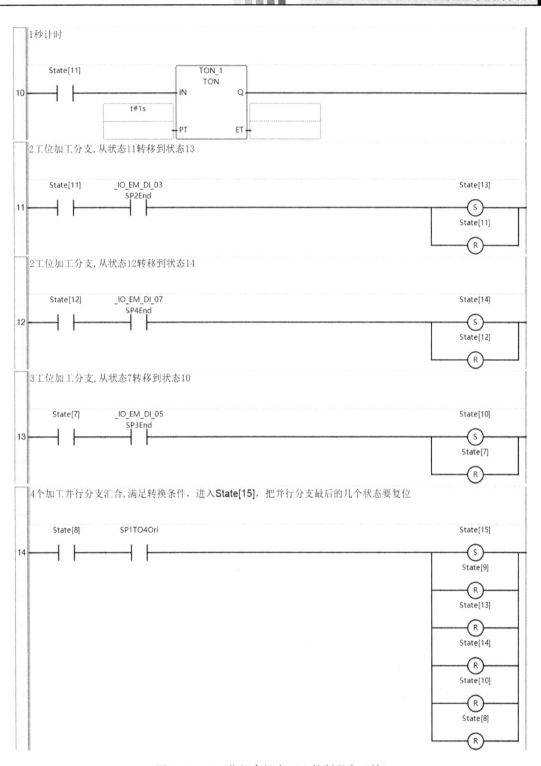

图 5-48　四工位组合机床 PLC 控制程序（续）

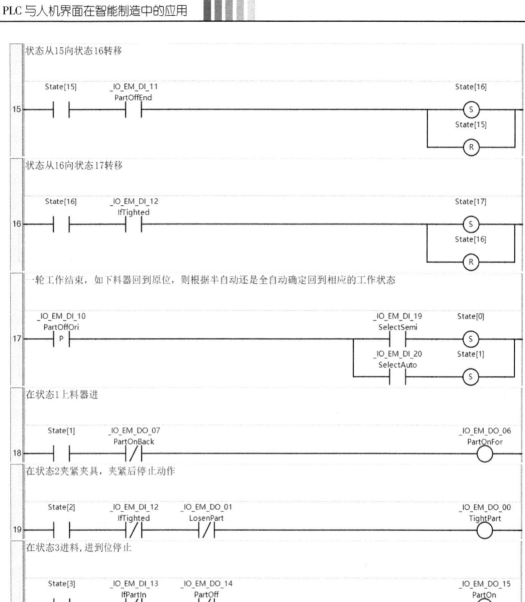

图 5-48　四工位组合机床 PLC 控制程序（续）

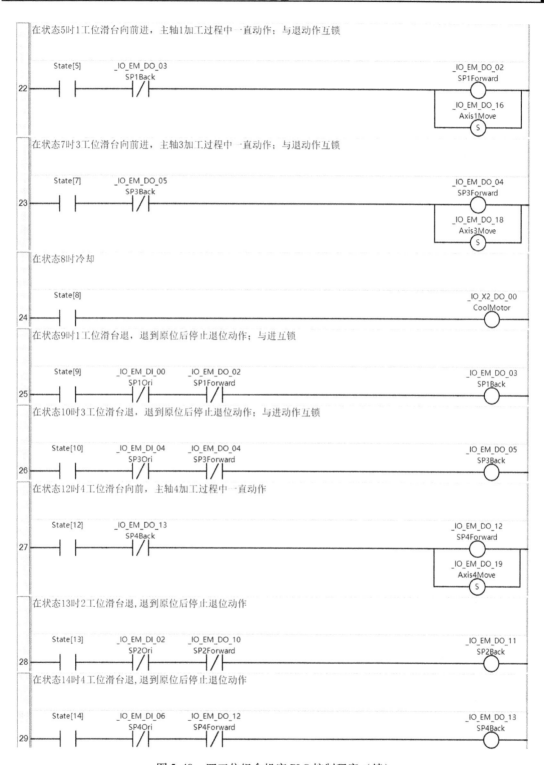

图 5-48　四工位组合机床 PLC 控制程序（续）

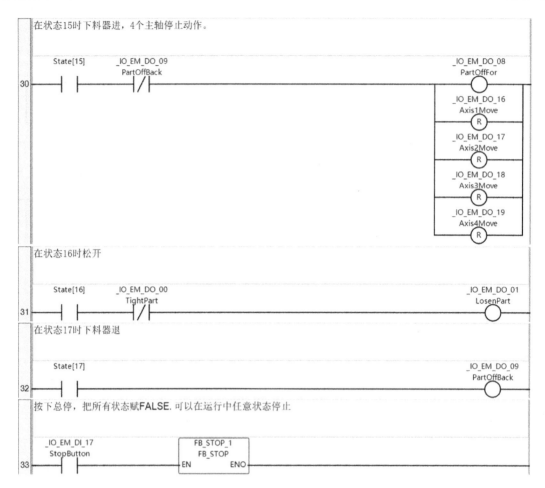

图 5-48　四工位组合机床 PLC 控制程序（续）

5.4　Micro800 系列控制器过程控制程序设计示例

5.4.1　Micro800 系列控制器的 IPIDCONTROLLER 功能块

1. IPIDCONTROLLER 功能块及其参数

比例、积分、微分（PID）控制是应用最广泛的一种控制规律。从控制理论可知，PID 控制能满足相当多工业对象的控制要求，所以，它至今仍是一种最常用的控制策略。CCW 指令集提供了 PID 指令和 IPIDCONTROLLER 功能块，它们都基于 PID 控制理论，具有比例积分微分控制能力。与 PID 指令相比，控制程序可使用 IPIDCONTROLLER 功能块的 Auto-Tune 参数来实现参数自整定功能。IPIDCONTROLLER 功能块原理如图 5-49a 所示，其中 A 表示作用方向，取值为 1 或 −1；PG 为比例增益；DG 为微分增益；τ_i 为积分时间；τ_d 为微分时间。程序功能块如图 5-49b 所示。功能块参数见表 5-7。GAIN_PID 数据类型见表 5-8。AT_Param 数据类型见表 5-9。在使用该功能块前，必须熟悉其功能块的输入和输出参数的作用、类型等。

如果设定值与过程值之间的差异较大，则输出值会大幅攀升，而在其降低时，过程会失控。IPIDCONTROLLER 功能块以交互方式跟踪反馈，并防止积分饱和。当输出饱和时，会重新计算控制器的积分项，其新值会在达到饱和限制时提供输出。

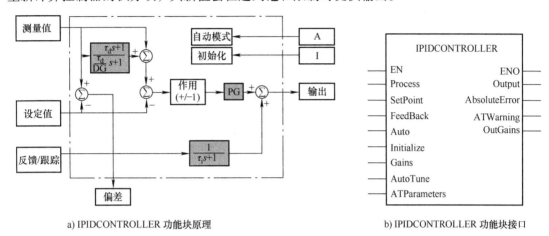

a) IPIDCONTROLLER 功能块原理　　　　　　　　　　　b) IPIDCONTROLLER 功能块接口

图 5-49　IPIDCONTROLLER 功能块原理及其接口

表 5-7　IPIDCONTROLLER 功能块参数

参数	类型	数据类型	描述
EN	输入	BOOL	当为 True 时启用指令块；False 时指令块处于空闲状态。适用于梯形图编程
Process	输入	REAL	测量值
SetPoint	输入	REAL	设定值
FeedBack	输入	REAL	反馈信号，是应用于过程的控制变量的值
Auto	输入	BOOL	PID 控制器的操作模式：True—控制器以正常模式运行；False—控制器将 R 重置为跟踪（F-GE）
Initialize	输入	BOOL	值的更改（True 改为 False 或 False 改为 True）导致在该循环期间控制器消除任何比例增益，同时还会初始化 AutoTune 序列
Gains	输入	GAIN_PID	增益 PID。使用 GAIN_PID 数据类型定义增益输入的参数
AutoTune	输入	BOOL	True—当该项为 True 且 Auto 和 Initialize 为 False 时起动 AutoTune 序列；False—不起动
ATParameters	输入	AT_Param	自动调节参数。使用 AT_Param 数据类型定义 ATParameters 的参数
Output	输出	REAL	来自控制器的输出值
AbsoluteError	输出	REAL	来自控制器的绝对偏差（Process-SetPoint）
ATWarning	输出	DINT	自动调节序列的警告。可能的值有： 0—没有执行自动调节；1—处于自动调节模式；2—已执行自动调节 -1—ERROR 1，输入自动设置为 True，不可能进行自动调节 -2—ERROR 2，自动调节错误，ATDynaSet 已过期
OutGains	输出	GAIN_PID	在 AutoTune 序列之后计算的增益，使用 GAIN_PID 数据类型定义 OutGains 输出
ENO	输出	BOOL	启用"输出"。适用于梯形图编程

表 5-8　GAIN_PID 数据类型

参数	类型	描述
DirectActing	BOOL	作用类型： True—正向作用（输出与误差沿同一方向移动）。例如降温 False—反向作用（输出与误差沿相反方向移动）。例如加热
ProportionalGain	REAL	PID 的比例增益（≥0.0001）。增益越高，比例作用越强 当 ProportionalGain < 0.0001 时，ProportionalGain = 0.0001 P_Gain 是要调整的最重要增益，同时也是在运行时要调整的第 1 个增益
TimeIntegral	REAL	PID 的时间积分值（≥0.0001）。积分时间越短，积分作用越强 当 TimeIntegral < 0.0001 时，TimeIntegral = 0.0001
TimeDerivative	REAL	PID 的时间微分值（> 0.0）。微分时间越长，微分作用越强 当 TimeDerivative ≤ 0.0 时，则 TimeDerivative = 0.0，变为 PI 作用
DerivativeGain	REAL	PID 的微分增益（≥0.0）。数值越大，微分作用越强 当 DerivativeGain < 0.0 时，DerivativeGain = 0.1

表 5-9　AT_Param 数据类型

参数	类型	描述
Load	REAL	自整定过程的控制器初始值
Deviation	REAL	自动调节的偏差。用于评估自整定所需噪声频段的标准偏差。噪声频段 = 3 × 偏差[①]
Step	REAL	自整定的步长值。必须大于噪声频带并小于自整定初始值的一半
ATDynamSet	REAL	自整定时间，超过该时间放弃自整定（以秒为单位）
ATReset	BOOL	确定输出是否在自整定后重置为零： True—将输出重置为零；False—将输出保留为 Load 值

① 可以通过观察过程输入值 PV 来估算 Deviation 值。例如，在包含温度控制的项目中，如果温度稳定在 22℃ 左右，并且观察到温度在 21.7 ~ 22.5℃ 之间波动，则可估算 Deviation 值为（22.5 - 21.7）/2 = 0.4。

2. IPIDCONTROLLER 参数自整定方法

（1）参数整定前准备

在对控制器进行参数自整定前，要确保以下事项：

1）系统稳定。

2）IPIDCONTROLLER 的 Auto 输入设置为 False。

3）AT_Param 已设置。必须根据过程和 DerivativeGain 值设置 Gain 和 DirectActing 输入，Gain 通常设置为 0.1。

（2）参数整定过程

请按以下步骤进行自整定：

1）将 Initialize 输入设置为 True。

2）将 AutoTune 输入设置为 True。

3）等待 Process 输入趋于稳定或转到稳定状态。

4）将 Initialize 输入更改为 False。

5）等待 ATWarning 输出值更改为 2。

6）从 OutGains 获取整定后的值。

　　与西门子博途中的参数自整定相比，IPIDCONTROLLER 参数自整定过程较为繁琐，且不一定能成功。通常自整定过程必须使控制回路的输出发生振荡，这意味着必须足够频繁地调用 IPIDCONTROLLER，以对振荡进行充分采样。为此，需要把 IPID 控制器所在组织单元的扫描时间配置为小于振荡周期的一半，最好把 IPID 功能块放在 STI 程序中，这样自动调节过程会按照固定周期进行。IPIDCONTROLLER 参数自整定过程详细资料可参考罗克韦尔自动化出版号 "2080-RM001J-ZH-E" 的文档，文档名为 "Micro800 可编程序控制器一般说明"。

3. PID 控制器的正反作用及其选择问题

　　PID 控制是最经典的控制规律，不同厂家的 DCS、PLC、调节器/数字控制器等都有各自的 PID 算法，但由于对偏差定义的不同，使得在控制器正反作用选择时，有些混乱。

　　Micro800 系列控制器的 PID 指令用 DirectActing 来设置控制器的正反作用。ControlLogix 和 MicroLogix 控制器的正反作用选择是通过 SP-PV 与 PV-SP 这两个选项来实现的。西门子 S7-300/400 控制器的 FB41 指令中，偏差定义为 SP-PV，可通过不同办法来实现正反作用选择。西门子博途的 PID_Compact 指令配置时，可以勾选 "反转控制逻辑" 来实现正反作用。当然，任何情况下，用负比例增益都可实现控制器正反作用的切换。控制器正反作用选择的核心是确保整个闭环回路是负反馈。

　　IPIDCONTROLLER 功能块指令对于偏差的定义是 PV-SP（见图 5-49a），用 DirectActing 来设置控制器的正反作用。对于偏差定义为 PV-SP 这种情况，正作用控制器的输出与偏差变化方向一致，反作用则相反。控制器的输入是偏差，输出是 MV，因此可以从偏差与 MV 变化趋势来确定控制器的正反作用。5.4.2 节的例子中，选择的是反作用。当 PV 增加时，偏差也增加，由于被控对象是正作用，因此，从控制要求出发需要减小 MV，即控制器需要选择反作用的，这样才能构成闭环负反馈。由于 PV-SP 中 SP 是固定的，因此，偏差变化方向就是 PV 变化方向。所以，还可以说，PV 变化方向与 MV 变化方向要求一致，则控制器选正作用，否则选反作用。再以制冷过程为例说明，制冷对象是反作用的，即制冷功率越大，温度越低。这种情况就要选正作用控制器了，因为 PV 增加时，要求 CV 增加，使得 PV 降低，能恢复到 SP。

　　若偏差定义为 SP-PV 这种情况，则控制器的正反作用选择与先前 PV-SP 这种情况相反。这里可以把 SP-PV 看作是 $-1*(PV-SP)$，假设偏差还是定义为 PV-SP，然后把 -1 与控制器正反作用（$+/-1$）相乘，从而使得后一种情况控制器正反作用与前一种情况相反。

　　这里再强调一点，无论偏差定义为 SP-PV 还是 PV-SP，对于控制器正、反作用的定义是一致的，即偏差增大，输出增大，是正作用控制器；偏差增大，输出减小，是反作用控制器。只是对于同样的被控对象，对于偏差定义为 SP-PV 与 PV-SP 这两种情况，进行 PID 控制器作用方向选择时，两种情况下控制器的正、反作用选择是相反的。

5.4.2　IPIDCONTROLLER 在一阶对象仿真模型控制中的应用

1. 一阶对象仿真模型

　　在工业生产过程中需要进行滤波处理，常用的一阶滤波环节数学模型在频域为

$$X_{\mathrm{OUT}}(s) = \frac{1}{T_1 s + 1} X_{\mathrm{IN}}(s)$$

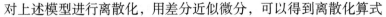
对上述模型进行离散化，用差分近似微分，可以得到离散化算式

$$X_{\mathrm{OUT}}(k+1) = M * X_{\mathrm{IN}}(k) + (1-M) * X_{\mathrm{OUT}}(k)$$

其中

$$M = \frac{T_{\mathrm{S}}}{T_{\mathrm{S}} + T_1}$$

式中，T_{S} 为采样周期；T_1 为时间常数。此模型不仅可以用于信号的一阶滤波，而且在控制系统仿真时，还可以作为被控对象的数学模型，也可以作为干扰通道的数学模型，还可以串联连接组成高阶模型。

在 CCW 中用 FBD 语言编写上述功能块。首先新建一个 FBD 语言的自定义功能块，名称为 FirstOrder。然后在功能块局部变量表中定义如图 5-50a 所示的局部变量。变量的含义见注释。然后功能块的本体部分用 FBD 语言来编写，其程序如图 5-50b 所示。

名称	数据类型	方向	维度	初始值	注释
iXin	REAL	VarInput			输入信号
iT1	REAL	VarInput			时间常数
iTs	REAL	VarInput			采样周期
oXout	REAL	VarOutpu			输出

a) 变量定义部分

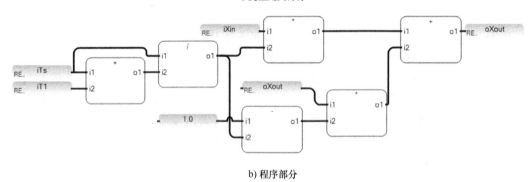

b) 程序部分

图 5-50 用 FBD 语言建立自定义功能块

在工业控制中，对象特性还存在纯滞后的情况，假设滞后时间为 τ，则离散化后的输出为 $X_{\mathrm{out}}(k-d)$，其中 d 为 τ/T_{s} 取整，k 为当前时刻。用 ST 语言编写一个名称为 FBDelay 的纯滞后 UDFB，其输入为 itao、iTs、iXin，输出为 oXout，其他变量是局部变量，localX 为 101 维的数组，即纯滞后时间可以达到采样周期的 100 倍。FBDelay 代码如下：

```
1  localN:=ANY_TO_DINT(itao/iTs);
2  FOR localI:=1 TO localN BY 1 DO;//N=0跳过循环
3      localX[localI]:=localX[localI+1];//队列移位
4  END_FOR;
5  localX[localN+1]:=iXin;//把新的输入作为队列最后值
6  oXout:=localX[1];//把移位后队列第1个值作为输出
```

这个纯滞后环节可以和 1 阶、2 阶及高阶环节串联，使得被控对象具有纯滞后特性。

2. PID 控制器控制一阶滞后对象仿真模型示例

上述 2 个功能块编写完成后，把功能块的实例作为 PID 控制器的被控对象，采用 FBD 语言构建了如图 5-51 所示的闭环 PID 控制程序（程序处于在线状态）。PID 控制器（IPID-CONTROLLER_1 实例）的输出作用于 1 阶对象的输入，1 阶对象的输出进入纯滞后对象实例 FBDelay_1。为了便于测试控制系统的抗干扰能力，该 FBDelay_1 实例的输出上增加了干扰（Disturb），两者之和进入控制器的 PV 输入端口。该程序是作为中断时间为 0.5s 的可选定时中断程序执行的，从而确保 PID 的执行周期比较准确。图中 "1 阶对象" "PID 控制器" 等是程序注释，可以看出 FBD 程序注释的方式与梯形图或 ST 语言的不同。

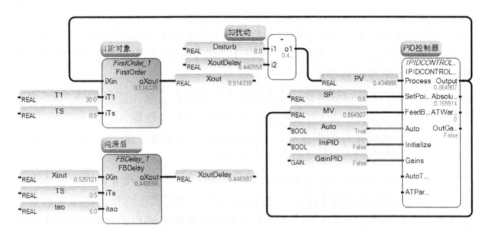

图 5-51　一阶滞后对象闭环 PID 控制 FBD 程序

将程序下载到 Micro850 控制器中执行，其中 Auto 为 True，GainPID 中的 DirectActing 为 False，即控制器是反作用的。选用 PI 控制规律，采用手动整定控制器参数，比例增益为 0.3，积分时间为 5.0。一阶对象中 T1 为 60s，采样周期 TS 为 0.5s。为了显示被控对象在 PID 控制器作用下的动态过程，采用组态王 7.5SP2 编写了人机界面。组态王与 KepwareOPC 服务器通信，KepwareOPC 服务器与 Micro850 通信，对控制器中的参数进行读写。在配置 OPC 服务器的标签时需要注意的是，对于结构变量，如积分时间，在名称中输入 Ti，在地址中输入 GAINPID. TIMEINTEGRAL。测试的实时界面如图 5-52 所示。图中显示了测量值（PV）、设定值（SP）和控制器输出（MV）三条曲线。测试过程包括设定值从 0 增加到 0.75。其中图 a 中滞后时间为 0，图 b 中滞后时间为 6s。可以看出，在 PI 控制规律作用下，控制系统可以较快达到稳定，且无余差。但在同样的 P、I 控制参数下，具有纯滞后的对象稳定性变差，同时，加扰动测试时，具有纯滞后的对象克服扰动时间也更长。

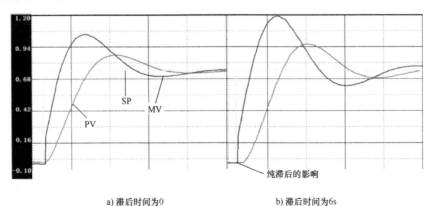

a) 滞后时间为0　　　　　　　　b) 滞后时间为6s

图 5-52　一阶滞后对象闭环 PID 控制程序测试界面

5.4.3　Micro800 系列控制器在过程控制实验装置中的应用

某过程控制实验装置包括液位、流量、温度和压力参数的检测与控制，主要硬件包括储水箱、水槽、换热器、加热器及水管等。主要动力设备有磁力离心泵和增压泵。测量仪表包括热电阻及温度变送器、压力变送器、静压式液位变送器和流量变送器。执行器包括电磁阀、电动调节阀和变频器。实验对象还配置有 4 个数字显示仪表，可以把变送器的输出信号与仪表输入端连接，实现任意变量的显示。

控制器选用 2080-LC50-48QWB，另外配备 4 通道模拟量输入扩展模块 2085-IF4 和 4 通道模拟量输出扩展模块 2085-OF4。其中输入选择 0~10V 电压输入，输出选择 4~20mA 电流输出。模拟量模块的配置与使用在第 3 章硬件部分已做详细介绍，这里不再细述。

1. 水槽液位 PID 控制

水槽的进水来自磁力离心泵，出口在水槽的底部，出口开孔尺寸固定，但出口手阀可改变出水量，从而改变水槽的对象特性。水位的测量通过静压式压力计，操纵变量是水槽进水流量，通过改变电动调节阀的开度实现。该水槽液位控制系统属单回路控制。其 PLC 控制程序包括 3 个部分。

（1）液位测量与信号转换

程序如图 5-53 的梯级 1 所示。2085-IF4 的 AI 通道配置为工程单位，对应于 0~10V 的液位输入电压信号，从 AI 通道采集的数值范围是 0~10000，而仪表量程是 0~300mm，因此，要进行线性变换，得到液位的工程量，别名为 Level_PV。程序中 lVar1 和 lVar2 都是局部变量，程序中的常数 100.0 和 3.0 必须写成浮点形式，否则编译会报错。

（2）液位 PID 控制

程序如图 5-53 的梯级 2 所示。这里要定义 IPID 功能块的实例并把相应的参数赋给 IPID 功能块。PID 控制最关键的几个参数就是测量值、设定值和控制器输出。回路的控制效果与 PID 控制参数密切相关。

（3）输出信号转换

程序如图 5-53 的梯级 3 和梯级 4 所示。这里把控制器的输出转换为模拟量输出（AO）模块可以接收的信号范围。梯级 3 使用了限幅模块对控制器的输出进行了限幅。对于模拟量控制，梯级 3、4 是常用的程序，对此也可以编写一个 UDFB。

在程序编写过程中，要利用到不少临时变量，这些变量应该定义为局部变量，而不要定义成全局变量。对于要与人机界面通信的变量，要定义为全局变量。AI 和 AO 数据范围的转换也可以用功能块指令 SCALER 来实现。

对于 PID 程序的编写，由于不同的应用中，实际测量值的范围可能会很大或很小，这会导致 PID 参数整定困难。一个较好的解决办法是不论实际测量值是多少，都把它转换为 0~100 范围的中间变量，这时，设定值也转换为 0~100 范围的中间变量。然后把变换过的中间变量作为 IPID 模块的输入，这样，不仅 PID 参数容易调整，而且控制器输出的范围也不会太大或太小。当然，如果实际测量值范围与 100 相差不是太大，也可以不用这样变换。

2. 液位控制人机界面

采用 RSView32 开发人机界面，其过程包括新建画面，在画面中增加图库中的图形或用户自己制作的图形元素；添加文字、标签、趋势图和按钮等；通过标签将控制器中的变量关联到图形画面中，可以实时显示变量的值，对控制器中的变量赋值，从而完成画面的监控任务。本系统中人机界面标签/参数与控制器的连接是通过 OPC 实现的。

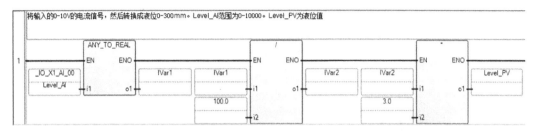

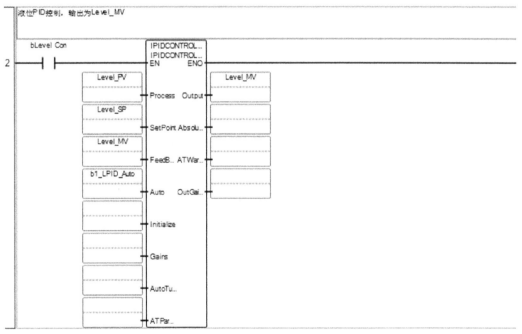

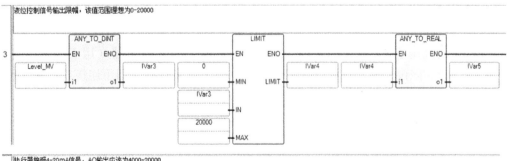

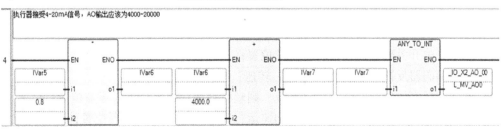

图 5-53　过程控制对象液位控制 PLC 程序

液位控制过程人机界面如图 5-54 所示。这里对设备的状态、工艺参数都进行了显示，对液位对象也做了动画，使得界面直观友好。用户可以根据过渡过程曲线来调整 P、I、D 参数，提高控制品质。也可根据工艺要求来修改设定值，从而对该被控对象加以控制。从图中可以看出液位控制的过渡过程曲线还是比较理想的。

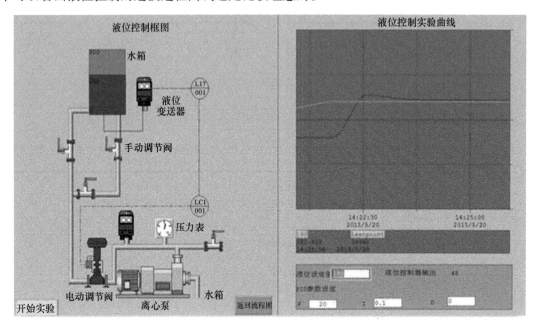

图 5-54　液位控制过程人机界面

5.5　Micro800 系列控制器与变频器结合的运动控制程序设计示例

5.5.1　丝杠被控对象及其控制要求

丝杠设备是由设备本体及其检测与控制设备组成，如图 5-55 所示，分别由丝杠（主体）、驱动电机（用于驱动丝杠的运转，带动滑块运动）、光电传感器（用于检测具体的滑块位置和速度）、限位开关（保护设备不被撞坏）和旋转编码器（用于连接 PLC 的 HSC 来记录丝杠的运转圈数而产生的脉冲）等组成。本例程主要是使用 Micro850 及罗克韦尔自动化 PowerFlex525（简称 PF525）变频器实现丝杠按规定曲线加速、匀速和减速至指定位置，并以最快速度返回起始位置。其基本控制要求如下：

1）PLC 通过以太网接口与 PF525 变频器通信，控制变频器实现丝杠的起动、停止及加减速运行；

2）利用光电开关确定丝杠滑块的特殊位置；

3）利用编码器反馈确定丝杠（电机）转速；

4）丝杠在任意位置时，一旦起动系统，则丝杠自动运行至刻度尺零点位置；

5）丝杠滑块在回到初始位置后，匀加速运行至第二个光电传感器位置，保持匀速运行至第三个传感器位置，匀减速运行并在第四个传感器位置停止；

6）在第四个传感器位置停止后，丝杠滑块返回初始位置，并在返回过程中，先后在第三个和第二个传感器位置上停止 0.5s；

7）在 RSView 中显示当前转速及每段行程运行时间。

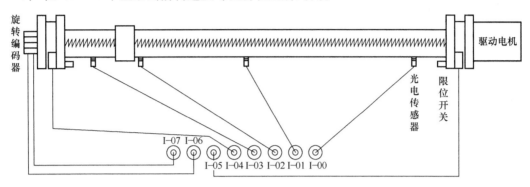

图 5-55　丝杠设备

5.5.2　控制系统结构与设备配置

1. 系统结构与硬件连接

整个系统包括用来编程和监控的计算机、Micro850 控制器和变频器等，这些设备之间通过以太网连接。为了确保正常通信，需要把计算机、Micro850 控制器和变频器的 IP 地址配置在同一网段。光电传感器和限位开关接入 DI 接口，编码器连接高速计数器（I-06 和 I-07）。另外，PLC 的数字量输入接口还要接 4 个按钮，分别表示运行、停止、计数和停止计数功能。PLC 的数字量输出接口连接 4 个指示灯，分别表示运行、停止、正转和反转。具体信号地址分配见表 5-10。

表 5-10　输入输出接口分配

PLC 的接口	信号说明	PLC 的接口	信号说明
I-00	1#光电传感器	I-08	运行按钮
I-01	2#光电传感器	I-09	停止按钮
I-02	3#光电传感器	I-10	计数开始按钮
I-03	4#光电传感器	I-11	计数停止按钮
I-04	1#限位开关	O-00	丝杠运行指示
I-05	2#限位开关	O-01	丝杠停止指示
I-06	旋转编码器 +	O-02	丝杠正转指示
I-07	旋转编码器 -	O-03	丝杠反转指示

2. 变频器及其配置

PF525 变频器提供了 EtherNet/IP 端口，可以和 Micro850 控制器进行以太网通信。变频器的 IP 地址设置也有两种方法，在变频器面板中进行设置或利用 BOOTP-DHCP Server 软件来配置。其中用变频器面板设置过程如下：

1）按下"Esc"键进入编写指令界面；

2）使闪烁光标停留在最高位，然后将其调整到"C"状态；

3）在"C129"里，按下"Enter"键进入，将数字改成"192"，再按下"Set"键；

4）利用上述方法，将 C130、C131、C132 中的数字分别改成 168、1、13 即可。

操作面板中的 C129、C130、C131 和 C132 分别代表着 IPv4 地址的四段点分十进制数；另外 P053 回车至 2 是恢复出厂设置，P046 回车至 5 是采用 Ethernet 通信方式，P047 回车至 15 是采用 Ethernet/IP 通信方式。

现在罗克韦尔自动化的 Logix 系列和 Micro 系列的 PLC 都自带断电保持 IP 地址的功能，即使不进行最后一步，PLC 也不会因为断电而丢失 IP 地址。但是有些设备，例如 PF525 变频器可能会因为断电而丢失 IP 地址。

3. 变频器驱动功能块

变频器驱动功能块如图 5-56 所示。该功能块属于用户自定义功能块，作用是通过 PLC 来驱动 PF525 变频器进行频率输出，驱动电机运转。该功能块较为复杂，有多个输入变量和输出变量，在此，选择比较重要的几个寄存器变量进行讲解。

1）PFx_1_Cmd_Stop，BOOL 型，变频器停止标志位。为"1"时，表示 PF525 停止运行；为"0"时，表示解除 PF525 停止状态。

2）PFx_1_Cmd_Start，BOOL 型，变频器起动标志位。为"1"时，表示 PF525 起动运行；为"0"时，表示解除 PF525 起动状态。"解除"的意思是没有改变原有状态，若要改变原有运行状态，则需要使用对立的命令来实现。

3）PFx_1_Cmd_Jog，BOOL 型，变频器点动标志位。为"1"时，表示 PF525 以 10Hz 的频率对外输出；为"0"时，表示 PF525 停止频率输出。

4）PFx_1_Cmd_SetF，BOOL 型，变频器正向输出频率标志位。为"1"时，表示 PF525 正向输出频率；为"0"时，表示解除 PF525 正向输出频率。

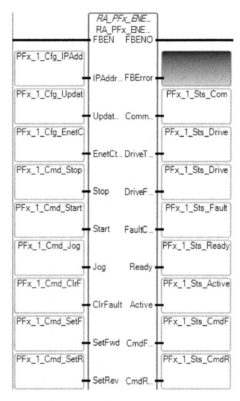

图 5-56 控制变频器用户自定义功能块 RA_PFx_ENET_STS_CMD

5）PFx_1_Cmd_SetR，BOOL 型，变频器反向输出频率标志位。为"1"时，表示 PF525 反向输出频率；为"0"时，表示解除 PF525 反向输出频率。

6）PFx_1_Cmd_SpeedRef，REAL 型，变频器频率给定寄存器。用于用户给定所需要的变频器工作频率。

7）PFx_1_Sts_DCBusVoltage，REAL 型，变频器输出电压指示寄存器。指示变频器的三相输出电压，也用来验证变频器与 PLC 是否成功连接。若输出值为 320 左右，则表示通信成功。

通过上述几个变量值的改变，就可以较好地利用 PLC 控制相关 PF525 变频器的频率输出和正转反转，其他的寄存器变量就不一一赘述了。

在丝杠控制 CCW 工程中，增加了一个程序专门来调用该用户自定义功能块，并进行参数赋值。

4. 高速计数器（HSC）功能块及其创建与参数设置

HSC 能计算比普通扫描频率更快的脉冲信号，它的工作原理与普通计数器类似，只是计数通道的响应时间更短，一般以 kHz 频率来计数，比如精度是 20kHz 等。HSC 功能块用于启/停高速计数，刷新 HSC 的状态，重载 HSC 的设置，以及重置 HSC 的累计值。在 CCW 平台中，HSC 被分为两个部分，即高速计数部分和用户接口部分，这两部分是结合使用的。这里的程序设计要参考 4.3.4 节的部分内容，特别是 HSC 功能块指令参数。HSC 功能块中一些参数说明如下：

1）HscID，UINT 型：要驱动的 HSC 编号，跟在字符串"HSC"后面的数字即代表 HscID 的含义。具体见表 4-37。

2）HscMode，UINT 型：要使用的 HSC 计数模式，有 9 种模式（见表 4-38）。HSC3、HSC4 和 HSC5 只支持 0、2、4、6 和 8 模式；HCS0、HSC1 和 HSC2 支持所有模式。本工程使用 6 模式，即正交计数（编码形式有 A、B 两相脉冲）。

3）Accumulator，DINT 型：设置计数器的计数初始值。

要使用 HSC，需要进行滤波配置，如图 5-57 所示：选择"嵌入式 I/O"选项，将对应连接旋转编码器的 I/O 接口（6-7）的选项改为"DC 5μs"，这样才能保证计数器在丝杠高速运转的时候进行计数。

图 5-57 滤波配置

了解上述参数含义与 HSC 使用后，在 CCW 中建立一个 EconderHSC 梯形图程序，在程序中创建 HSC 功能块实例，并加以调用。创建相应的变量，并设置初始值。其中 HscID 选择 3，表示选择 HSC3 计数器，使用 Micro850 的嵌入式输入 6-7。根据所使用的编码器，这里 HscMode 设置为 6。HPSetting 设置为 10000，表示计数 10000 个脉冲，如果以每 400 个脉冲 1mm 计算，25mm 刚好达到 HPSetting 的值，即滑块移动 25mm 的距离。LPSetting 设置为 −10000，Accumulator 设置为 0。OFSetting 设置为 10000000，UFSetting 设置为 −10000000。

5.5.3 丝杠运动控制程序设计

1. 丝杠运动控制程序顺序功能图（SFC）设计

丝杠运动控制过程十分适合采用 SFC 的原理来进行设计，而代码的实现部分可以利用梯形图。采用 SFC 分析方法能够清晰地看到逻辑步的相关状态。设计的 SFC 流程图如图 5-58 所示，具体解释如下：

1）M0 步：无论滑块在什么位置，在程序起动时都要恢复到起点位置；

2）M1 步：触碰到光电传感器 1 表明滑块已经恢复至起点位置，开始匀加速转动；

3）M2 步：触碰到光电传感器 2 时，加速结束，进行匀速运动；

4）M3 步：触碰到光电传感器 3 时，开始匀减速运动；

5）M4 步：触碰到光电传感器 4 时，表明正转已经结束，丝杠准备反转；

6）M5 步：再次触碰到光电传感器 3 时，停止 0.5s，继续运转；

7）M6 步：0.5s 时间到了之后，继续反向运转；

8）M7 步：再次触碰到光电传感器 2 时，停止 0.5s，继续运转；

9）M8 步：0.5s 时间到了之后，继续反向运转；

10）M9 步：再次触碰到光电传感器 1 后，表示整个运动结束。

2. 位置确定与速度计算

（1）滑块位置确定

丝杠运转一圈是 400 个脉冲，向前行进 4mm 的距离，则 1 个脉冲向前行进 0.01mm，高速计数器（HSC）初始化后将计数器的计数值 Accumulator 转化成实

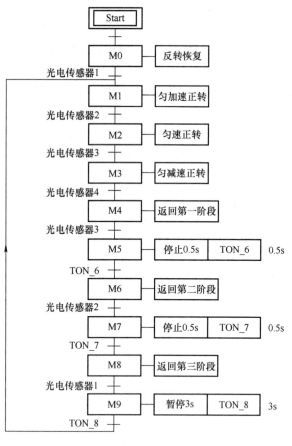

图 5-58　丝杠运转的 SFC 流程图

数后除以 1000 获得实时位置与传感器 1 之间的距离，加上传感器 1 距离零刻度的距离 x_sensor1 即可得到滑块在刻度尺上的位置，其别名为 Mylocation。程序如图 5-59 所示。

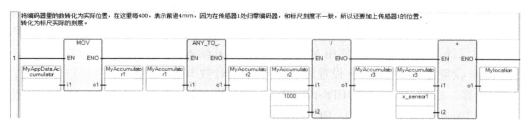

图 5-59　滑块位置确定程序

（2）传感器位置的确定（以传感器 2 为例）

由于滑块经过一个光电门需要时间，即刚进入与刚离开在刻度尺上是两个位置，所以取两者的平均值作为传感器 2 的位置，即 x_sensor2。程序中采用上升沿与下降沿分别将实时位置暂存来实现，程序如图 5-60 所示。

（3）滑块速度确定

根据速度定义，可以通过对滑块的实时位移进行微分运算得到其瞬时速度，再进行单位

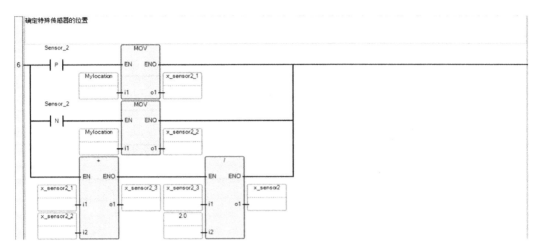

图 5-60　传感器位置确定程序

转化可得到用 cm/s 表示的速度 MySpeed。微分运算利用的是 CCW 中的功能块 DERIVATE，其中 100ms 为采样时间（理论上时间越小精度越高，但是丝杠设备速度波动大，若采用高精度便会出现许多毛刺）。经过传感器 1 的速度计算程序如图 5-61 所示。

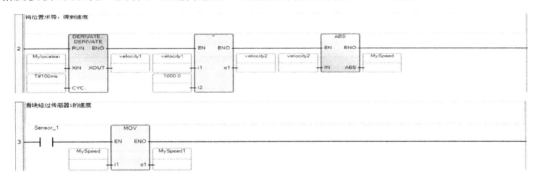

图 5-61　滑块速度确定程序

3. 恢复原始位置阶段

在起动程序开始之前，需要将滑块恢复至光电传感器 1 的位置。即无论滑块在什么位置，滑块正向匀速前进，直到触碰到限位开关，之后滑块反向运行，直到光电传感器 1 时停止。可以在程序的开始加入一个系统内部的全局变量_SYSVA_FIRST_SCAN，功能是在第一次扫描的时候该逻辑量是"1"，之后的扫描阶段全部是"0"状态，可以保证该状态步只执行一次。当然，也可以增加其他控制方式来调用该段程序。

程序在设计中，可以分为不同的阶段（用变量 step_Home 表示）。在不同阶段，设置不同的频率和变频器的不同控制方式。其中程序分别如图 5-62 和图 5-63 所示。

此外，在执行滑块位置初始化功能时，要求关闭 HSC，其程序如图 5-64 所示。

4. 正向加速、匀速与减速运动程序

这里结合图 5-58 的流程图，来阐述滑块归位后的部分控制程序，如图 5-65 所示，主要包括匀加速、匀速和匀减速程序。运行阶段用变量 Step_Run 表示。限于篇幅，给出了主要的程序，其他程序与之类似。

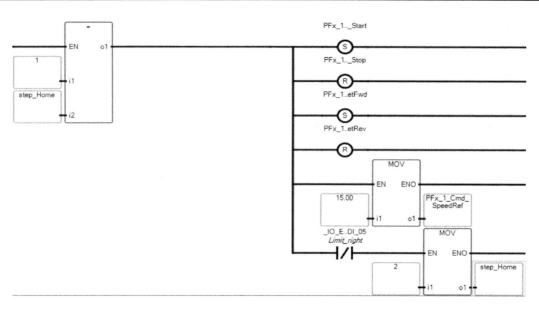

图 5-62　恢复原始位置部分程序——滑块正向运行到限位开关

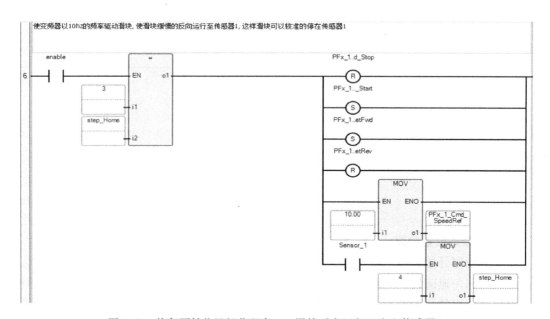

图 5-63　恢复原始位置部分程序——滑块反向运行至光电传感器 1

首先是起动滑块运行，程序见梯级 1。该梯级程序清除变频器故障，使得程序进入下一个阶段。

梯级 2 是滑块 2 加速运行程序。加速阶段可以看作一个速度时间曲线，产生一个斜坡函数，在这个函数的作用下进行加速运转，TON_1 可以当作是一个输入的斜坡函数。利用 TON_1 中的 TON_1.ET 寄存器中的计时值变化作为加速值，在这里主要控制的是变频器的频率，可以近似看作频率的加速。将 TON_1.ET 转换成为 REAL 类型，再乘以一个转换系数，就可以得到速度的变化 T2，将 T2 中不断变化的频率值与 8Hz 相加，得到最终的速度

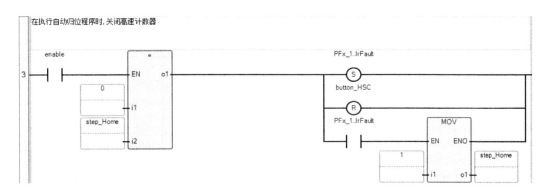

图 5-64　关闭 HSC 程序

T3，再将 T3 传送至 PFx_1_Cmd_SpeedRef 寄存器，这样就实现了滑块加速运行。

由于滑块移动存在摩擦力的原因，当变频器输出频率小于 8Hz 时，丝杠会无法带动滑块的运转，因此将 T2 中不断变化的频率值加 8Hz（由于不同的丝杠硬件系数的不同，在其他的丝杠上带动滑块运转的最小频率可能会是其他数值而不一定是 8Hz）。当滑块运行到光电传感器 2 时停止，进入下一个阶段。

梯级 3 是滑块匀速运行到光电传感器 3 的程序。其中运行速度是前一个阶段结束前的速度。滑块运行到光电传感器 3 时停止运行，进入下一个阶段。

梯级 4 是减速运行到光电传感器 4 的程序。匀减速阶段的思路与匀加速阶段大体一样，区别是利用匀速时的 T3 值，减掉相应的定时器 ET 值（乘以系数之后），得到的 T6 作为变频器的频率，该数值不断减小，因此使得滑块减速运行。当滑块运行到光电传感器 4 时，停止运行，进入下一个阶段。

梯级 5 是回归经停光电传感器 3 的程序。这里的运行速度是根据滑块的当前位置进行调整的。这里的速度调整分为 2 个阶段，离开光电传感器 2 越近，频率越低。当滑块经过光电传感器 3 时停止运行，并开始 0.5s 计时，计时时间到就进入下一个阶段。

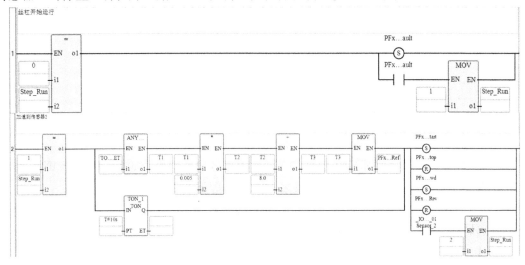

图 5-65　滑块运行控制程序

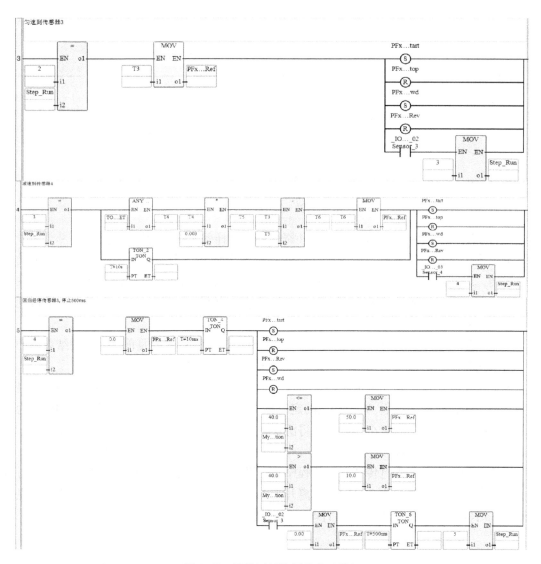

图 5-65　滑块运行控制程序（续）

复习思考题

1. 某霓虹灯共有 8 盏，设计一段程序每次只点亮 1 盏灯，间隔 1s 循环往复。

2. 编写用户功能块，要求输入信号 IN2 与输入信号 IN1 比较，如果 IN1 大于 IN2，则输出 Q 是 IN1 – IN2 的值，输出 Q1 为 1；反之，输出 Q 等于 IN2 – IN1 的值，Q1 为 – 1。

3. 楼层灯 LAMP 可由楼下开关 F_UP 和楼上开关 F_DOWN 控制，控制要求是 LAMP 灯不亮时，只要其中任一个开关切换，LAMP 灯就点亮。当 LAMP 灯点亮时，只要其中任一开关切换，LAMP 灯就熄灭，设计程序实现。

4. 编写程序，控制要求如下：将开关 START1 合上后，先延时 5s，然后绿灯 GREEN 点亮 3s，然后熄灭，并每隔 6s，再点亮 3s，循环点亮和熄灭。

5. 灯 L1 在开关 S1 合上后延迟 10s 点亮，点亮时间 15s，然后熄灭 20s，点亮 10s，等 10s，再点亮 15s，然后熄灭 20s，点亮 10s，等 10s，再点亮 10s，如此循环，S1 断开熄灭，其时序图如图 5-66 所示。试用 FB_CYCLETIME 来编写该程序。

6. 两台电机的关联控制：在某机械装置上装有两台电机。当按下正向起动按钮 SB2 时，电机 1 正转；当按下反向起动按钮 SB3 时，电机 1 反转；只有当电机 1 运行时，并按下起动按钮 SB4，电机 2 才能运行，电机 2 为单向运行；两台电机由同一个按钮 SB1 控制停止。试编写满足上述控制要求的 PLC 程序。

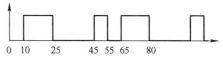

图 5-66　信号灯控制时序

7. 用接在输入端的光电开关 SB1 检测传送带上通过的产品，有产品通过时 SB1 为常开状态，如果在 10s 内没有产品通过，由输出电路发出报警信号，用外接的开关 SB2 解除报警信号。试编写满足上述控制要求的 PLC 程序。

8. 用 PLC 控制自动轧钢机，如图 5-67 所示。控制要求：当按下"起动"按钮时，M1、M2 运行，传送钢板，检测传送带上有无钢板的传感器 S1 为 ON，表明有钢板，则电动机 M3 正转，S1 的信号消失（为 OFF），检测传送带上钢板到位后 S2 有信号（为 ON），表明钢板到位，电磁阀 Y1 动作，电动机 M3 反转，如此循环下去，当按下"停车"按钮时则停机。

9. 用功能块图或顺序功能图语言编写程序实现物料的混合控制。生产过程和信号波形如图 5-68 所示。其操作过程说明如下：操作人员检查混合罐液位是否已排空，已排空后由操

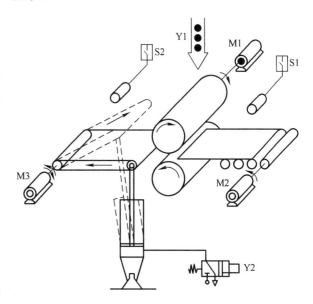

图 5-67　轧钢机工作示意图

作人员按下"START"（起动）按钮，自动开物料 MA 的进料阀 A，当液位升到 L2 时，自动关进料阀 A，并自动开物料 MB 的进料阀 B。当液位升到 L3 时，关进料阀 B，并起动搅拌机电机 M，搅拌持续 10s 后停止，并开出料阀 C 排物料 MC。当液位降到 L1 时，表示物料已达下限，再持续 3s 后，物料可全部排空，自动关出料阀 C。整个物料混合和排放过程结束进入下次混合过程，如此循环。当按下"STOP"（停止）按钮时，在排空过程后关闭出料阀 C。

10. 图 5-69 所示为专用钻床控制系统工作示意图，其控制要求如下：

1）左、右动力头由主轴电机 M1、M2 分别驱动。

2）动力头的进给由电磁阀控制气缸驱动。

3）工步位置由 SQ1 ～ SQ6（即到位的检测信号）控制。

4）设 S01 为起动按钮，SQ0 闭合为夹紧到位，SQ7 闭合为放松到位。

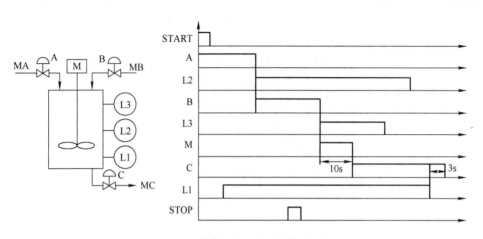

图 5-68　物料混合过程及其时序图

工作循环过程：当左、右滑台在原位，按起动按钮 S01→工件夹紧→左、右滑台同时快进→左、右滑台工进并起动动力头电机→挡板停留（延时 3s）→动力头电机停，左、右滑台分别快退到原处→松开工件。试选择合适的 Micro800 系列 PLC，采用顺序功能图设计法，利用梯形图语言编写控制程序。

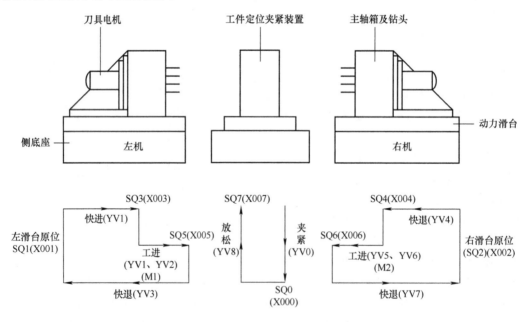

图 5-69　专用钻床工作过程示意图

11. 如图 5-70 所示。某专用钻床用两只钻头同时钻两个孔，开始自动运行之前两个钻头在最上面，上限位开关 DI03 和 DI05 为 ON，操作人员放好工件后，按下起动按钮 DI01，工件被夹紧（DO00）后两只钻头同时开始工作，钻到由限位开关 DI02 和 DI04 设定的深度时分别上行，回到限位开关 DI03 和 DI05 设定的起始位置分别停止上行，两个都到位后，工件被松开（DO05），松开到位后，加工结束，系统返回初始状态。试选择合适的 Micro800 系列 PLC，编写 I/O 表，采用顺序功能图设计法，利用梯形图语言编写控制程序。

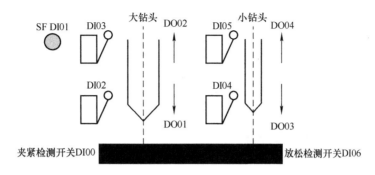

图 5-70　某钻床工作过程示意图

第6章　工业人机界面与工控组态软件

6.1　工业人机界面与组态软件概述

6.1.1　工业人机界面

人机界面（Human Machine Interface，HMI）是指人和机器在信息交换和功能上接触或互相影响的人机结合面。目前由于信息技术已经深刻地影响了人们的生活和工作，特别是各种移动设备的广泛应用，人们几乎时时刻刻都要进行人机操作，比如，利用手机购物、在银行 ATM 上操作等。由于对人机界面的需求较大，目前甚至产生了 UI（User Interface，用户接口）设计师职业。在工业自动化领域，主要有两种类型的人机界面，其工作方式及应用场合有明显不同。

1）在制造业流水线及注塑机等单体设备上，大量采用了 PLC 作为控制设备，但是 PLC 自身显示、输入等人机交互功能弱，因此，通常需要配置触摸屏（Touch Screen）或嵌入式工业计算机作为人机界面，它们通过与 PLC 通信，实现对生产过程/设备的现场监视和控制，同时还可实现参数设置与显示、报警、打印等功能。图 6-1 所示为威纶通触摸屏在工业

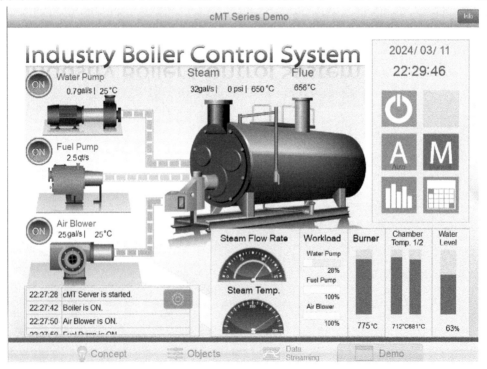

图 6-1　终端人机界面应用

锅炉应用的演示界面。触摸屏这类嵌入式人机界面的开发过程是在 PC 上利用设备配套的人机界面开发软件（以往也称嵌入式组态软件），按照系统的功能要求进行组态，形成工程文件，对该文件进行编译后，将工程文件下载（Download）到触摸屏存储器中，触摸屏运行该工程，就可实现监控功能。

触摸屏集成了信号输入和显示等功能，是简单、方便、自然的一种多媒体人机交互设备。触摸屏种类繁多，应用领域广泛。工业触摸屏是应用于工业环境的一种可触摸控制的多媒体设备，集成了多种通信接口，具有较强的通信功能，适合工业现场的恶劣环境。在控制柜等设备上安装了触摸屏以后，可以取代机械式的按钮、显示灯、LED 显示屏等装置，非常方便现场工人就近操作并监控生产情况。为了与位于控制室的人机界面应用相区别，在工业应用中，触摸屏也常称作终端（以下统一用此叫法）。

由于 PLC 自身不带显示界面，因此终端与 PLC 的组合基本是标配，几乎所有的主流 PLC 厂商都生产终端，同时，还有大量的第三方厂家（昆仑通态、威纶通、研华科技等）生产终端。通常，第三方厂家的终端配套的人机界面开发软件支持多种通信协议，能和主流厂家的 PLC 及其他数据采集设备配套使用。一般而言，第三方厂家的终端在价格上有较大优势，支持的设备种类也更多。

2）工业控制系统通常是分布式控制系统，各种控制器在现场设备附近安装，为了实现全厂的集中监控和管理，需要设立一个统一监视、监控和管理整个生产过程的中央监控系统，中央监控系统的服务器与现场控制站进行通信，工程师站、操作员站等需要安装配置对生产过程进行监视、控制、报警、记录、组态的工控应用软件，具有这样功能的工控应用软件也称为人机界面，这类人机界面通常是用工控组态软件开发的。图 6-2 所示为用艾默生 Movicon. NexT（从意大利 Progea 公司收购）组态软件开发的过程监控系统人机界面。

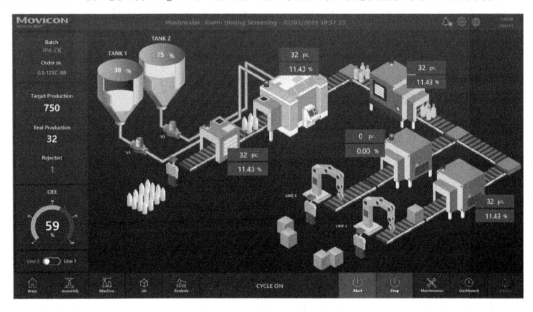

图 6-2 上位机人机界面应用

和终端相比，上位机组态好的工程不需下载，这类应用软件直接运行在工作站上（通常是商用计算机、工控机或工作站），不同的工作站组成客户机/服务器结构，可以实现厂级大规模监控，I/O 数量可达到 10 万点以上。而终端监控的设备数量有限，对于大型流水线，会配置多个终端，每个终端监控就近的设备，因此，终端监控的 I/O 点数量较少。实际上由于终端是嵌入式设备，其硬件也不支持大规模的监控功能。

无论是用于终端设备的组态软件还是上位机组态软件，其组成、功能和组态方式差别不太大，学会了一种组态软件，再学习其他的就比较容易。本章重点介绍上位机工控组态软件，其内容也适合于开发终端的监控软件。并结合实例对罗克韦尔自动化 PanelView800 终端及其应用做详细分析。还介绍了 Micro800 系列控制器与国内最常用的昆仑通态和威纶通终端的以太网通信配置。最后对人机界面的开发与调试进行了阐述。

6.1.2 组态软件的发展及主要产品

1. 组态软件的产生与发展

在个人计算机出现并应用于工业控制时，就产生了如何开发工业控制应用软件的需求。由于直接控制功能是由 PLC 等硬件完成，其控制程序开发方式与具体硬件相关。而操作员监控界面的开发都是基于 PC 平台，有较强的共性。在计算机用于工业控制的早期，开发人机界面主要用高级语言结合汇编语言来开发。然而，随着计算机控制应用领域不断扩大，以及人们对工业自动化的要求不断提高，这种传统的人机界面开发方式已无法满足各类应用系统的需求和挑战，因为一旦工业被控对象及一些需求发生变化，就必须修改源程序，导致开发周期延长；已开发成功的工控软件又因项目的需求不同而很难重复使用。这些因素导致工控软件价格昂贵，维护困难，可靠性低。

随着微电子技术、计算机技术、软件工程和控制技术的发展，作为用户无须改变运行程序源代码的软件平台工具——工控组态软件（Configuration Software）便逐步产生且不断发展。"组态"的概念最早来自英文 Configuration，其含义是使用软件工具对计算机及软件的各种资源进行配置与编辑（包括进行对象的创建、定义、制作和编辑，并设定其属性参数），达到使计算机或软件按照预先设置，自动执行特定任务，满足使用者要求的目的。在控制界，对可编程调节器进行参数设置与回路配置也称为组态；DCS 中进行硬件配置、软件开发、系统配置等都称为组态。

由于组态软件在实现工业控制的过程中免去了大量繁琐的高级语言编程工作，使得普通的控制工程师或计算机专业技术人员经过一定的培训就能开发工控人机界面，降低了工控应用软件开发门槛，还极大地提高了自动化工程的开发效率及工控应用软件的可靠性。可以说，工控组态软件是工控届 30 年前就开展的低代码/无代码应用软件开发的成功实践！

组态软件不仅在中小型工业控制系统中广泛应用，也成为大型工业控制系统开发人机界面和监控应用程序的最主要应用软件，在配电自动化、智能楼宇、农业自动化、能源监测等领域也得到了众多应用。在 DCS 中，其操作员站等人机接口也是采用组态软件，只是这些软件与控制器组态软件及 DCS 中其他应用软件进行了更好的集成。艾默生 DeltaV 的操作员界面就是艾默生收购著名组态软件 iFix，并在此基础上进一步开发的。为支持跨平台和云部署等应用，艾默生 DeltaV 系统的人机界面升级为 DeltaV Live，是首款支持原生 HTML5 技术的产品，给用户带来了强大操作体验。

2. 主要的组态软件产品

组态软件自 20 世纪 80 年代初期诞生至今，已有 40 多年的发展历史。应该说组态软件作为一种应用软件，是随着 PC 的兴起而不断发展的。20 世纪 80 年代的组态软件，像 On-spec、Paragon 500、FIX（iFIX 早期产品名称）等都运行在 DOS 环境下，图形界面功能不是很强，软件中包含着大量的控制算法。20 世纪 90 年代，随着微软的图形界面操作系统 Windows 3.0 风靡全球，以 Wonderware 公司 Intouch 为代表的人机界面在 Windows 平台快速发展。目前，主要的组态软件有西门子公司的 WinCC，施耐德电气公司的 AVEVA Intouch，通用电气公司（GE digital）的 Proficy iFIX，罗克韦尔自动化公司的 FactoryTalk View Studio，三菱电机公司的 Genisis64（收购而来）以及 Inductive Automation 公司的 Ignition 等。其中 Ignition 是近年来非常具有特色和发展潜力的新一代组态软件。国产产品主要有北京亚控科技公司的组态王系列、北京力控元通科技公司的 Forcecontrol 和大庆紫金桥软件公司的紫金桥等。中控技术公司在 2023 年底推出了 InPlant SCADA 中央监控软件，并采取 5 万点以下免费授权的市场策略进军组态软件市场。为了强化市场竞争力，AVEVA Intouch 2023 版的开发版由原来的收费改为免费，用户只需购买运行版。由于只专注于组态软件产品的公司较难单独生存，Intouch、iFIX、Citec 等组态软件都是经历了一次或多次收购。

2023 年罗克韦尔自动化公司推出了新一代 FactoryTalk Optix 可视化平台，它是罗克韦尔自动化公司可视化产品组合中新增的支持云的人机界面产品。FactoryTalk Optix 平台将人机界面开发协作、灵活部署、可扩展性和互操作性提升到一个新的水平；可实现数据访问和情境化的边缘连接等多种功能，能够设计和部署满足客户需求的人机界面和边缘应用程序；能在设备和机械设计生命周期的每个阶段（开发、仿真测试、调试和部署等）帮助工业公司和原始设备制造商改进业务开发流程、效率和交付成果。

3. 组态软件的主要特点

纵观各种类型的工控组态软件，尽管它们都具有各自的技术特色，但总体上看，这些组态软件具有以下的主要特点：

1）延续性和扩展性好。用组态软件开发的应用程序，当现场硬件设备有增加，系统结构有变化或用户需求发生改变时，通常不需要很多修改就可以通过组态的方式顺利完成软件功能的增加、系统更新和升级。

2）封装性高。组态软件所能完成的功能都用一种方便用户使用的方法包装起来，对于开发人员，无须掌握太多的编程技术就能完成一个复杂工程所要求的所有功能。

3）通用性强。不同的行业用户，都可以根据工程的实际情况，利用组态软件提供的底层设备（PLC、智能仪表、智能模块、变频器等）的 I/O 驱动程序、开放式的数据库、画面制作工具和各种组态工具，就能完成一个具有生动图形界面、实时数据显示与处理、历史数据存储与显示、报警和记录、具有多媒体功能和网络功能的工程，不受行业限制。

4）人机界面友好。用组态软件开发的监控系统人机界面具有生动、直观的特点，动感强烈，画面逼真，深受现场操作人员欢迎。

5）接口趋向标准化。如组态软件与硬件的接口，过去普遍采用定制的驱动程序，现在普遍采用 OPC 等标准规范。此外，数据库接口也采用工业标准，容易和第三方应用通信。

6）增强的安全功能。例如符合 GMP 等行业规范的电子签名和电子记录功能，使得产品质量追溯功能更加完整；支持安全区和优先级设置等。

7）强大的冗余功能，支持双机冗余、双设备冗余、双网冗余等，冗余切换性能高。

8）易用性好，功能强大，系统运行稳定可靠。

组态软件经过近 40 年的发展，不断面向应用需求，融合新的技术，展现了较强的生命力。近年来，各家公司升级的组态软件充分利用工业物联网、大数据和云技术的优势，融合人工智能的赋能能力，在产品功能、性能、易用性等方面有了更大提高。人机界面的图形控件融入了移动 APP 的元素，更加生动友好。目前组态软件普遍支持 Web 和移动 APP 等多种客户端访问；强化态势感知，提高操作人员效率；特别强化了安全功能，可保护关键受控系统免受未经授权的访问、数据泄露和网络攻击等威胁。

6.2　组态软件结构与主要功能部件

6.2.1　组态软件的总体结构及相似性

组态软件主要作为 SCADA 系统及其他控制系统的上位机人机界面的开发平台，为用户提供快速构建工业自动化系统数据采集和实时监控功能服务。而不论什么样的过程监控，总是有相似的功能要求，例如流程显示、参数显示和报警、实时和历史趋势显示、报表、用户管理、监控功能等。正因为如此，不论什么样的组态软件，它们在整体结构上都具有相似性，只是不同的产品实现这些功能的方式有所不同。

从目前主流的组态软件产品看，组态软件多由开发系统/环境与运行系统/环境组成，如图 6-3 所示。图 6-4 所示组态王软件的工程浏览器菜单中的"开发（MAKE）"与"运行（VIEW）"就起到在开发环境与运行环境切换的作用。开发环境是自动化工程设计师为实施其控制方案，在组态软件的支持下进行应用程序的系统生成工作所必须依赖的工作环境，通过建立一系列用户数据文件，生成最终的图形目标应用系统，供系统运行环境运行时使用。

系统运行环境由若干个运行程序支持，如图形界面运行程序、实时数据库运行程序、报警运行程序、报表运行程序等。系统运行环境将目标应用程序装入计算机内存并投入实时运行。不少组态软件都支持在线组态，即在不退出系统运行环境下修改组态，使修改后的组态在运行环境中直接生效。当然，如果修改了图形界面，必须刷新该界面，新的组态才能生效。维系组态环境与运行环境的纽带是实时数据库，如图 6-3 所示。

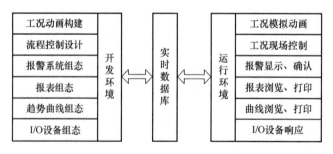

图 6-3　组态软件结构

组态软件的功能相似性还表现在以下几个方面：

1）目前绝大多数工控组态软件都可运行在 Windows7/10/11 等操作系统环境下，越来越多的软件还可以运行在 Linux 等嵌入式操作系统下。

2）现有的组态软件多数以项目（Project）的形式来组织工程，在该项目中，包含了实现组态软件功能的各个模块，包括 I/O 设备、变量、图形、报警、报表、用户管理、网络服务、系统配置和数据库连接等。

3）组态软件的相似性还表现在目前的组态软件都采用标签（Tag）数来组织其产品和进行销售，同一公司产品的价格主要根据点数的多少而定；当然，一些新的产品为了抢占市场，也会采取更加灵活的市场策略。组态软件的加密多数采用硬件狗，部分产品也支持软件License。

6.2.2　组态软件的功能部件

一个完整的组态软件基本上都包含以下一些部件，只是不同的系统，这些部件所处的层次、结构会有所不同，名称也会不一样。这里主要结合组态王 7.50SP2 版软件来说明。

1. 工程管理器

组态软件目前的项目开发都是以工程管理的形式来进行的，因此，基本所有的组态软件都有工程管理器，用户在工程管理器中进行工程项目的文件管理、设备定义、实时数据管理、画面设计、系统配置、策略管理等。图 6-4 中的 A 即为工程管理器；B 为组态王工程浏览器的主菜单，可以进行工程管理、开发与运行环境切换等快捷操作。

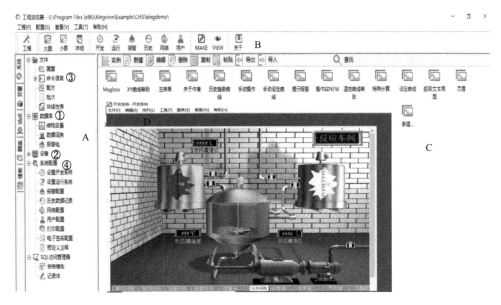

图 6-4　组态王 7.5 开发环境

2. 画面编辑组件

组态软件给用户最深刻的印象就是图形用户界面。人机界面中的画面主要是对生产过程设备与工艺过程的模拟，以便操作人员直观了解生产运行情况。该功能主要靠组态软件的画面编辑系统实现。组态软件除了一些基本的图形制作工具，还提供了各种控件，如曲线图、棒状图、饼状图、趋势图、各种按钮等。一般还支持第三方的图形库。图 6-4 中的 C 即为组态王项目中的画面集合，点击其中的画面，可以进入如 D 所示的开发环境。

组态软件的画面制作分为静态图形设计和动态属性设置两个过程。静态图形设计类似于"画画"，用户利用组态软件中提供的基本图形元素，如线、填充形状、文本及设备图库，在组态环境中"组合"成工程的模拟静态画面。静态图形设计在系统运行后保持不变，与组态时一致。动态属性设置则完成图形的动画属性，与定义的变量建立相关性的连接关系，作为动画图形的驱动源。动态属性与确定该属性的变量或表达式的值有关。表达式可以是来自 I/O 设备的变量，也可以是由变量和运算符组成的数学表达式，它是反映图形大小、颜色、位置、可见度、闪烁性等状态的特征参数，随着表达式的值的变化而变化。组态王是通过动画连接功能来实现各类动态效果的。图 6-5 所示为组态王的动画连接配置窗口。例如，在图 6-4 的###℃处，要显示反应罐的实时温度数值，就是通过模拟值输出动画实现的。

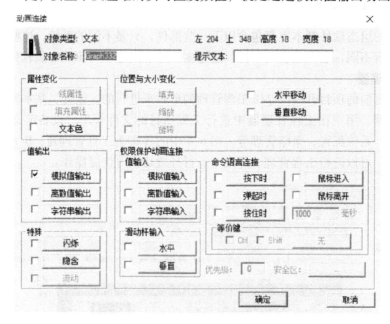

图 6-5　组态王的动画连接配置窗口

在组态软件中，图形主要包括位图与矢量图。所谓位图就是由点阵所组成的图像，一般用于照片品质的图像处理。位图的图形格式多采用逐点扫描、依次存储的方式。位图可以逼真地反映外界事物，但放大时会引起图像失真，并且占用空间较大。即使现在流行的 JPEG 图形格式也不过是采用对图形隔行隔列扫描从而进行存储的，虽然所占用空间变小，但是在放大时同样会引起失真。矢量图（SVG）是由轮廓和填空组成的图形，保存的是图元各点的坐标，其构造原理与位图完全不同。矢量图，在数学上定义为一系列由线连接的点。矢量文件中的图形元素称为对象，每个对象都是一个自成一体的实体，它具有颜色、形状、轮廓、大小和屏幕位置等属性。因为每个对象都是一个自成一体的实体，所以就可以在维持它原有清晰度和弯曲度的同时，多次移动和改变它的属性，而不影响图例中的其他对象。

为了便于用户开发监控画面，现有的组态软件除了提供丰富的图库外，一般都支持 GIF、JPG、BMP、SVG、CAD 等多种图形格式导入。

3. 实时数据库系统

组态软件数据来源途径的多少将直接决定开发设计出来的组态软件的应用领域与范围。组态软件基本都有与广泛的数据源进行数据交换的能力，例如提供更多厂家的硬件设备的 I/O 驱动程序；能与 Access、SQL Sever、MySQL、Oracle 和达梦等众多的 ODBC 数据库连接；全面支持 Websocket、OPC、OPC UA 等；全面支持 Windows 可视控件及用户自己用 VB 或VC＋＋开发的 ActiveX 控件。为了支持组态软件的各种功能组件更好利用这些不同来源的数据，组态软件必须依赖一套实时数据库。

实时数据库是组态软件的数据处理中心，特别是对于大型分布式系统，实时数据库的性能在某种方面就决定了监控软件的性能。实时数据库实质上是一个可统一管理的、支持变结构的、支持实时计算的数据结构模型。在系统运行过程中，各个部件独立地向实时数据库输入和输出数据，并完成自己的差错控制以减少通信信道的传输错误，通过实时数据库交换数据，形成互相关联的整体。因此，实时数据库是系统各个部件及其各种功能性构件的公用数据区。

组态软件实时数据库负责实时数据运算与处理、历史数据存储、统计数据处理、报警处理、数据服务请求处理等；支持处理优先级、访问控制和冗余数据库的数据一致性等功能。图 6-4 中的①即为组态王的实时数据库。组态软件实时数据库的含义已远远超过了一个简单的数据库或一个简单的数据处理软件，它是一个实际可运行的，按照数据存储方式存储、维护和向应用程序提供数据或信息支持的复杂系统。因此，实时数据库的开发设计应该视为一个融入了实时数据库的计算机应用系统的开发设计。

组态软件实时数据库的主要特征是实时、层次化、对象化和事件驱动。所谓层次化是指不仅记录一级是层次化的，在属性一级也是层次化的。属性的值不仅可以是整数、浮点数、布尔量和定长字符串等简单的标量数据类型，还可以是矢量和表。采取层次化结构便于操作员在一个熟悉的环境中对受控系统进行监视和浏览。对象是数据库中一个特定的结构，表示监控对象实体的内容，由项和方法组成。项是实体的一些特征值和组件；方法表示实体的功能和动作。事件驱动是 Windows 编程中最重要的概念，在组态软件中，一个状态变化事件引起系统产生报警、时间、数据库更新，以及任何关联到这一变化所要求的特殊处理。例如数据库刷新事件通过集成到数据库中的计算引擎执行用户定制的应用功能。

4. 设备组态与管理

组态软件中，实现设备驱动的基本方法是：在设备窗口内配置不同类型的设备构件，并根据外部设备的类型和特征，设置相关的属性，将设备的操作方法和硬件参数配置、数据转换、设备调试等都封装在设备构件中，以对象的形式与外部设备建立数据的传输特性。图 6-4中的②即为组态王的设备管理。

组态软件对设备的管理是通过对逻辑设备名的管理实现的，具体地说就是每个实际的I/O 设备都必须在工程中指定一个唯一的逻辑名称。此逻辑设备名就对应一定的信息，如设备的生产厂家、实际设备名称、设备的通信方式、设备地址等。在系统运行过程中，设备构件由组态软件运行系统统一调度管理。通过通道连接，它可以向实时数据库提供从外部设备采集到的数据，供系统其他部分使用。

采取这种结构形式使得组态软件成为一个"与设备无关"的系统，对于不同的硬件设备，只需要定制相应的设备构件放置到设备管理子系统中，并设置相关的属性，系统就可以对该设备进行操作，而不需要对整个软件的系统结构做任何改动。

组态软件与I/O 设备之间通常通过以下几种方式进行数据交换：串行通信（支持 Modem 远程通信）、板卡（ISA 和 PCI 等总线）、网络节点（各种工业以太网、现场总线）、适配器、DDE（快速 DDE）、OPC、ODBC 等。还可以通过 OPC、C＋＋/C#、Java、Webservice、MQTT、

Http(s)-Server 等与第三方应用进行数据交互。

5. 控制与事件处理功能组件

控制功能组件以基于某种语言的策略编辑、生成组件为代表，是组态软件的重要组成部分。目前工控组态软件都是引入"策略"或"事件"的概念来实现组态软件的控制功能。策略相当于高级计算机语言中的函数，是经过编译后可执行的功能实体。控制策略构件由一些基本功能模块组成，一个功能模块实质上是一个微型程序（但不是一个独立的应用程序），代表一种操作、一种算法或一个变量。在很多组态软件中，控制策略是通过动态创建功能模块类对象实现的。功能模块是策略的基本执行元素，控制策略以功能模块的形式来完成对实时数据库的操作、现场设备的控制等功能。在设计策略控件的时候，可以利用面向对象的技术，把对数据的操作和处理封装在控件的内部，而提供给用户的只是控件的属性和操作方法。用户只需在控件的属性页中正确设置属性值和选定控件的操作方法，就可满足大多数工程项目的需要。

由于目前工控系统的控制功能主要是由下位机 PLC 等现场控制站实现，因此，目前主流的组态软件产品都淡化了控制功能。少数组态软件集成符合 IEC 61131-3 标准的"软PLC"控制功能，可以完成一些由 PLC 实现的功能。

此外，为了提高组态软件对特定事件发生时的事件处理能力，一些组态软件还提供了事件编辑功能。组态王是以命令语言的方式来提供该功能的，图 6-4 中的③即为组态王的命令语言。图 6-6 为组态王的数据改变命令语言编辑窗口，当实时曲线选择这个变量变化后，执行相应的脚本，调用相应的曲线到曲线控件中。可以看到，该功能提供了一系列函数，甚至可以调用系统的 API。

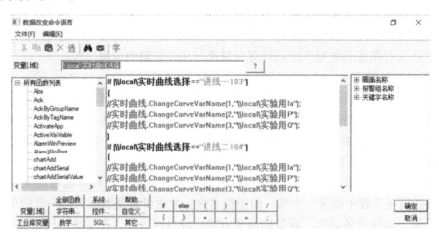

图 6-6　组态王的命令语言编辑窗口

6. 系统安全与用户管理

组态软件提供了一套完善的安全机制。用户能够自由组态控制菜单、按钮和退出系统的操作权限，只允许有操作权限的操作员对某些功能进行操作、对控制参数进行修改，防止意外地或非法地关闭系统、进入开发环境修改组态或者对未授权数据进行更改等操作。图 6-4 中的④为组态王的系统配置部分，组态王把设置运行系统、用户配置等各种系统配置都放在这个条目下。图 6-7 为组态王的用户管理（含安全管理）窗口，这是作为项目管理器中系统配置中的一个功能模块。

图 6-7　组态王的用户管理窗口

组态软件的操作权限机制和 Windows 操作系统类似，采用用户组和用户的机制来进行操作权限的控制。在组态软件中可以定义多个用户组，每个用户组可以有多个用户，而同一用户可以隶属于多个用户组。操作权限的分配是以用户组为单位进行的，即某种功能的操作哪些用户组有权限，而某个用户能否对这个功能进行操作取决于该用户所在的用户组是否具备对应的操作权限。通过建立操作员组、工程师组、负责人组等不同操作权限的用户组，可以简化用户管理，确保系统安全运行。一些组态软件（如组态王）还提供了工程密码、锁定软件狗、工程运行期限等功能，来保护组态软件供应商、用户和系统集成商的合法权益。

7. 脚本语言

脚本语言（Script Language）是为了缩短传统编程语言所采用的编写—编译—链接—运行（Edit-Compile-Link-Run）过程而创建的计算机编程语言。脚本语言又被称为扩建的语言，或者动态语言，通常以文本（如 ASCII）保存。相对于编译型计算机编程语言首先被编译成机器语言而执行的方式，用脚本语言开发的程序在执行时，由其所对应的解释器（或称虚拟机）解释执行。脚本语言的主要特征是程序代码即是脚本程序，亦是最终可执行文件。脚本语言可分为独立型和嵌入型，独立型脚本语言在其执行时完全依赖于解释器，而嵌入型脚本语言通常在编程语言（如 C、C++、VB、Java 等）中被嵌入使用。图 6-6 中命令语言组态时就用到了脚本语言。

虽然采用组态软件开发人机界面把控制工程师从繁琐的高级语言编程中解脱出来了，它们只需要通过鼠标的拖、拉等操作就可以开发监控系统。但是，这种采取类似图形编程语言的方式来开发系统毕竟有其局限性。在监控系统中，有些功能的实现还是要依赖一些脚本来实现。例如当某一个变量的值变化时要触发系列逻辑控制，用脚本程序来实现更方便灵活。

所有的脚本都是事件驱动的。事件可以是数据更改、鼠标事件、计时器等。在同一个脚本程序内处理顺序按照程序语句的先后顺序执行。目前组态软件的脚本语言主要有以下几种：

1）Shell 脚本语言。所谓 Shell 脚本主要由原本需要在命令行输入的命令组成，或在一个文本编辑器中，用户可以使用脚本来把一些常用的操作组合成一组序列。这些语言类似 C 语言或 BASIC 语言，这种语言总体上比较简单，易学易用，控制工程师也比较熟悉。但是总体上这种编程语言功能比较有限，能提供的库函数也不多，但实现成本相对较低。如组态王软件的脚本语言就属于这一类。

2）VBA（Visual Basic for Application），即应用程序的 Visual Basic 语言。VBA 比较简

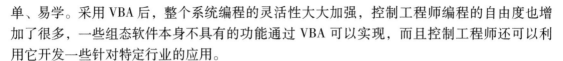

单、易学。采用 VBA 后，整个系统编程的灵活性大大加强，控制工程师编程的自由度也增加了很多，一些组态软件本身不具有的功能通过 VBA 可以实现，而且控制工程师还可以利用它开发一些针对特定行业的应用。

3）VB Script（Visual Basic Script），即 Visual Basic 脚本语言。它是一种微软环境下的轻量级的解释型语言，广泛应用于网页和 ASP 程序制作，同时也被绝大多数组态软件作为脚本引擎使用。但微软已宣布放弃对 VB Script 的支持。

一般的组态软件至少支持一种脚本语言，有些支持多种。例如西门子的 WinCC，同时支持 VB Script、C 和 VBA 脚本。因此，给开发人员提供了极大的便利性。WinCC 提供的 VBA 编辑器可以通过编写 VBA 自动创建配置图形。VB Script 可以用来编写全局动作程序和函数，以及在 Runtime 中动态化图形对象和触发动作。与 VBA 不同，VB Script 既不能在编辑状态下创建对象和画面，也不能修改对象和画面。ANSI C 脚本用于在 Runtime 中完成后台任务，例如打印日常报告、监控变量或执行特定的计算。WinCC 内置大量的函数，可以由工程师使用，也可以基于 C 语言开发自己的功能。

脚本语言的使用，极大地增强了软件组态时的灵活性，使组态软件具有了部分高级语言编程环境的灵活性和功能。典型的如可以引入事件驱动机制，当有窗口装入、卸载事件，有鼠标左、右键的单击、双击事件，有某键盘事件及其他各种事件发生时，就可以让对应的脚本程序执行。

脚本程序编辑器一般都具有语法检查等功能，方便开发人员检查和调试程序。脚本程序不仅能利用脚本编程环境提供的各种字符串函数、数学函数、文件操作等库函数，而且可以利用 API 函数来扩展组态软件的功能。

8. 运行策略

所谓运行策略，是用户为实现对运行系统流程自由控制所组态生成的一系列功能模块的总称。运行策略的建立，使系统能够按照设定的顺序和条件，操作实时数据库，控制用户窗口的打开、关闭以及设备构件的工作状态，从而达到对系统工作过程精确控制及有序调度的目的。通过对运行策略的组态，用户可以自行完成大多数复杂工程项目的监控软件，而不需要繁琐的编程工作。按照运行策略的不同作用和功能，组态软件的运行策略可以分为：

1）启动策略：在系统运行时自动被调用一次，通常完成一些初始化等工作。

2）退出策略：在退出时自动被系统调用一次。退出策略主要完成系统退出时的一些复位操作。例如，有些组态软件的退出策略可以组态为退出监控系统运行状态转入开发环境、退出运行系统进入操作系统环境、退出操作系统并关机等 3 种形式。

3）循环策略：在系统运行时按照设定的时间循环运行的策略，在一个运行系统中，用户可以定义多个循环策略。

4）报警策略：用户在组态时创建，在报警发生时该策略自动运行。

5）事件策略：用户在组态时创建，当对应表达式的某种事件状态为真时，事件策略被自动调用。事件策略里可以组态多个事件。

6）热键策略：用户在组态时创建，在用户按下某个热键时该策略被调用。

7）用户策略：用户在组态时创建，在系统运行时供系统其他部分调用。

当然，需要说明的是，不同的组态软件中对于运行策略功能的实现方式是不同的，运行策略的组态方法也相差较大。

6.3 PanelView800 系列终端人机界面设计示例

PLC 没有人机界面，为了实现信号显示、操作员输入和控制等人机交互功能，PLC 通常要外接各种工业面板（终端或触摸屏）。PanelView800 系列终端是罗克韦尔自动化公司推出的经济型产品，可以和 Micro800 系列、MicroLogix 和 CompactLogix 5370 控制器进行串行和以太网通信，应用在各类单体设备或小型生产线上。

PanelView800 系列终端的编程软件是 DesignStation，它是 CCW 软件的一个组件。用户无须连接到终端即可在 CCW 软件中直接用 DesignStation 创建终端的人机界面应用程序。在安装 CCW 软件时，要勾选 DesignStation 软件进行安装。该软件不支持终端仿真功能，用户只有把开发好的终端程序下载到实体终端上才能运行该应用程序。下载方式可以是以太网、USB 闪存盘或 MicroSD 卡。DesignStation 支持 PanelView800 系列和 PanelView Component（2711C）两类终端。罗克韦尔自动化 PanelView Plus 6 系列终端的人机界面是通过 FactoryTalk View ME V6.0 以上版本软件进行编程的。

6.3.1 PanelView800 系列终端配置

在使用终端及终端维护时，都要对终端进行配置。终端的配置是指对配置界面所有参数的集合进行组态/选择。终端可通过浏览器界面或终端上配置画面来配置。如要使用浏览器界面，需要通过以太网将计算机浏览器连接到终端的 Web 服务。这里介绍通过终端界面更改终端设置。终端上电启动后，会出现主界面，菜单显示在终端画面的左侧。不管应用程序是否运行，均可进行更改。终端界面主菜单如图 6-8 所示。

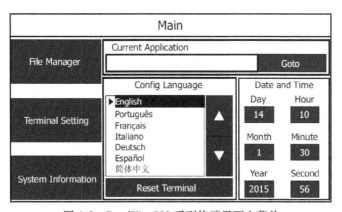

图 6-8 PanelView800 系列终端界面主菜单

单击画面中的菜单项，可以实现的功能有以下几类：

1）主配置设置：可以在主配置画面执行以下操作：转到当前应用程序、选择终端语言、更改日期和时间、重启终端。

2）文件管理器设置：在主配置画面上，按下 File Manager 转到 File Manager 画面。可以在 File Manager 执行以下操作：导入应用程序、导出应用程序、更改启动应用程序、复制或编辑配方、复制报警历史、更改应用程序的控制器设置。

3）终端设置：在主配置画面上，按下 Terminal Settings 转到 Terminal Settings 画面。可

以在 Terminal Settings 执行以下操作：更改以太网设置、配置 VNC 设置、更改端口设置、启用 FTP 服务器、调整显示亮度、校准触摸屏、更改显示方向、配置屏幕保护程序、删除字体、更改错误告警显示设置、打印设置。

4）系统信息设置：在主配置画面上，按下 System Information 转到 System Information 画面。可以在 System Information 执行查看系统信息、更改夏令时和时区等操作。

5）传送应用程序：为一台 PanelView800 系列终端创建的应用程序可用于其他 Panel-View800 系列终端。为 PanelView800 系列终端创建的应用程序无法在旧版 PanelViewComponent 终端上使用。传送应用程序分为两步：

① 将应用程序从终端的内部存储器导出到 USB 闪存盘或 microSD 卡。

② 将应用程序从 USB 闪存盘或 microSD 卡导入到另一台终端的内部存储器。

6.3.2 PanelView800 系列终端人机界面开发实例

1. PanelView800 系列终端人机界面功能设计

以某水电站水轮机发电系统为例来说明 PanelView800 系列人机界面设计过程。该终端有 5 个画面窗口（Screen），分别用于流程显示、趋势显示、报警、参数汇总显示及运行参数设置。每个窗口要有标题栏、时间显示、当前用户显示等。要求具有用户管理功能，对于运行参数设置窗口，只有权限为 RIGHT2 的用户才能打开并进行设置（该用户也能打开其他窗口）。权限为 RIGHT1 的用户能打开除参数设置窗口外的其他窗口。每个窗口要设计有切换按钮，操作员可以切换到其他界面。为了简单起见，要求流程显示窗口可以显示大坝前、后的液位、发电机实时功率等参数；显示大坝进水闸门状态（开或关）、水轮机的故障状态。报警窗口对大坝的前、后水位超限等异常情况进行报警；对水轮机的故障进行报警。PanelView800 系列人机界面效果需求示意图如图 6-9 所示。其中命令按钮文本为绿色的表示目前窗口的名称。例如，本图中，"趋势曲线"按钮文本是绿色，则表示目前窗口画面名称是"趋势曲线"。

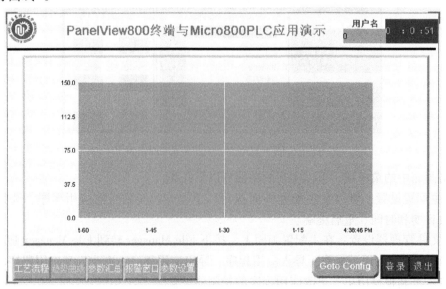

图 6-9 PanelView800 系列人机界面效果需求示意图

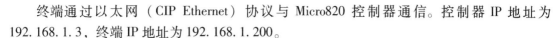

终端通过以太网（CIP Ethernet）协议与 Micro820 控制器通信。控制器 IP 地址为 192.168.1.3，终端 IP 地址为 192.168.1.200。

2. PanelView800 系列终端人机界面设计步骤

（1）添加终端设备

由于本项目中，要实现终端与 Micro820 控制器通信，因此，要在 CCW 中生成一个包含型号为 2080-LC20-20QBB 控制器设备的项目，然后从设备工具箱中拖拉所需的终端设备到项目管理器窗口，这里选择了"2711R-T7T"，可以看到生成了一个设备名为"PV800_App1"的终端应用，把该名称改为"HMIDemo"。在"HMIDemo"下可以看到标签、报警、配方和画面 4 个子项目，如图 6-10 所示。2711R-T7T 是一个 7 英寸[⊖]的终端。在 CCW 中，一个项目只能添加一个终端。

图 6-10　CCW 项目中添加了 PanelView800 系列终端"HMIDemo"

可以看到，CCW 的图形终端设计窗口由 A～D 四个部分组成，分别是项目管理器、设计窗口、属性窗口和工具箱。

（2）用户账户与操作权限设置

由于后续进行画面设计时，关系到操作权限，因此，要先进行用户设置。单击图 6-10 中的用户账户（①处），出现用户账户窗口，如图 6-11a 所示。单击该图中的①处添加用户，会出现添加用户窗口，在该窗口中填写用户名、用户密码。这里添加了"OPERATOR1""OPERATOR2"和"ENGINEER"三个用户。然后单击图中②处添加权限，这里增加了 2 个权限，分别是"RIGHT1"和"RIGHT2"。

当用户和权限添加后，就可以给用户进行权限设置。这里给"OPERATOR1""OPERA-TOR2"两个用户的权限是"RIGHT1"；而"ENGINEER"用户的权限是"RIGHT1"和"RIGHT2"。用户账户设置完成后的情况如图 6-11b 所示。

（3）建立与控制器的通信

接着定义与控制器的通信。因为人机界面设计中，参数显示、报警等都与标签有关，所

⊖　1 英寸（in）=2.54 厘米（cm）。

a) 用户账户窗口

用户	密码 - 重设	密码 - 可修改	设计	RIGHT1	RIGHT2
所有用户*		☐	☐	☐	☐
OPERATOR1		☑	☐	☑	☐
OPERATOR2		☑	☐	☑	☐
ENGINEER		☑	☐	☑	☑

b) 用户账户设置完成后的情况

图 6-11　CCW 项目对 PanelView800 系列终端"HMIDemo"进行用户设置

以终端中要想定义与控制器通信的标签，必须首先建立与控制器的通信。

双击"HMIDemo"终端图标，出现终端配置与设计窗口，如图 6-10 中的 B 部分所示，单击该图的②处"通信"，则 B 部分变成了通信设置界面，图 6-12 是该界面的一部分。通信的设置过程如下：

图 6-12　PanelView800 系列人机界面效果需求示意图

1）在终端生成后，会自动在图 6-12 中添加控制器"PLC-1"，通信协议为"Serial | Allen- Bradley CIP"。这个协议不是本项目采用的，需要改变。可以在图中①处，从下拉菜单中重新选择"Ethernet | Allen- Bradley CIP"，在②处填写控制器的 IP 地址。

若终端和 CPU 模块集成网卡的 CompactLogix 控制器以太网通信，地址填写为 192.168.1.5，1，0，其中 192.168.1.5 是 CompactLogix 控制器的 IP 地址。

2）终端设置好后，可以单击图 6-10 的③处，设置终端的通信路径。这个操作与本书第 3 章介绍的控制器通信路径设置类似。即可以在 Rslink 中添加终端的驱动，然后这里选择该驱动后，就可以建立与终端的通信路径，进行终端人机界面程序下载、上传等操作了。由于终端应用程序还没完成，这里就不进行程序下载了。

（4）在终端中定义标签

为了在终端界面中显示参数以及实现其他用户接口功能，还需要在终端中添加变量/标签。单击项目管理器中"HMIDemo"下的"标签"，会弹出如图 6-13 所示的标签编辑器窗口。在此可以编辑标签。通过单击"添加",增加了 6 个标签。这 6 个标签也是 PLC 中定义的全局变量(控制器标签)。在添加标签的过程中,要确保标签类型、地址及连接的控制器名称(图中①处)的准确性,否则数据可能连接不正常。当然,为了提高程序可读性,也可以增加标签的描述。

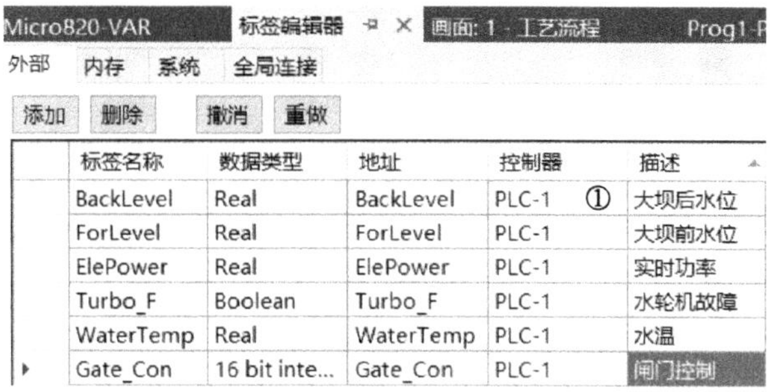

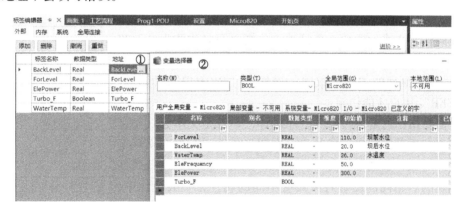

图 6-13 在 PanelView800 系列人机界面中增加标签

在填写标签地址时,可以通过单击图 6-14 中①处的"…",会弹出变量选择器窗口②,然后从这个窗口中选择 PLC 中的全局变量,作为终端中标签所映射的 PLC 地址。这样,可以确保地址不会填写错误。

图 6-14 在 PanelView800 系列人机界面中增加标签时的变量选择

当然,更高效的方式是直接从 PLC 中导入标签。在标签编辑器窗口中单击"导入",会弹出标签选择器窗口,该窗口中会显示所有的全局变量(不含系统变量),用户可以选择需要导入的变量然后导入。该功能只有 CCW V12 以上版本才支持。

(5)画面设计

为了便于用户组态画面,DesignStation 提供了工具箱,如图 6-15 所示。工具箱有 4 类工具,包括输入、绘图工具、显示和进阶,每类又有较多不同的工具。这些工具实际是一系列具有属性的对象,用户可以对其属性进行设置。用户在进行人机界面组态时,实质是利用这些工具箱中的对象,快速构建画面。

选中项目管理器中"HMIDemo"下的"画面",单击鼠标右键,会弹出"添加屏幕"菜单,单击该菜单,会出现名称为"1-Screen1"的新画面。双击该画面,则 CCW 设计窗口中会出现该画面,以及该画面的属性窗口,如图 6-16 所示。

把图 6-16 窗口中①处的通用类下的"名称"属性改为"工艺流程",从画面类属性的"访问权限"属性(②处)的下拉菜单中选取"RIGHT1"权限,表示具有该权限的用户才能访问该画面。

◢ 输入		◢ 绘图工具		◢ 显示		◢ 进阶			
▶	指针	▶	指针	▶	指针	▶	指针		配方恢复
	瞬时按钮		图像		数字显示		确认全部		配方保存
	锁定按钮	A	文本		字符串显示		确认		配方上传
	保持按钮		边框	E	线性刻度		修改密码		警报消息
	多态按钮	/	线		圆形刻度		清除所有报警		报警消息
	转至画面		弧		多态指示器		清除所有警报		启用/禁止安全
	前进一个画面		折线		条形图		清除		配方选择器
	后退一个画面		自由形式		模拟量表		关闭		数据集选择器
	数字增减		多边形		列表指示器		配方下载		报警列表
	键		矩形		趋势		转至终端配置		配方表
	数字输入		圆角矩形				登录		打印
A	字符串输入		椭圆形				退出		电子邮件
	列表选择器		楔				确定		
	画面选择器						重设密码		

图 6-15 画图工具箱主要工具

采用同样的方式,添加 4 个画面,并把画面名称改为"2-趋势曲线""3-参数汇总""4-报警窗口""5-参数设置"。其中"5-参数设置"画面的"访问权限"属性为"RIGHT2",即只有"ENGINEER"用户才能访问。

这里需要指出的是,目前的程序设计,不管是文本方式还是图形方式都广泛采用面向对象特性。在图形界面设计时,实际是对每个图形对象,如画面、文本、线条、按钮、位图等进行属性设置来实现的。不同的图形对象具有不同的属性,一般设计中,只需改变部分属性,其他的属性可以用默认值。拟设计的工艺流程画面如图 6-17 所示,以下介绍该画面的设计过程。

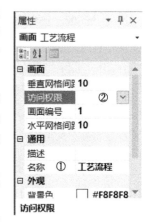

图 6-16 终端中画面的属性窗口及其设置

把工具箱的绘图工具中的"图像"拖拉到画面中,把该图像的属性设置好(主要是大小),然后双击该图像,出现图像导入窗口。用户可以把合适的图形文件导入,这样画面中就可以显示该画面了。画面左上角的 Logo 也是以同样方式实现的。

画面中的文本,如"PanelView800 终端与 Micro800PLC 应用演示""功率""坝前水位""坝后水位"是通过把工具箱的绘图工具中的"文本"拖拉到画面中,改变其"文本""文本颜色""边框样式"和部分通用属性(高、宽、上、左)实现的。

画面中的参数显示,是把工具箱中的显示工具中的数字显示对象拖拉到画面中,改变其属性实现的。该对象的属性较多,分为格式、连接、通用和外观 4 类,如图 6-18 所示。格式主要是用于设置小数点位数;连接是用于把要显示的标签和这个对象关联起来;通用是用于设置对象的尺寸和显示的位置及对象名称。外观对应的属性较多,但这些属性都非常容易

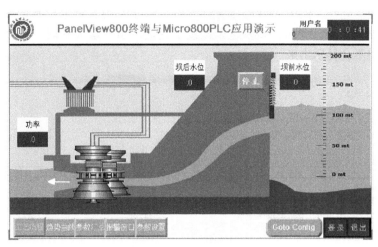

图 6-17 工艺流程画面设计

理解。Windows 程序设计是"所见即所得",外观属性修改后,立刻可以看到效果。

画面中的画面切换按钮是把工具箱的输入类"转至画面"对象拖入到画面中,修改属性实现的。例如对于图 6-17 中的"趋势曲线"输入按钮,修改其外观类的文本属性为"趋势曲线",把浏览类画面属性中的下拉菜单选为"2-趋势曲线"。再修改其他一些显示等属性就可以了。画面中的其他按钮也是这样实现的。画面中的"Goto Config"输入按钮主要是切换到如图 6-8 所示的终端的配置界面。由于要进行用户登录和管理,因此,把工具箱进阶类的"登录"和"退出"对象也拖入画面进行配置。

终端的人机界面设计时,常要用到动画功能。CCW 的 DesignStation 由于不是独立的应用软件,动画功能较弱。这里,要显示水轮机的运行状态,因此,将工具箱的显示类"多态指示器"拖到画面中,将其读标签与"Turbo_F"标签关联,可见性标签保留空白。将外形尺寸放到合适(或修改其通用属性数值来控制)。然后,双击该对象,出现如图 6-19 所示的设置界面,将数值 0(表示无故障)的背景色改为绿色,数值 1(表示有故障)的背景色改为红色,把标题文本都删除(图中②处)。单击"确定"按钮保存。这样就可以动态显示水轮机的故障状态了。当然,如果要用文字和颜色同时显示状态,那么就要给不同的数值

图 6-18 数字显示对象属性

设置不同的标题文字即可。当然,这里也可以把这个多态指示器的可见性与一个脉冲标签关联,实现闪烁功能,即脉冲为"0"时隐藏,脉冲为"1"时显示。

对于工艺流程画面中的水闸控制,将工具箱输入类的"多态按钮"拖到画面中,将连接的写标签属性和指示器标签属性与"Gate_Con"标签关联,将外形尺寸拉放到合适。然后,再双击该对象,出现如图 6-20 所示的设置界面,对应不同的数值,分别设置其背景色和标题文本。这里要注意的是,编写控制器闸门控制程序时,要根据这里定义的变量数值及

其含义进行对应。此外，图中①处的可见性标签，除非要用变量来控制该图形对象的可见性，否则不要连接变量。例如，如果这里连接了变量，当变量为 0 时，这个图形对象不可见，即停止状态不会显示出来。

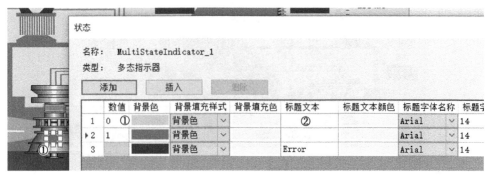

图 6-19　多态指示器属性设置

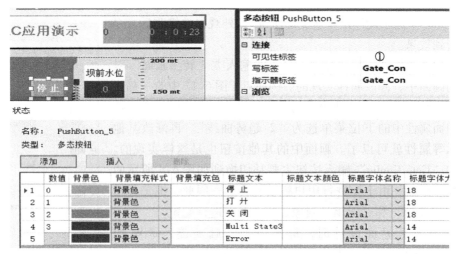

图 6-20　多态按钮属性设置

需要说明的是，一般对于一类图形对象，画面中要保持其风格一致，因此，定义好一个对象后，可以进行复制，然后再改变该复制对象的一些属性。本画面设计中就采取了类似方法。工艺流程画面中的菜单切换等各类按钮，还有标题栏的所有内容，都复制到了另外 4 个画面中，从而保持画面的风格相一致。此外，对于图形对象的定位，有时图形对象很小，较难定位或修改尺寸，这时，可以通过修改其通用属性中的"上""下"数值来进行精确定位，修改其"高""宽"数值精确控制其外形大小。还可以利用软件提供的对齐、排列等编辑工具，把画面中多个对象进行对齐或排列，使设计的画面更加美观。

（6）趋势功能设计

将工具箱显示类中的"趋势"拖拉到"2-趋势曲线"画面中，如图 6-21 中①处所示。将该控件尺寸和位置定好，双击该控件，进行画笔组态，如图中②处的组态窗口。这里，要显示"坝前水位"和"坝后水位"，因此，在读标签中分别选中对应的标签，然后设置不同标签对应的画笔颜色、线型、线宽等参数。再在该控件的属性窗口中进行属性设置，主要的属性在趋势类属性中设置，包括趋势对象的最大值、最小值，X 轴和 Y 轴的坐标标签数目和字体等，以及 X 轴时间长度、单位等。

图 6-21　趋势曲线参数设置

（7）报警功能设计

报警功能的设计包括 2 个步骤，首先要双击图 6-10 项目管理器"HMIDemo"下的"报警"，然后出现如图 6-22 所示的全局报警设置窗口。在该窗口中添加报警。这里添加了 4 个报警。对于每个报警，要组态其报警类型、边沿检测类型和数值。对于模拟量，可以设置报警死区。死区是指在触发器值以上或以下且被视为安全可清除报警条件的级别。死区级别仅适用于上升或下降沿检测的数值。选中"确认"，当触发报警在报警条中显示时，需要操作员对其进行确认，取消选中的该复选框可禁用此功能。选中"显示"，表示在报警条中显示已触发报警的消息，取消选中的该复选框可禁用此功能。选中"日志"，将触发报警记录在"报警历史"中，取消选中的该复选框可禁用此功能。背景色表示在报警条或报警列表中显示的报警消息的背景颜色，默认为红色。前景色表示在报警条或报警列表中显示的报警消息的前景或文本颜色，默认为白色。

全局报警设置

在装载应用程序时报警历史会被清除：☑

报警历史大小 (1-100)：　　50

报警

添加报警　删除报警　　　　　　　　　　　　　　　　　　　　<< 典型

触发器	报警类型	边沿检测	数值	死区模式	死区级别	消息
BackLevel	数字	上升	21	百分比	2	坝后水位高报警
ElePower	数字	上升	305	百分比	1	功率报警
ForLevel	数字	上升	113	百分比	1	坝前水位高报警
Turbo_F	位	低于	1	百分比	0	水轮机故障

图 6-22　全局报警设置窗口

在全局报警设置完成后，就可把工具箱进阶类中的报警列表控件拖拉到"4-报警窗口"中，设置其属性和大小。例如，如果要在报警列表中显示报警发生时间，报警发生日期、报警确认，必须将它们对应的属性改为"真"。报警消息标题总是会出现。还可以组态要显示的报警信息列的宽度等参数。报警控件属性组态好后，系统运行时，一旦有上述定义的报警

281

发生，在该报警列表窗口中就会显示组态好的列信息。

在 DesignStation 中添加终端后，会自动生成默认名称为"1001- Diagnostics"和"1002-Alarm Banner"的画面，一旦报警发生，就会在当前的画面弹出报警和诊断消息。

关于利用 DesignStation 设计人机界面的其他内容就不再介绍了，感兴趣的读者可以参考罗克韦尔自动化公司相关的技术手册。

所有人机界面的设计都比较类似，其操作过程也比较接近。通常，学会一种终端的组态软件后，再学习其他类型终端界面开发就比较简单了。

3. PanelView800 系列终端程序下载与调试

人机界面编辑完成后要下载到终端。下载之前，首先单击图 6-10 中的验证（图中⑦处），系统会检查图形界面。若有警告或错误会有提示，只有不存在错误的工程才能下载。其次，一般 Micro800 系列控制器、终端是通过交换机联网，因此，要把编程计算机网线插在交换机上，保证三者的 IP 地址在一个网段。再次，要在驱动中添加触摸屏的 IP 地址，建立相应的驱动连接，操作过程同配置控制器的驱动。下载有多种方式：一种是单击图 6-10中的"下载"（图中④处）；另一种是鼠标选中"HMIDemo"（图中⑥处），单击右键弹出"下载"菜单，再单击"下载"。两种操作都会弹出选择下载路径的窗口，选择终端对应的连接路径，就可下载图形界面工程了。

图形界面工程下载完成后，在终端的主菜单选择"文件管理"，然后选择"HMIDemo"这个文件，单击"运行"，这个指定的人机界面就会运行了。也可把这个工程设置成启动文件。图 6-23 就是"HMIDemo"运行后的主界面，程序中把"工艺流程"配置为启动界面了，因此首先可以看到该界面。该界面中的所有工艺参数和设备状态都是在 Micro820 控制器中模拟的，报警是通过对参数的强制实现的。单击"登录"按钮，以用户名"OPERA-TOR1"（大小写不敏感）来登录，并输入对应的密码。该用户的权限可以切换到"趋势曲线"画面。该画面会显示坝前和坝后水位的实时趋势，如图 6-24 所示。修改 Micro820 控制器中的坝前水位、坝后水位和水轮机状态值，产生报警信号。这时可以在"报警窗口"画面的报警列表中看到相应的报警，如图 6-25 所示。报警列表窗口显示了报警消息、报警确认、报警日期、报警时间四列。具体显示几列，是在报警列表组态时确定的。还可以在终端运行时测试不同用户的操作权限，限于篇幅这里不再介绍了。

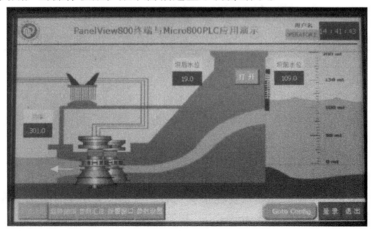

图 6-23 终端主界面

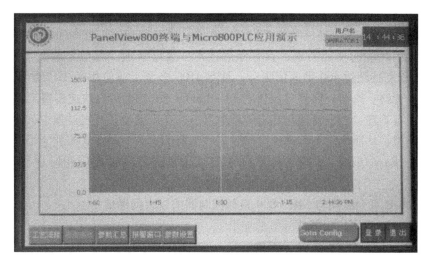

图 6-24 实时趋势测试界面

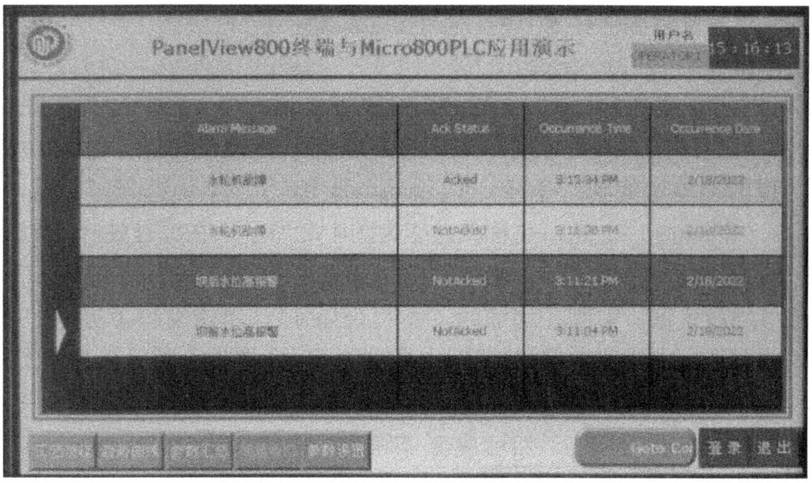

图 6-25 报警功能测试界面

一般的终端组态软件都支持联机仿真和脱机仿真，但 DesignStation 无仿真功能，人机界面有问题时需要反复修改和下载，不够人性化。

6.4 Micro800 系列控制器与威纶通终端的以太网通信设置

1. 威纶通终端及其组态软件

威纶通的终端品牌是 Weinview，产品包括旗舰型 cMT X 系列、高效能型 MT iE iP 系列和经济型 TK 系列等。这些产品从高端到底端，针对不同的用户群。

以 MT8000iE 系列终端为例说明该终端与 Micro800 系列控制器的以太网通信。该系列终端搭载强大的双核 CPU，大幅提升了显示速度与数据库处理效率；可选择高解析度的 LCD；支持以太网和串口通信；具有 MQTT（发布端/订阅端）、OPC UA 客户端、系统安全监控和远端桌面 VNC Server 等较强的软件支持功能。

EasyBuilder Pro 是威纶通终端的工程编辑软件,具有直观的工程画面编辑操作方法,提供完整工业应用环境的功能需求,具有穿透技术、数据管理、宏指令的数学运算等功能。EasyBuilder Pro 支持超过 400 种通信驱动,具有 2100 多个工业应用的 2D/3D 图库,包括包装风机水泵、管路、按钮、仪表等。利用 EasyBuilder Pro 软件可以快速编辑工程画面,完成权限管理、设备管理、档案管理与日志管理等组态。在工程项目开发过程中,还能使用在线模拟与离线模拟,从而使得工程调试可以脱离终端硬件。威纶通还有多款应用软件工具,如 Recipe Editor、Easy Diagnoser 等支持用户在工程开发阶段或现场应用时进行问题分析和排查。

2. MT8000iE 系列终端与 Micro800 系列控制器的以太网通信

(1) Micro800 系列控制器端标签的导出

Micro800 系列控制器与人机界面的通信一般采用符号寻址。因此,首先要把 Micro800 系列控制器中的 CCW 工程全局变量导出到 Excel 文件。以本书 5.3.1 节的 CCW 工程为例,鼠标选中工程根目录,单击鼠标右键,在弹出的菜单中选择导出—变量,这时会出现导出变量窗口,输入文件名,默认保存为 Excel 文件。

(2) EasyBuilder Pro 中导入标签

在 EasyBuilder Pro 中新建工程,选择 MT8071iE 终端类型。在弹出的系统设置窗口中,点击"新增设备/服务器",弹出如图 6-26 所示的设备属性设置窗口,在窗口的①处点击三角箭头,从出现的菜单中找到"Rockwell automation Inc.",从中选择"Rockwell Micro850-Free Tag Names(Ethernet)",这时名称自动变为图中②所示。在③处选择"以太网",在④处把 IP 地址改为控制器的 IP 地址,然后单击"确定"按钮,这时又回到系统参数设置窗口。选中系统参数设置窗口中刚才增加的"本机设备 4",单击窗口下方的"导入标签…"按钮,在弹出的对话框中找到先前在 CCW 中导出的 Excel 文件,随后又弹出了如图 6-27 所示的标签管理窗口(实际显示所有的标签,这里对窗口进行了裁剪,只显示一部分),用户可以选择人机界面中需要的标签,然后单击"确定"按钮,这时又会弹出窗口显示"是否为 SINT、INT、DINT 类型标签启用二进制存在"。建议单击"确认"按钮,这个功能实际非常有用。如本例中的 State 标签,是 DINT 类型,但在 CCW 程序中是按位访问的(三菱电机

图 6-26 设备属性设置窗口

图 6-27 标签管理窗口

FX5U 系列 PLC 的数据寄存器 D 也支持这种按位访问整型数的方式）。在人机界面中显示时，实际也是要显示 State（i）（i 为 0~31）位信号。单击"确认"按钮后，就可把终端中定义的位标签与这些状态位直接关联。如果没有该功能，则需要在 PLC 中把这个 DINT 类型分为 32 个 BOOL 类型，然后再与终端中的位标签映射。或者在终端中利用函数把读上来的 DINT 类型的 State 整型数再变为 32 个位变量，再与终端中的位标签进行映射。

在 CCW 中生成的 Excel 标签文件只有用户定义的全局变量，没有 I/O 变量，如果要使用 I/O 变量（实际人机界面肯定是要使用的），就需要在先前导入的文件中添加这些 I/O 变量，其中不可缺少的是名称、数据类型、方向和特性，见表 6-1。其中的 36~38 行就是手动编辑添加的，而 1~35 行是在 CCW 中导出的（为节省篇幅，表格中隐藏了 3~33 行）。

表 6-1 在 Excel 中编辑 I/O 变量

	名称	数据类型	维度	字符串大	初始值	方向	特性	注释	别名	项目值	Version=2
1											
2	(Name)	(DataType	(Dimensio	(StringSize	(InitialValu	(Direction	(Attribute	(Commen	(Alias)	(ProjectValue)	
34	INT_OUT_2	INT				Var	ReadWrite		GreenParts		
35	BOOL_OUT_12	BOOL				Var	ReadWrite		C_Belt_Conveyor		
36	_IO_EM_DI_00	BOOL				Var	Read				
37	_IO_EM_DI_01	BOOL				Var	Read				
38	_IO_EM_DO_00	BOOL				Var	ReadWrite				

在 EasyBuilder Pro 中导入标签要一次导入，如果后续再导入，会把先前导入的标签覆盖。

3. MT8000iE 系列终端画面编辑与通信调试

为了测试 MT8000iE 系列终端与 Micro850 控制器的以太网通信，这里编辑了一个界面，界面中主要显示分拣过程中的 7 个状态信号，包括传输带的状态、分拣机械臂的 X 和 Z 方向动作、抓取动作和推送蓝色工件的动作等。为了在人机界面上可以手动调试该分拣过程的设备，因此，还添加了 4 个控制按钮，即 Z 向运动、X 向运动、抓工件和推蓝件；还增加了 2 个数值显示框，显示蓝色和绿色工件数量。最后添加了"起动"和"停止"按钮。

在添加好这些图形元件后，就要将元件与标签建立关联。其中 Z 向运动控制按钮的编辑如下：双击 Z 向运动控制按钮①（也可通过属性访问），弹出如图 6-28 所示的窗口，因为要作为输入用，所以选择"位状态切换开关"，见②；在设备处从下拉菜单选择"Rockwell Micro850- Free Tag Names"，见③；在标签处，从下拉菜单中选择导入的标签，这里选

BOOL_OUT_3，见④；在操作模式处选择切换开关（有多个选项，根据 PLC 的控制要求来选），见⑤。本例子中是按下按钮后，状态发生切换（0、1 之间相互切换）。

完成界面的编辑后，首先可以编译，检查是否有错误。然后单击"在线模拟"，则 EasyBuilder Pro 会编译并进入在线模拟状态。如果人机界面与 PLC 的通信有故障，会弹出报错窗口。图 6-29 就是在 PC 上模拟的人机界面，可以看到设备状态显示正常。在人机界面上也可以手动控制分拣设备的运行。系统自动运行后，工件计数也正常，和 CCW 中调试的数据是一致的。

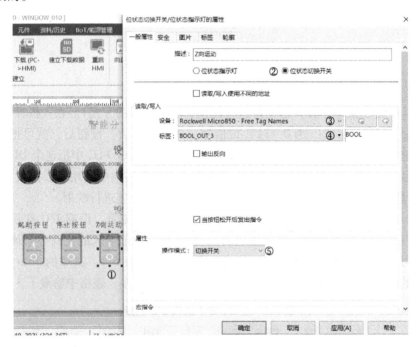

图 6-28　编辑按钮属性

需要说明的是，本例的 Micro800 系列控制器是 LC50 系列，对于该系列具有以太网口的其他控制器，这里介绍的方法也同样适用。

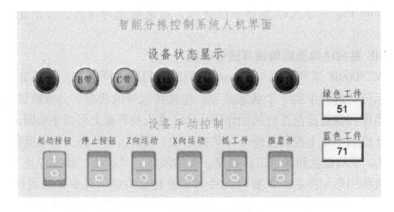

图 6-29　MT8000iE 系列终端在线模拟的界面显示

6.5 用组态软件开发工控系统上位机人机界面

6.5.1 人机界面设计的基本原则与 ISA101 标准

工控系统上位机人机界面是操作人员对生产过程进行监控的窗口，因此一个好的人机界面对于操作人员准确监控生产状态，处理各类报警和异常事件具有重要的作用。

由于人机接口应用越来越广泛，ISA 组织制定了人机接口标准——ISA101，包括 ISA 101.01《过程自动化系统中的人机界面》和 ISA 101.02《人机界面可用性和性能》。ISA101 标准涵盖了过程自动化系统的人机界面的设计、实施和管理。该标准提供了人机界面设计的指导原则和理念，适用于各种过程控制和自动化应用。标准内容包括人机界面的生命周期管理，从设计到退役的各个阶段，以及如何确保人机界面的可用性、性能和安全性。

ISA101.01 主要内容包括菜单结构、屏幕导航规范、图形和色彩规范、动态元素、报警规范、安全方法和电子签名属性、具有后台编程和历史数据库的接口、弹出窗口规范、帮助屏幕和报警关联的方法、编程对象接口、数据库、服务器和网络组态接口等方面。

一般来说，进行人机界面设计时，要遵循以下原则。

1）针对用户的需求进行设计。即系统的设计要以用户为中心，以用户的需求为出发点，满足用户对系统功能、操作习惯、操作优先级等的要求，同时与工作和应用环境相协调。因此，在人机界面的开发过程中，要不断征求企业或操作人员的意见，通过反馈来提高用户的满意度，减少后期的修改工作量。

2）功能原则。人机界面实现的功能按照重要性分为主要功能、次要功能和辅助功能；按照使用频率分为常用功能和非常用功能；按照功能的可达性分为快速可达或非快速可达等。因此，在功能设计上，要按照对象应用环境和场合（如流水线上、中控室等）的具体使用功能要求，针对不同类型的功能特点，通过功能分区、菜单分级、提示分层、对话栏并举等多种技术手段，设计出满足并行处理要求和交互实时性的功能界面。

3）层次性原则。即按照操作人员处理事件的顺序、执行各类访问操作或查看操作的顺序来进行人机界面设计，体现一定的层次性。ISA101 标准提出了高性能人机界面的四层结构，包括整体态势感知、更详细的视图、设备细节和诊断屏幕。

4）一致性原则。主要体现在色彩的一致性（如设备正常状态与故障状态的颜色动画）、文本的一致性、同类设备操作方式的一致性、同类指令界面的一致性、界面布局的一致性等。如果有企业或相关行业标准，应该遵循这些标准，从而做到更好的一致性。这种一致性，不仅可以提高人机界面的美观程度，使操作或管理人员看界面时感到舒适，而且能减少紧急情况下的操作失误。

5）重要性原则。即按照人机界面中各种功能的重要性来设计人机界面的交互方式，如人机界面的主次菜单以及对话窗口的位置和突显性，从而有助于工作人员实施操作、监控、调度和管理功能，特别是应急处理。

6）保持屏幕简洁。传统上，SCADA 的人机界面比较"逼真"和"生动"，设备甚至管道多用 3D 模型，大量使用动画。而传统的 DCS 人机界面就比较简洁。根据 ISA101 标准，高性能人机界面的一个非常重要的概念是保持屏幕简单整洁。只需简单描述带有阀门和泵的容器即可，无须显示管道接头、法兰或非必要的 3D 管道对象。在描述泵或阀门的状态时，高性能人机界面对停止的泵使用深灰色，对正在运行的泵使用白色，而不是对泵或阀门的打开和关闭使用红色和绿色。对于不向 SCADA 系统发送反馈的泵，它被描绘成中灰色。没有多余的动画，如旋转的搅拌器或泵、移动的传送带，以及飞溅的液体和喷雾器等，动画应该是有限的，只用于突出异常情况。

6.5.2　组态软件选型

目前，组态软件种类繁多，各具特色，每一款组态软件产品都有其优点和不足。通常进行选型时，要考虑如下几个方面。

1. 系统规模

系统规模在很大程度上决定了可选择的组态软件的范围，对于一些大型系统，如城市燃气 SCADA 系统、西气东输 SCADA 系统等，考虑到系统的稳定性和可靠性，通常都使用国外有名的组态软件。而且，国外一些组态软件供应商，能提供软、硬件整体解决方案，确保系统性能，并能够提供长期服务。如美国艾默生公司的 iFIX、西门子公司的 WinCC、施耐德电气公司的 Intouch、罗克韦尔自动化公司的 FactoryTalk View Studio 等。对于一些中、小型系统，完全可以选择国产的组态软件，应该说，在中、小规模的工控系统上，国产组态软件是有一定优势的，性价比较高。

各种组态软件，其价格是按照系统规模来确定的。组态软件的基本系统通常是以点数来计算的，并以 64 点的整数倍来划分，如 64 点、128 点、256 点、512 点、1024 点等。这里所谓的点实际表明组态软件中的变量，而组态软件中有两种类型的变量：

1）外部变量，也称为 I/O 变量。凡是组态软件数据字典/实时数据库中定义的与现场 I/O 设备连接的变量，包括模拟量和数字量等，都是外部变量。对模拟输入和输出设备，就对应模拟 I/O 变量；对数字设备，如电机的起、停和故障等信号，就对应数字 I/O 变量。I/O 变量还有另外一种情况，即 PLC 中用于控制等目的而用到的大量寄存器变量，如三菱电机 PLC 中的 M 和 D 等寄存器，西门子 PLC 的 M∗.∗位寄存器和 MD、DB 块等，这些寄存器都要与组态软件进行通信，也属于外部变量。

2）内部变量。在人机界面开发时，要用到一些内部变量，这些变量也在数据字典中定义，但它们不和现场设备连接。

这里要特别注意的是，不同的组态软件对点的定义不同，有些软件的点仅指 I/O 变量，如 iFix、WinCC；而有些组态软件把内部变量和外部变量都统计为点，如组态王和 Intouch。通常在选型中，考虑到系统扩展等，点数要有 20% 的裕量。

2. 软件的稳定性和可靠性

组态软件应用于工业控制，因此其稳定性和可靠性十分重要。一些组态软件应用于小的工控系统，其性能不错，但随着系统规模变大，其稳定性和可靠性就会大大下降，有些甚至不能满足要求。目前考察组态软件的稳定性和可靠性主要是根据该软件在工业过程，特别是大型工业过程的应用情况。目前大型工控系统上位机软件多选用国外产品。随着国产组态软件工程应用案例不断增加，功能不断升级，在一些大型工程中，国产组态软件已经有成功应用。如在国内的一些大型污水处理厂，采用组态王做上位机人机界面的系统 I/O 规模已达到万点。

3. 软件价格

软件价格也是在组态软件选型中要考虑的重要方面。组态软件的价格随着点数的增加而增加。不同的组态软件，价格相差较大。在满足系统性能要求的情况下，可以选择价格较低的产品。购买组态软件时，还应注意该软件开发版和运行版的使用。有些组态软件，其开发版只能用于项目开发，不能在现场长期运行，如组态王。而有些组态软件，其开发版也可以在现场运行，如 WinCC。因此，若用组态王软件开发工控系统的人机界面，就要同时购买开发版（I/O 点数大于 64 时）和运行版。目前许多组态软件还分服务器和客户机版本，服务器与现场设备通信，并为客户机提供数据；而客户机本身不与现场设备通信，客户机的授权费用较低。因此对于大型的工控系统，通常可以配置一个或多个服务器，再根据需要配置多个客户机，这样可以有较高的性价比。在移动互联时代，组态软件可以运行在云端，还可以运行在嵌入式平台，因此一些厂商的组态软件报价策略更加灵活。

4. 对 I/O 设备的支持

对 I/O 设备的支持即驱动问题，这一点对组态软件十分重要。再好的组态软件，如果不能和已选型的现场设备通信，也不能选用，除非组态软件供应商同意替客户开发该设备的驱动，当然，这很可能要付出一定的经济代价。目前组态软件支持的通信方式包括：

1）专用驱动程序，如各种板卡、串口等设备的驱动。

2）DDE、传统 OPC 与 OPC UA 等方式。DDE 属淘汰的技术，但仍然在大量使用；而 OPC 是目前更加通用的方式，但一般 OPC 服务器需要购买。当然，如果没有专用的驱动时，OPC 服务器是比较好的解决方案。

5. 软件的开放性

现代工厂不再是自动化"孤岛"，非常强调信息的共享，因此组态软件的开放性变得十分重要。组态软件的开放性包含两个方面的含义：一是指它与现场设备的通信能力；二是指它作为数据服务器，与管理系统等其他信息系统的通信能力。现在许多组态软件都支持 OPC 技术，即它既可以是 OPC 服务器，也可以是 OPC 客户。

6.5.3 用组态软件设计工控系统人机界面的步骤

由于 SCADA 系统的整体性比集散控制系统（DCS）差，因此，在开发人机界面时，用组态软件开发 SCADA 系统要更加复杂一些，特别是通信设置及标签定义等。这里，以 SCADA 系统为例，说明用组态软件设计 SCADA 系统的人机界面过程，DCS 人机界面设计可以参考以下内容。

1. 根据系统要求的功能，进行总体设计

这是系统设计的起点和基础，如果总体设计有偏差，会给后续的工作带来较大麻烦。进行系统总体设计前，一定要吃透系统的功能需求有哪些，这些功能需求如何实现。系统总体设计主要体现在以下几个方面：

1）确定 SCADA 系统的总体结构和设备分布。根据现场控制器的分布等确定 SCADA 系统网络结构；确定 SCADA 服务器（I/O 服务器）数量，SCADA 客户端、Internet 客户数量等；配置相应的计算机、服务器、网络设备和打印机等设备，购置必要的软件。在总体结构设计中要确定是否需要冗余 SCADA 服务器。对于重要的过程监控，应该进行冗余设计，这时，系统的结构会复杂一些。图 6-30 所示为某水质净化厂 SCADA 系统结构。这里就进行了

控制层的通信冗余和 SCADA 服务器冗余设计。统一使用 EtherNet/IP 工业以太网，简化了网络设计。

SCADA 系统上位机的架构，还取决于所选择的组态软件。例如，如选择 WinCC，就有多种 C/S 结构可以选择，包括不同的冗余结构，还可以根据需要配置 B/S 结构，当然，需要购买的软件许可证也不同。

2）若采用多个 SCADA 服务器和 I/O 服务器，就要确定下位机与哪台 SCADA 服务器通信。这里要合理分配，既要保证监控功能快速、准确实现，又要尽量使得每台 SCADA 服务器的负荷平均化，这样对系统稳定性和网络通信负荷都有利。一般系统规模不太大时，SCADA 服务器可以和现场所有控制器通信。图 6-30 所示的某水质净化厂 SCADA 服务器就和所有的控制器（包括外围污水泵站的 PLC）通信。

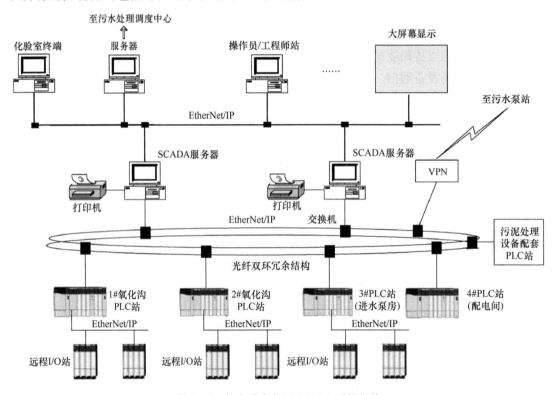

图 6-30　某水质净化厂 SCADA 系统结构

3）SCADA 服务器和下位机通信接口设计，这里必须要解决这些设备与组态软件的通信问题。确定通信接口形式和参数，并确保这样的通信速率满足系统对数据采集和监控的实时性要求。另外，若系统中使用了现场总线，就要考虑总线节点的安装位置等，确定总线结构，要考虑是否需要配置总线协议转换器以实现信息交换。

4）SCADA 系统信息安全防护策略。对于复杂的 SCADA 系统，要考虑网络的划分，包括 IP 地址的分配，网络的隔离和保护等。

5）根据工作量，确定开发人员任务分工及开发周期、系统调试方案、验收交付等。

2. 实时数据库组态，添加设备，定义变量等

实时数据库组态主要体现在添加 I/O 设备和定义变量。要注意添加的设备类型，选择正确的设备驱动。设备添加工作并不复杂，但在实际操作中，经常出现问题。虽然是采取组态方式来定义设备，但如果参数设置不恰当，通信常会不成功，因此参数设置要特别小心，一定要按照 I/O 设备用户手册及组态软件的驱动帮助来操作。设备组态中容易出现的问题包括设备的地址号、站号、通信参数等。设备添加后，有条件的话可以在实验室测试一下通信是否成功，若不成功，继续修改并进行调试，直至成功为止。

此外，由于经常出现项目开发是在一台计算机上，项目开发完成，要把工程复制到现场的计算机上的情况，这时，工程中的有些参数也需要重新设置。例如，对于 WinCC 工程来说，除了要把工程中的计算机名改为现场的计算机名外，如果采用 S7-TCP/IP 通信，就要在驱动的属性中把以太网卡选择现场计算机的以太网，否则即使 IP 地址等都正确，使用 Ping 指令也能连上 PLC，但组态软件与 PLC 的通信始终不成功。

设备添加成功后，就可以添加变量（标签）了。变量可以有 I/O 变量和内存变量。添加变量前一定要作规划，不要随意增加变量。比较好的做法是做出一个完整的 I/O 变量列表，标明变量名称、地址、类型、报警特性和报警值、标签名等，对模拟量还有量程、单位、标度变换等信息。对于一些具有非线性特性的变量进行标度变换时，需要做一个表格或定义一组公式。给变量命名最好有一定的实际意义，以方便后续的组态和调试，还可以在变量注释中写上具体的物理意义。对内存变量的添加也要谨慎，因为有些组态软件把这些点数也计入总的 I/O 点数。在进行标签定义时，要特别注意数据类型及地址的写法。在通信调试中常常出现组态软件与控制器已经连接成功，但参数却读写不成功的情况，很大一部分原因就是地址或数据类型错误。

对于罗克韦尔自动化公司的 ControlLogix5000 PLC 这类支持符号寻址的系统，与上位机通信的标签需要在控制器程序的全局变量中定义。ABB 公司的 AC500 控制器与上位机通信时，也要把变量定义成符合 Modbus 地址规范的全局变量。

组态王软件有 Micro800 系列控制器的 TCP 通信驱动，可以和有以太网接口的 Micro800 系列控制器通信。也可以在控制器中进行"Modbus 映射"，这样组态王或其他客户程序可以用 Modbus TCP 和控制器通信。两种情况下都要在以太网配置中启用 Modbus TCP 服务器。

对于大型的系统，变量很多，如果一个一个定义变量十分麻烦，现有的一些组态软件可以直接从 PLC 中读取变量作为标签，简化了变量定义工作；或者在 Excel 中定义变量，再导入到组态软件中。另外，随着控制软件集成度的增加，一些新的全集成架构软件在控制器中定义的变量可以直接被组态软件使用，而不需要在组态软件中再次定义。

3. 画面组态

画面组态就是为控制系统设计一套方便操作员使用的操作画面。画面组态要遵循人机工程学。画面组态前一定要确定现场运行的计算机的分辨率，最好保证设计时的分辨率与现场一样，否则会造成软件在现场运行时画面失真，特别是当画面中有位图时，很容易导致画面失真问题。画面组态常常因人而异，不同的人因其不同的审美观对同样的画面有不同的看法，有时意见较难统一。一个比较好的办法是把初步设计的画面组态给最终用户看，征询他们的意见。若画面组态做好后再修改就比较麻烦。画面组态包括以下一些内容：

1）根据监控功能的需要划分计算机显示屏幕，使得不同的区域显示不同的子画面。目前没有统一的画面布局方式，但有两种比较常用，如图 6-31 和图 6-32 所示，这两种显示方式差别较小。图 6-33 所示是某水质净化厂运行监控的人机界面，该工程人机界面总体布置就采用了类似于图 6-31 的方式。由于目前大屏幕显示器多数都是宽屏，因此图 6-32 的布局更加合理。主界面切换按钮区主要有画面切换按钮和依赖于当前显示画面的操作按钮。最大的窗口区域用作各种过程画面、放大的报警、趋势等画面显示。这两种布局方式，都在人机界面设置有报警区，这体现了工业生产中安全运行的重要性，因此，对应各类报警信息必须及时显示。单击小的报警区，会在主显示区显示完整的报警窗口，操作人员能查看更多和更加详细的报警信息，进行报警确认等操作。一般来说，人机界面的主界面运行时，主显示区默认显示的是系统总貌图，如图 6-33 显示的就是整个水质净化厂总的工艺流程图。

图 6-31　人机界面布局方式 1

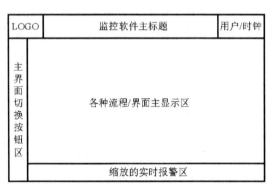

图 6-32　人机界面布局方式 2

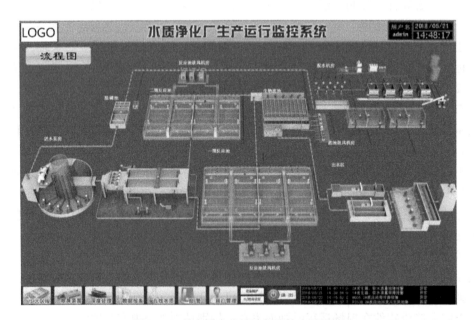

图 6-33　某水质净化厂运行监控人机界面

2）根据功能需要确定流程画面的数量、流程切换顺序、每个流程画面的具体设计。流程画面包括静态设计与动态设计。虽然现有的组态软件都提供了丰富的图形库和工具箱，多数图形对象可以从中取出，但在把这些对象构成各种不同应用场景时，这些设备的衔接较难处理，总体效果并不好。所以，一般静态部分主要还是采用贴图的方式。如图 6-33 所示的人机界面中，构筑物、管道及设备等都是美工师采用专用绘图软件制作的立体图形，和现场实际场景很接近，从而提升了界面的逼真度。然后把这些静态图粘贴到人机界面中（基本所有的组态软件都支持这种方式）。而设备工作状态指示、数值显示、液体流动效果等都属于组态软件中的动态元素，由自控工程师来添加并进行组态。图形设计时要正确处理画面美观、立体感、动画与画面占用资源的矛盾，防止画面切换时的卡顿，确保画面切换的流畅度。对于支持图层的组态软件，可以把画面中同类的图形元素设置在同一个图层。例如工艺管路、信号线、设备、设备编号与设备名等分别定义在不同层级。

3）把画面中的一些对象与具体的参数连接起来，即做所谓的动画连接。通过这些动画连接，可以更好地显示过程参数的变化、设备状态的变化和操作流程的变化，并且方便工人操作。动画连接实际是把画面中的参数与变量标签连接的过程。变量标签包括以下几种类型：I/O设备连接（数据来源于I/O设备的过程）、网络数据库连接（数据来源于网络数据库）、内部连接（本地数据库内部同一点或不同点的各参数之间的数据传递）。

显示画面中的不少对象在进行组态时，可以设置相应的操作权限甚至密码，这些对象对应的功能实现只对满足相应权限用户有效。

在画面的动态显示中，一般同样的功能可以用不同方式来实现。例如，设备有运行和停止两个正常状态（来源于一个DI点），还有分别来源于两个DI点的故障、干转等异常状态。在这些状态显示时，既可以用一个指示灯和文本，根据这3个点的信号组合，来让这个指示灯显示不同的颜色及不同的文本提示。也可以用三个灯来实现，其中一个显示运行和停止，另外两个显示故障。图6-34所示即为组态王中采用后一种方式实现该功能的过程。对于运行和停止状态，用两个表示运行和停止状态的灯和文字组合来显示。当运行时，显示运行灯和运行文字，隐含停止灯（实现过程见图中的①～④）和停止文字。停止时则相反。编辑好这个功能后，把两个灯重叠，两个文字重叠，见图中的⑤处，这也是为何在开发环境下⑤处字迹模糊的原因。

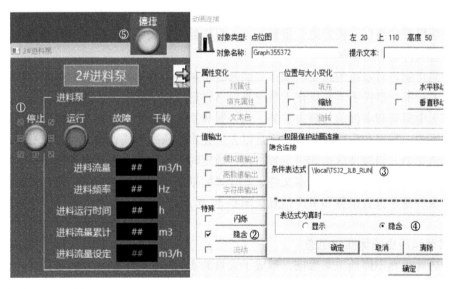

图6-34　组态软件画面编辑中的动画连接技术

有时，会对一个对象采用多个动画连接以实现较逼真的动画效果。例如，传送带上有一个物体由近及远运动，逐步远离操作员视线。为实现这个效果，一般要对该物体进行水平移动、垂直移动和缩放这三个动画，且三个动画连接的变量变化要匹配好。

实际画面组态时，采取何种方式，主要还是看所用的组态软件对该类功能的支持及实现的简便程度。不同的组态软件，实现同样的功能，可能实现方法是不一样的。

4）操作员一般要通过人机界面对设备进行控制，可以设计一些通用的设备控制子窗口。在设计这些窗口时，要做到同类设备界面的一致性，从而有利于操作与管理。图 6-35 所示为某水质净化厂运行监控系统中格栅类设备中的细格栅控制的人机操作面板。由于格栅类设备的控制参数、显示方式、操作方式等相一致，因此可以做成统一面板，某个设备的面板和该设备的监控参数关联。这样做不仅可以减少开发工作量，提高软件的可重用性，而且而有利于操作人员现场操作。

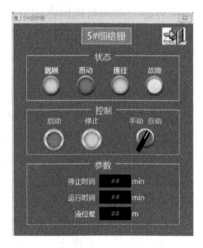

图 6-35　某水质净化厂运行监控系统
细格栅控制窗口

实际上，这种设备面板，在 DCS 中最早广泛使用。例如，在控制器组态一个 PID 回路时，自动就会关联一个 PID 面板，这个面板就可用于 DCS 的操作员界面修改与 PID 控制有关的各种参数，进行手自动切换等各种操作；在组态一个开关设备控制逻辑时，也会生成对应的开关设备面板。目前，全集成自动化成为主流，西门子博途、罗克韦尔自动化 FactoryTalk 套件、组态王等，都支持这种专门的面板（Faceplate）。

4. 报警组态和事件

报警功能是 SCADA 系统人机界面的重要功能之一，对确保安全生产起重要作用。它的作用是当被控的过程参数、SCADA 系统通信参数及系统本身的某个参数偏离正常数值时，以声音、光线、闪烁等方式发出报警信号，提醒操作人员注意并采取相应的措施。报警组态的内容包括报警的级别、报警限、报警方式、报警处理方式等。当然，这些功能的实现对于不同的组态软件会有所不同。

事件是指用户对系统的行为与动作，如修改了某个变量的值，用户的登录、注销，站点的启动、退出等。事件不需要操作人员应答。事件记录在事故追溯中起重要作用。

组态王中报警和事件的处理方法是：当报警和事件发生时，组态王把这些信息存于内存中的缓冲区中，报警和事件在缓冲区中是以先进先出的队列形式存储，所以只有最近的报警和事件在内存中。当缓冲区达到指定数目或记录定时时间到时，系统自动将报警和事件信息存进记录。报警的记录可以是文本文件、开放式数据库或打印机。另外，用户可以从人机界面提供的报警窗中查看报警和事件信息。图 6-36 所示是某水质净化厂运行监控系统的报警窗口。

5. 实时和历史趋势曲线组态

由于计算机在不停地采集数据，形成了大量的实时和历史数据，这些数据的变化趋势对了解生产情况和事故追忆等有重要作用。因此，组态软件都提供有实时和历史曲线控件，只要做一些组态就可以了。图 6-37 所示为某水质净化厂运行监控系统实时趋势显示界面。由于要显示的变量较多，因此，操作人员可以从界面中选择所要观察的参数，见①；用户还可以选择数值显示的方式（如量程的百分比而不是工程量），见②；选择时间段，见③；选择

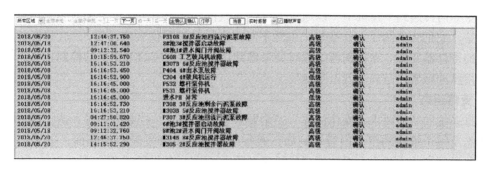

图 6-36　某水质净化厂运行监控系统报警窗口

数据来源，见④；选择对这段趋势曲线进行保存。界面中通常还有参数的基本统计值显示，如最大值、最小值等。界面中的其他功能案例请读者自行分析。

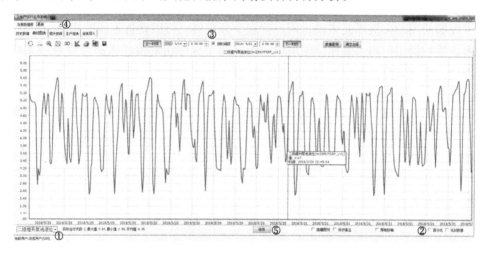

图 6-37　某水质净化厂运行监控系统实时趋势显示界面

一般来说，并非所有的变量或参数都能查询到历史趋势，只有选择进行历史记录（WinCC 中称为归档）的参数或变量才会保存在历史数据库中，才可以观察它们的历史曲线。对于一个大型的系统，变量和参数很多，如果每个参数都设置较小的记录周期，则历史数据库容量会很大，甚至会影响系统的运行。因此，一定要根据监控要求合理设置参数的记录属性及保存周期等，按时对历史数据进行备份。

6. 报表组态及设计

报表组态包括日报、周报或月报的组态，报表的内容和形式由生产企业确定，需求极其多样化和个性化。报表可以统计实时数据，但更多的是对历史数据的统计。虽然组态软件的报表功能不断增强，但是要做出复杂的报表还是有一定难度的。一般的做法是采用 Crystal Report（水晶报表）等专门的工具做报表，数据本身通过 ODBC 等接口从组态软件的数据库中提取。由于 Crystal Report 版本较老，现在也可采用一些新的报表制作软件。

7. 控制组态和设计

由于多数人机界面只是起监控的作用，而不直接对生产过程进行控制，因此，用组态软件开发人机界面时没有复杂的控制组态。这里说的控制组态主要是当要进行远程监控时，相

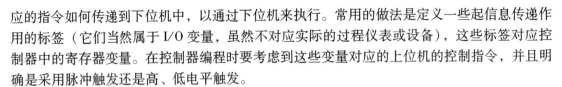

应的指令如何传递到下位机中，以通过下位机来执行。常用的做法是定义一些起信息传递作用的标签（它们当然属于 I/O 变量，虽然不对应实际的过程仪表或设备），这些标签对应控制器中的寄存器变量。在控制器编程时要考虑到这些变量对应的上位机的控制指令，并且明确是采用脉冲触发还是高、低电平触发。

8. 策略组态

根据系统的功能要求、操作流程、安全要求、显示要求、控制方式等，确定该进行哪些策略组态及每个策略的组态内容。例如，通常组态软件要开发较多的画面，进入运行状态时，哪些画面作为主画面，系统运行后要显示哪些画面。其设置过程如图 6-38 中①~③所示，可以看出，有 4 个画面是作为主画面。在运行系统设置窗口，还可以对运行系统外观、运行退出进行策略组态。其中特殊选项卡还包括其他一系列设置，见图中④处。这些内容都属于策略组态的一部分。

9. 用户管理和安全管理

对于现场使用的人机界面来说，用户管理十分重要。可以设置不同的用户组，它们有不同的权限，然后把用户归入到相应的用户组中。如工程师组的操作人员可以修改系统参数，对系统进行组态和修改，而普通用户组的操作人员只能进行基本的操作。当然，根据需要还可以进一步细化。组态王的用户配置在图中⑤处。

组态王还引入了电子签名来加强数据的安全操作。组态王中电子签名涉及用户管理、变量配置、报警确认、配方管理、画面操作、电子记录备份、审计修改记录、批次、运行退出等。组态王电子签名配置见图中⑥处。如果在图 6-38 的运行退出选项卡中激活操作签名选项，则只有操作者签名通过后运行系统才退出。也就是说，现场运行的人机界面是不可以随意退出运行状态的。

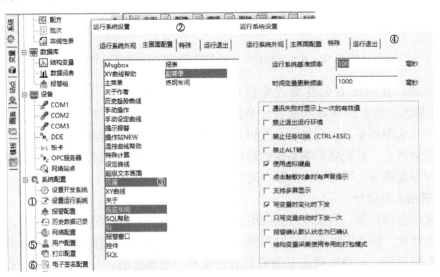

图 6-38 组态王演示工程的运行系统设置窗口

6.5.4 人机界面调试

在整个组态工作完成后，可以进行离线调试，检验系统的功能是否满足要求。调试中要确保机器连续运行数周时间，以观察是否有机器速度变慢甚至死机等现象。在反复测试后，再在现场进行联机调试，直到满足系统设计要求。

组态软件人机界面的调试是非常灵活的，为了验证所设计的功能是否与预期一致，可以随时由开发环境转入运行环境。人机界面的调试可以对每个开发好的人机界面进行调试，而不是等所有界面开发完成后才对每个界面进行调试。

人机界面调试的主要内容有：

1）I/O 设备配置：有条件的可以把 I/O 硬件与系统进行连接并进行调试，以确保设备正常工作。若有问题，要检查设备驱动是否正确、参数设置是否合理、硬件连接是否正确等。

2）变量定义：外部变量定义与 I/O 设备联系紧密，要检查变量连接的设备、地址、类型、报警设置、记录等是否准确。对于要求记录的变量，检查记录的条件是否准确。

3）运行系统配置：包括初始画面、允许打开画面数、各种脚本运行周期等。要检查系统配置是否准确。一般的组态软件都要设置启动运行画面，即组态软件从开发状态进入运行状态后就被加载的画面。这些画面通常包括主菜单栏、主流程显示、LOGO 条等。

4）画面切换：组态软件工程中包括许多不同功能的画面，用户可以通过各种按钮等来切换画面，要测试这些画面切换是否正确和流畅，切换方式是否简捷、合理。考虑到系统的资源约束，在系统运行中，不可能把所有的画面都加载到内存中，因此若某些画面切换不流畅，可能是这些画面占用的资源较多，应该进行功能简化。

5）数据显示：主要包括数据的链接是否正确、数据的显示格式和单位等是否准确。当工程中变量多了以后，常会出现变量链接错误，特别是当采取复制等方式进行操作时。

6）动画显示：是组态软件开发的人机界面最吸引眼球的特性之一。要检查动画功能是否准确、表达方式是否恰当、占用资源是否合理、效果是否逼真等。有时系统调试运行时会存在动画功能受到系统资源调度的影响而运行不流畅的情况，因此，要合理调整动画相关的参数。

7）对于多个 SCADA 服务器的冗余系统：要检查主/备用服务器是否能及时切换，相应的客户机工作是否正常。

8）其他方面：包括报警、报表、用户、逻辑与控制组态、信息安全等功能调试。

复习思考题

1. 工业人机界面有哪些类型？其各自的应用领域是什么？
2. 什么是组态软件？其作用是什么？
3. 组态软件的组成部分是哪些？组态软件支持的脚本语言主要有哪些？
4. 嵌入式组态软件与通用组态软件相比，有何特点？
5. 组态王软件有何技术特色？
6. 用组态软件开发人机界面的基本内容与步骤是什么？

参 考 文 献

［1］郑力，莫莉. 智能制造［M］. 北京：清华大学出版社，2021.

［2］黄培，许之颖，张荷芳. 智能制造实践［M］. 北京：清华大学出版社，2021.

［3］张洁，吕佑龙，汪俊亮，等. 智能制造系统［M］. 北京：机械工业出版社，2023.

［4］王华忠. 工业控制系统及其应用——PLC与人机界面［M］. 北京：机械工业出版社，2019.

［5］何衍庆. 常用PLC应用手册［M］. 北京：电子工业出版社，2008.

［6］罗克韦尔自动化有限公司. 智能制造现状［EB/OL］. http：//www. rockwellautomation. com.

［7］倪伟，刘斌，侯志伟. 电气控制技术与PLC［M］. 南京：南京大学出版社，2017.

［8］ZURAWSKI R. Industrial communication technology handbook［M］. 2nd ed. Boca Raton：CRC Press，2017.

［9］EETech Group，LLC. Basics of FOUNDATION fieldbus（FF）instrumentation-overview［EB/OL］. https：//control. com/textbook/foundation-fieldbus-instrumentation/.

［10］NIXON M. A comparison of wirelessHART^{TM} and ISA100. 11a［J］. Emerson Process Management，2012.

［11］艾默生过程控制有限公司（中国）. 系统工程指南：IEC 62591 WirelessHART［Z］. 2017.

［12］张弛，卓兰，等. 时间敏感网络白皮书［R］. 北京：中国电子技术标准化研究院，2020.

［13］国家安全生产监督管理总局. 保护层分析（LOPA）方法应用导则：AQ/T 3054—2015［S］. 北京：中国标准出版社，2015.

［14］国家市场监督管理总局，中国国家标准化管理委员会. 机械安全 控制系统安全相关部件 第1部分：设计通则：GB/T 16855. 1—2018/ISO 13849-1：2015［S］. 北京：中国标准出版社，2019.

［15］华为技术有限公司. IP知识百科［EB/OL］. https：//info. support. huawei. com/info-finder/encyclopedia/zh/SDN. html.